EUL VERLAG

Reihe: Family Business · Band 4

Herausgegeben von Prof. Dr. Sabine B. Klein, Vallendar, Prof. Dr. Peter Jaskiewicz, Edmonton (Kanada), Prof. Dr. Peter May, Vallendar, und Prof. Dr. Arist von Schlippe, Witten/Herdecke

Dr. Markus Hehn

Auswirkungen der Beteiligung von Private Equity Gesellschaften auf die Governance von Familienunternehmen in Deutschland

Mit einem Geleitwort von Prof. Dr. Sabine B. Klein,
WHU – Otto Beisheim School of Management, Vallendar

EUL VERLAG

Bibliografische Information der Deutschen Nationalbibliothek

Die Deutsche Nationalbibliothek verzeichnet diese Publikation in der Deutschen Nationalbibliografie; detaillierte bibliografische Daten sind im Internet über <http://dnb.d-nb.de> abrufbar.

Dissertation, Hochschule St. Gallen, 2011

ISBN 978-3-8441-0020-4
1. Auflage Februar 2011

JOSEF EUL VERLAG GmbH
Brandsberg 6
53797 Lohmar
Tel.: 0 22 05 / 90 10 6-6
Fax: 0 22 05 / 90 10 6-88
http://www.eul-verlag.de
info@eul-verlag.de

Bei der Herstellung unserer Bücher möchten wir die Umwelt schonen. Dieses Buch ist daher auf säurefreiem, 100% chlorfrei gebleichtem, alterungsbeständigem Papier nach DIN 6738 gedruckt.

Geleitwort

Familienunternehmen, die in Deutschland vorherrschende Unternehmensform, sind erst in den vergangenen Jahren vermehrt in den Blick der Wissenschaft geraten. Wurde zunächst häufig die ‚mangelnde Professionalität' in den Vordergrund gestellt, wird nun immer mehr deutlich, dass sich hinter dieser Formulierung oftmals das Unverständnis derer verbirgt, die sich dieser faszinierenden Unternehmensform mit einem stark vereinfachten Blick nähern. Familienunternehmen folgen einer integrierten ‚Familienunternehmenslogik', während anonyme Unternehmen ebenso wie kurzfristig ökonomischen Erfolg maximierende Unternehmen einer ‚Marktlogik' folgen.
Was aber passiert, wenn die eine Unternehmensform auf die andere stößt? Herr Hehn hat sich in seiner nun vorliegenden Doktorarbeit mit genau dieser Frage beschäftigt, die er auf das für die Zukunftssicherung besonders relevante Thema der Corporate Governance, und hier insbesondere des Beirates, fokussiert hat.

Die vorgelegte Arbeit beschäftigt sich konkret mit der Frage, „Welchen Einfluss hat der Eintritt eines Private Equity Unternehmens in ein Familienunternehmen in Bezug auf die Zusammensetzung, Aufgabengestaltung und die Prozesse des Beirates des ursprünglichen Familienunternehmens?". Aus der Lektüre dieser Arbeit wird deutlich, dass die eintretenden Private Equity Unternehmen einen entscheidenden Impuls für die Beiräte der übernommenen Unternehmen geben, dass dieser aber zugleich nicht über alle untersuchten Fälle hinweg gleich ist. Die von Herrn Hehn zugrundegelegten Perspektiven von Prinzipal-Agenten-Theorie und Stewardshiptheorie erweisen sich als fruchtbarer Grund, entsprechende Erkenntnisse zu interpretieren und daraus weiterführende Gedanken zu gewinnen.

Neben den wissenschaftlichen Verdiensten, die sich Herr Hehn durch diese exzellente Arbeit erworben hat, verdient es besonderer Erwähnung, dass er diese Arbeit neben einem anspruchsvollen Beruf, den er während der wissenschaftlichen Arbeit ausgeübt hat, geschrieben hat. Soweit ich das beurteilen hat, hat seine Karriere unter der zusätzlichen, nicht unerheblichen Belastung nicht gelitten. Seine wissenschaftliche Arbeit hat auf jeden Fall von dem permanenten Austausch von Wissenschaft und Praxis erheblich profitiert. Ich denke, eine jede Doktorarbeit ist auch eine menschliche Reise. Herr Hehn hat diese Reise mit Bravur gemeistert. Ich wünsche Herrn Hehn eine erfüllte berufliche und persönliche Zukunft und Ihnen, liebe Leser, viel Freude und anregende Stunden mit der vorliegenden Arbeit.

Vallendar, den 5. November 2010

SABINE B. KLEIN

Vorwort

Die vorliegende Arbeit wurde an der Hochschule St. Gallen (HSG) im Oktober 2010 als Dissertation angenommen. Es bereitet mir eine ausgesprochen große Freude allen zu danken, die mich auf dem Weg zur Promotion auf vielfältige Weise begleitet und unterstützt haben.

Zunächst danke ich meinen beiden Betreuern, Herrn Prof. Dr. Martin Hilb (Universität St. Gallen (HSG)) und Frau Prof. Dr. Sabine B. Klein (Wissenschaftliche Hochschule für Unternehmensführung, Vallendar (WHU)). Herr Prof. Hilb hat die praxisorientierte Arbeit ermöglicht und mir, auch im Rahmen der Doktorandenseminare, wichtige und hilfreiche Anregungen zur Bearbeitung des Forschungsgegenstandes gegeben. Daneben gewährte er mir den nötigen Freiheitsgrad bei der Umsetzung meiner Ideen. Frau Prof. Dr. Klein danke ich in höchstem Maße für die Begleitung der Promotion vom Entstehen der Idee bis zum erfolgreichen Abschluss. Neben ihrem fachlichen Rat hat sie mich mit kritischen Anmerkungen, Ermunterungen und Hinweisen auf Forschungspfade maßgeblich bei der Erstellung der Dissertation unterstützt. Sie hatte jederzeit ein offenes Ohr für meine Anliegen und Probleme, die im Laufe der Erstellung der wissenschaftlichen Arbeit auftraten. Außerdem möchte ich ihr für ihre äußerst zuverlässige und inspirierende Art danken, so dass mir die Zusammenarbeit mit ihr jederzeit sehr viel Freude bereitet hat.

Mein sehr großer Dank gilt Herrn Dr. Leopold von Heimendahl, meinem Mentor, der sich sehr für meine Untersuchung interessiert hat und mir seine wertvolle Zeit geschenkt hat, so dass ich mit ihm die verschiedenen Fragestellungen der Untersuchung diskutieren konnte. Sein geschätzter praxisorientierter Rat war mir jederzeit eine große Hilfestellung.

Außerdem schulde ich den Fallstudienpartnern (die ich aus Gründen der Vertraulichkeit nicht nennen darf) großen Dank. Sie haben mir den Zugang zu dem sehr sensiblen Untersuchungsgegenstand gewährt und somit die vorliegende Arbeit erst ermöglicht.

Dr. Dominik Benner danke ich sehr für die gemeinsamen Diskussionen über den Forschungsgegenstand und seine kollegiale Unterstützung bei der Umsetzung der Dissertation. Meinem Trauzeugen Malte Poppensieker danke ich für die Gewährung technischer Hilfestellungen bei der Erstellung der vorliegenden Arbeit.

Meinen Großeltern Elisabeth und Walter Schröder danke ich ebenso wie meinen Geschwistern von ganzem Herzen für ihre vielfältige Unterstützung, auf die ich mich jederzeit verlassen konnte und die mich mein bisheriges Leben vorbehaltlos begleitet haben.

Ohne die „frühkindliche Förderung“ meiner Eltern, ihre umfassende Unterstützung und ihren bedingungslosen Rückhalt wären mein Bildungsweg und diese Dissertation nicht möglich gewesen. Nicht nur hierfür gebührt meinen Eltern, Barbara und Hans-Werner Hehn, mein tief empfundener Dank und größte Anerkennung.

Mein innigster Dank gebührt meiner Ehefrau, Dr. Stefanie Hehn-Ginsbach, die das Entstehen dieser Arbeit erst möglich gemacht hat. Danken möchte ich ihr für die unglaubliche und grenzenlose Unterstützung während der Erstellung der Arbeit aber noch viel mehr für ihr großes Verständnis und ihre Liebe für mich als Menschen. Ihr sei aus diesem Grunde die vorliegende Arbeit gewidmet.

Frankfurt a.M., den 10. November 2010

MARKUS HEHN

Inhaltsverzeichnis

Abbildungsverzeichnis

Abkürzungsverzeichnis

Abb.	Abbildung
ADHGB	Allgemeines Deutsches Handelsgesetzbuch
AG	Aktiengesellschaft
AktG	Aktiengesetz
a. M.	am Main
B2B	Business to business
BetrVG	Betriebsverfassungsgesetz
BGBl.	Bundesgesetzblatt
bspw.	beispielsweise
BVK	Bundesverband Deutscher Kapitalbeteiligungsgesellschaften
c. p.	ceteris paribus
CEO	Chief Excecutive Officer (Vorstandsvorsitzender)
CFO	Chief Financial Officer (Finanzvorstand)
CFRoI	Cash Flow Return on Investment
CG	Corporate Governance
d. h.	das heißt
DAX	Deutscher Aktienindex
DM	Deutsche Mark
EBIT	Earnings before interest and taxes
ERP	Enterprise-Ressource-Planning
f.	folgende
ff.	fortfolgende
ggf.	gebenenfalls
GmbH	Gesellschaft mit beschränkter Haftung
GmbH & Co. KG	Gesellschaft mit beschränkter Haftung & Compagnie Kommanditgesellschaft
HR	Human Resources
Hrsg.	Herausgeber

i. d. R.	in der Regel
i. e. S.	im engeren Sinn
i. S.	im Sinne
IFM	Institut für Mittelstandsforschung
IPO	Initial Public Offering
IT	Informationstechnologie
Kap.	Kapitel
KG	Kommanditgesellschaft
KGaA	Kommanditgesellschaft auf Aktien
KMU	Kleinere und mittlere Unternehmen
M&A	Mergers and Acquisitions
MBI	Mangement-Buy-In
MBO	Management-Buy-Out
no.	Number
NAV	Net Asset Value
OHG	Offene Handelsgesellschaft
p. a.	per annum
s.	siehe
sog.	so genannte
u. a.	unter anderem
u. U.	unter Umständen
UN	Unternehmen
v. a.	vor allem
vol.	Volume
vgl.	vergleiche
vs.	versus
z. B.	zum Beispiel
z. T.	zum Teil

1. Einführung

1.1 Problemstellung

Familienunternehmen bilden eine tragende Säule der deutschen Wirtschaft und sind als Leistungsträger von herausragender Bedeutung. Insbesondere in dem für die deutsche Volkswirtschaft so wichtigen Mittelstand sind Familienunternehmen überproportional häufig vertreten. Die große gesamtwirtschaftliche Bedeutung von Familienunternehmen zeigt sich an der Tatsache, dass rund 57 % aller Arbeitnehmer in Deutschland bei Familienunternehmen beschäftigt sind (vgl. IFM, 2007, S. 24). Somit ist die zunehmende Thematisierung des Konstrukts „Familienunternehmen" durch die Wirtschaftswissenschaften keinesfalls verwunderlich. Allerdings stehen Familienunternehmen großen unternehmerischen wie auch familiären Herausforderungen wie etwa Konflikte innerhalb der Familie, Nachfolgeprobleme oder Finanzierungsengpässe gegenüber (vgl. Upton/Petty, 2000, S. 27 ff.). Ein Großteil der wissenschaftlichen Literatur im Bereich Familienunternehmen beschäftigt sich mit der Nachfolgeproblematik. Diese ist v. a. in mittelständischen Familienunternehmen aktueller denn je. So nimmt das Institut für Mittelstandsforschung (IFM) an, dass in Deutschland im Zeitraum 2010 bis 2014 etwa 110.000 mittelständische Unternehmen jährlich vor einem Generationenwechsel stehen (vgl. IFM, 2010). Die Zahl der Unternehmen, die nicht innerhalb der Familie weitergegeben werden, wird dabei zunehmen. Als größtes Hindernis für eine familieninterne Nachfolge werden vielfach Probleme in der Finanzierung angesehen. Darüber hinaus gibt es außer der Finanzierung der Nachfolge in Familienunternehmen zahlreiche Gründe für den Bedarf an neuem Kapital, da die Finanzierung als Grundvoraussetzung für den Aufbau und den Fortbestand der Unternehmen gesehen werden kann. In den meisten Unternehmen lässt sich eine Kombination der verschiedenen Gründe für den Kapitalbedarf beobachten. Aufgrund der steigenden Komplexität der Finanzierung ist insbesondere für Familienunternehmen die Beschaffung von Kapital eine Herausforderung (vgl. Coleman/Carsky, 1999, S. 73). Eine grundsätzliche Einteilung des Kapitalbedarfs nach ihren Ursachen liefert Busse (vgl. Busse, 2003, S. 42). Die Formen der Kapitalbeschaffung lassen sich in zwei grundsätzliche Arten gruppieren. Zum einen kann eine Einteilung in Außen- und Innenfinanzierung erfolgen, zum anderen lassen sich die zur Verfügung gestellten finanziellen Mittel in Eigen- und Fremdkapital einordnen. Bei der Innenfinanzierung beschafft sich die Gesellschaft aus sich selbst heraus neue Mittel, z. B. durch einbehaltene Jahresüberschüsse oder durch Nutzung der Spielräume bei Ansatz und Bewertung der Vermögens- und Schuldgegenstände. Die Außenfinanzierung ist charakterisiert durch die Kapitalgenerierung von außerhalb der Unternehmenssphäre. Dies kann Kapital sein, das von Gläubigern oder den Eigentümern bereitgestellt wird.

Für die vorliegende Dissertation ist die Aufteilung in Fremd- und Eigenkapital von höherer Relevanz als die Abgrenzung zwischen Außen- und Innenfinanzierung. Die Aufnahme von Fremdkapital über Banken war in der Vergangenheit die mit Abstand häufigste Form der Kapitalbeschaffung von Familienunternehmen. Sie ist aber insbesondere durch das Inkrafttreten der Eigenkapitalanforderungen von Basel II deutlich erschwert worden, da sie nun wesentlich kostspieliger und strenger reglementiert ist (vgl. Graalmann/Hirschmann, 2004, S. 55 ff.). Zwar kann von langfristigen Vorteilen für den Mittelstand durch erhöhte Transparenz und steigende Objektivität bei der Kreditvergabe ausgegangen werden, jedoch klagen die meisten mittelständischen Unternehmen aktuell über zunehmende Probleme bei der Kreditaufnahme durch die erschwerten Eigenkapitalrichtlinien von Basel II. Eine weitere Fremdkapitalbeschaffung, wie z. B. die Finanzierung über Anleihen, ist erst ab einer gewissen Unternehmensgröße möglich und ab einem bestimmten Kapitalbedarf sinnvoll (vgl. Süchting, 1995, S. 150). Seit der Wirtschafts- und Finanzkrise im zweiten Halbjahr 2008 und der daraus resultierenden Kreditklemme konzentrieren sich Private Equity Beteiligungen zunehmend auf mittelständische Unternehmen, da diese Transaktionen helfen, große Summen an nicht investiertem Eigenkapital zumindest in Teilen anzulegen. Die Möglichkeit, Fremdkapital über Kreditinstitute zu generieren, erschwerte sich aufgrund der zunehmenden Sicherheitsanforderungen und der gestiegenen Refinanzierungskosten im Bankensektor deutlich, so dass zahlreiche Unternehmen in existenzbedrohliche Situationen gerieten. Die genannten Restriktionen und Schwierigkeiten bei der Fremdkapitalbeschaffung sowie der Wunsch, die Eigenkapitalbasis zu stärken, führen gerade in Familienunternehmen zu einer verstärkten Auseinandersetzung mit den verschiedenen Möglichkeiten der Beschaffung von Eigenkapital. Die Generierung von neuem Eigenkapital kann dabei über mehrere Quellen erfolgen. Zu nennen sind die Beschaffung von Eigenkapital über die Börse, die Beteiligung eines Konkurrenten, eines Lieferanten oder Kunden, die Mitarbeiterbeteiligung oder aber das Engagement eines Finanzinvestors. Diese Optionen sind jedoch mit erheblichen Implikationen für das Unternehmen verbunden.

Die Ausgabe von Aktien an der Börse ist analog der Kapitalbeschaffung über Anleihen nur unter der Voraussetzung einer bestimmten Unternehmensgröße und eines relativ hohen Kapitalbedarfs möglich. Diese Bedingungen sowie die mit dem Börsengang einhergehenden Kosten und Pflichten sind vielfältig und lassen insbesondere mittelständisch geprägte Familienunternehmen von dieser Form der Kapitalbeschaffung Abstand nehmen (vgl. Harvey/Evans, 1995, S. 166). Die horizontale Integration durch die Beteiligung eines Konkurrenten ist nur dann sinnvoll, wenn eine engere Kooperation mit diesem gewünscht ist. Der operative Einfluss, der häufig von dem neuen Partner ausgeübt wird (vgl. Rödder et al., 2003, S. 3), wird von dem Unternehmer mitunter als negativ eingestuft. Diese unangenehmen Assoziationen sind es auch, die Unternehmer von dieser Beteiligungsform absehen lassen, wenngleich Gesellschaften, an denen sich Marktteilnehmer aus der gleichen oder verwandten Branchen beteiligen, eine bessere wirtschaftliche Entwicklung aufzuweisen haben als Unternehmen, die von branchenfremden Investoren Kapital erhalten (vgl. Singh/Montgomery, 1987, S. 384 f.).

Die Hereinnahme von Kapital über Lieferanten oder Kunden kann aufgrund technologischer Motive, der Sicherung des Absatzes oder der Versorgung vorteilhaft sein (vgl. Porter, 1999, S. 372). Allerdings haben Familienunternehmen häufig Vorbehalte gegen eine Eingliederung ihres Unternehmens in ein anderes, zumeist größeres Unternehmen. Die Kapitalbereitstellung durch die eigenen Mitarbeiter ist eine Möglichkeit, die sich meist nur dann realisieren lässt, wenn sich das Unternehmen in einer wirtschaftlich gesunden Verfassung befindet, da die Mitarbeiter ansonsten eine geringe Bereitschaft haben werden, sich an der Gesellschaft zu beteiligen. Das mit der Beteiligung der Belegschaft einhergehende Mitspracherecht der neuen Miteigentümer wird von einer Vielzahl der Familienunternehmen äußerst kritisch gesehen. Außerdem sind bei Unternehmen mit einer überschaubaren Anzahl von Mitarbeitern die finanziellen Möglichkeiten der Beteiligung der Beschäftigten sehr begrenzt (vgl. Backes-Gellner et al., 2002, S. 126).

Die Beteiligung eines Finanzinvestors am Unternehmen ist eine sich anbietende Alternative für die Kapitalbeschaffung von Familienunternehmen (vgl. Grothe, 2007, S. 13) und hat sich somit als Forschungsgegenstand der vorliegenden Untersuchung qualifiziert. Die meist im angelsächsischen Raum beheimateten Beteiligungsgesellschaften, die neben einigen wenigen vermögenden Privatpersonen und Family Offices den Markt der Finanzinvestoren beherrschen, drängen immer massiver auf den deutschen Markt. Die Beteiligung dieser sog. Private-Equity-Gesellschaften hat annahmegemäß neben dem Erhalt von zusätzlichem Eigenkapital weitere Implikationen für die Unternehmen, insbesondere in der Führung des Unternehmens und der Kontrolle der Unternehmensleitung durch die neuen Anteilseigner. Die größten Auswirkungen auf das Familienunternehmen sind zweifelsohne in den Bereichen Corporate Governance (CG), Controlling, Reporting und in der Finanzierung zu erwarten. Diese Implikationen könnten bedingt sein in den unternehmenskulturellen Unterschieden zwischen den eher traditionellen deutschen Familienunternehmen und den sehr dynamischen und stark Profit orientierten Beteiligungsunternehmen. Zahlreiche aktuelle Debatten, wie z. B. der vielfach diskutierte Heuschreckenvergleich (vgl. Sachverständigenrat zur Begutachtung der gesamtwirtschaftlichen Entwicklung, 2006, S. 456 ff.) lenken die öffentliche Aufmerksamkeit auf diese Konstellation. Die Bundesregierung erwägte sogar die Einführung eines sog. „Private Equity Gesetzes" und die Presse sprach bereits von den heimlichen Herrschern der deutschen Wirtschaft (vgl. Haacke, 2007, S. 61 ff.). Daraus ergibt sich auch die nahe liegende Frage: Was verändert sich nach der Beteiligung durch die sehr stark kurzfristig orientierten Investoren im Innenleben der Unternehmen?

Dass es zu Veränderungen kommen kann, lassen die verschiedenen Führungs- und Kontrollformen vermuten. Dies, gepaart mit den kulturellen Unterschieden und ihren Implikationen, die u. U. zu Konflikten führen können, ist Thema der vorliegenden Untersuchung. Es soll geklärt werden, inwieweit die Ängste der übrigen Stakeholder, die sie mit dem Eintritt des Finanzinvestors verbinden, berechtigt sind. Aufgrund der angenommenen Vielzahl der Veränderungen in Familienunternehmen durch die Hereinnahme von externem Kapital fokussiert sich die vorliegende Arbeit auf den Wandel, der im Beirat der untersuchten Unternehmen als dem Aufsichtsgremium und dessen Umfeld stattfindet. Der Beirat als Kontrollorgan wird vielfach von den Investoren als Gestaltungsmittel verstanden und häufig mit eigenen oder assoziierten Personen besetzt. Demnach werden in diesem Organ oft die unterschiedlichen Orientierungen deutlich, wenn die Abgesandten des Investors auf die alteingesessenen Beiratsmitglieder treffen. Zudem ist mit einem grundsätzlichen Wandel der Arbeitsweise und der Struktur des Beirats zu rechnen, der eine wissenschaftliche Untersuchung mehr als rechtfertigt.

1.2 Zielsetzung und Forschungsfrage

Nachdem in Kapitel 1.1 in die Thematik eingeführt und die Konstellation der Hereinnahme von Finanzinvestoren in mittelständisch geprägte Familienunternehmen, auf die sich die Forschungsarbeit konzentriert, umrissen wurde, erfolgt nachfolgend eine Konkretisierung der Zielsetzung des Forschungsvorhabens. Zu diesem Zweck wird eine Eingrenzung auf die maßgebliche Forschungsfrage erforderlich.

Das forschungsleitende Ziel der Dissertation liegt in der Analyse der durch die Beteiligung einer Private-Equity-Gesellschaft hervorgerufenen Veränderungen im Unternehmen. Dabei fokussiert sich die Untersuchung auf Gründerunternehmen. Eine Beschreibung von Gründerunternehmen wird im Exkurs in Kap. 2.1.1 geleistet. Die Betrachtung nimmt sich dabei insbesondere des Wandels in den Bereichen Führung und Kontrolle des Unternehmens an, der unter dem Begriff der Corporate Governance (CG) zusammengefasst wird. Die der Untersuchung zugrunde gelegte Definition der CG wird im Kap. 1.4 erörtert. Aufgrund der geleisteten Vorarbeit des Verfassers, die ihm erste Einblicke in das sehr aktuelle und spannende Forschungsgebiet gewährte, erscheint eine weitere Fokussierung innerhalb der CG wissenschaftlich sinnvoll (s. Abb. 1). Hierzu wird auf das Organ des Beirats in besonderer Weise eingegangen, woraus sich die Forschungsfrage ergibt: „Wie verändert sich die CG, speziell der Beirat, in deutschen Familienunternehmen im Zuge der Beteiligung von Private-Equity-Gesellschaften?“

Der Beirat hat sowohl im reinen Familienunternehmen als auch im durch eine Private-Equity-Gesellschaft geprägten Unternehmen eine besondere Rolle inne: Während er in Familienunternehmen häufig den einzigen familien- und unternehmensexternen Input liefert, nimmt die Private-Equity-Gesellschaft über den Beirat einen Großteil ihrer Kontrollmöglichkeiten wahr. Somit erfüllt dasselbe Organ in beiden Konstellationen wichtige, wenn auch teilweise unterschiedliche Aufgaben. Diese reichen, wie in Abb. 2 illustriert, von nur sehr eingeschränkter Beratung bis hin zu strikten Kontrollen.

Abbildung 1: Fokussierung der Dissertation auf das Aufsichtsorgan

Quelle: Eigene Darstellung.

Abbildung 2: Funktion des Aufsichtsgremiums

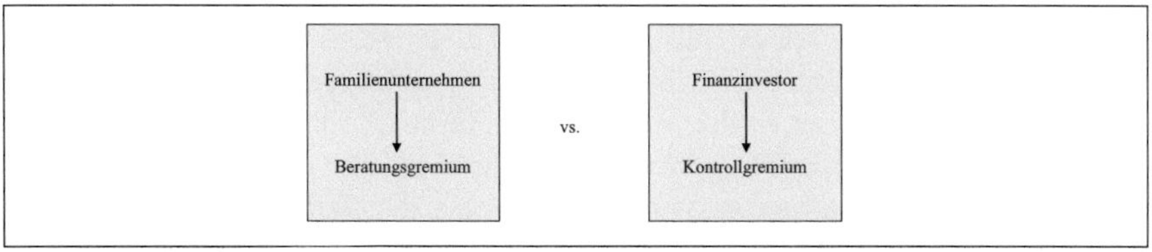

Quelle: Eigene Darstellung.

Ausgangspunkt der theoretischen Betrachtung sind die Principal-Agency Theory (s. Kap. 2.3.2) und die Stewardship Theory (s. Kap. 2.3.3). Die Verwendung dieser beiden Führungsmodelle liegt in den theorieinhärenten Menschenbildern begründet. Es wird im Rahmen dieser Untersuchung davon ausgegangen, dass sich die Menschenbilder, die die handelnden Personen in Familienunternehmen prägen, von denen der Akteure der Private-Equity-Gesellschaften unterscheiden. Der Verfasser unterstellt eine Unternehmensführung in Familienunternehmen, die am besten durch die Stewardship Theory beschrieben wird, während die Vorgehensweise der Beteiligungsgesellschaften eher auf den Prinzipien der Principal-Agency Theory basieren. Aufbauend auf den genannten Theorien werden Fragestellungen aufgeworfen, die im Rahmen der späteren empirischen Untersuchung zu überprüfen sind. Ferner soll ein Schema in Form eines Spinnennetzdiagramms erarbeitet werden, das die jeweils idealtypischen Ausprägungen anhand zu erarbeitender Parameter der im Rahmen der durchgeführten Case Studies abgefragten Items in der Reinform der beiden Theorien illustriert (vgl. Abb. 18 und vgl. Abb. 23). Mit Hilfe dieses Schemas sollen auch die jeweilige Situation in den untersuchten Fallstudien in den relevanten Phasen veranschaulicht und dann mit den Ausprägungen der beiden Theorien verglichen werden (s. Kap. 3.7).

Die Beantwortung der entwickelten Fragenkomplexe über die Veränderungen im Unternehmen und speziell im Aufsichtsgremium wird mit Hilfe von Case Studies geleistet. Als Fallbeispiele werden Familienunternehmen ausgewählt, die sich durch die Hereinnahme von Beteiligungskapital finanziert haben. Die konkreten Auswahlkriterien, die zum Sample der empirischen Untersuchung führen, werden in Kap. 3.5 ausführlich dargestellt. Die Zielsetzung der Arbeit liegt in einer qualitativen Analyse der Veränderungen in den jeweiligen Unternehmen. Aus Gründen der umfassenden Darstellung der Situation des Fallunternehmens werden neben den detaillierten Befragungen mit relevanten Experten weitere Informationsquellen in die empirische Untersuchung einbezogen. So könnte bspw. eine Konzentration auf die Aussagen der Geschäftsführung zu Verzerrungen führen, insbesondere sofern es sich hierbei um Familienmitglieder handelt. Es ist davon auszugehen, dass Familienmitglieder, die an der Spitze eines Familienunternehmens stehen, die Unternehmenssituation generell positiver einschätzen als die übrigen Familienmitglieder (vgl. Poza et al., 1997, S. 138 ff.).

Die Vorstellung der einzelnen Fallstudien erfolgt zunächst als geschlossenes System, d. h. die jeweiligen Fälle werden einzeln ausgewertet und dargestellt (s. Kap. 3.7). Ein Vergleich der Situationen in den einzelnen Unternehmen soll mit Hilfe quantitativ messbarer Parameter, die im Rahmen der Durchführung der qualitativen Interviews erhoben und zugeordnet werden, durchgeführt werden. Die Vergleichbarkeit wird über ein entwickeltes Schema, das die potenziellen Veränderungen entsprechend illustriert, erzielt. Dieses Schema stellt die wesentlichen Ergebnisse der Case Studies dar und gibt die zentralen Aspekte der Veränderungen im Beirat der untersuchten Familienunternehmen wieder. Abschließend werden im Rahmen der empirischen Untersuchung die Modellergebnisse beurteilt und die Grenzen der angewendeten Vorgehensweise kritisch diskutiert (vgl. Kap. 3.7.3 und vgl. Kap. 3.7.4).

Darauf aufbauend werden durch Aggregation der Ergebnisse aus den Fallstudien Erkenntnisse für die allgemeine Thematik in praktischer wie auch theoretischer Hinsicht gewonnen (vgl. Kap. 4). In wissenschaftlicher Hinsicht wird in die bislang noch unbearbeitete Thematik eingeführt. Der Beitrag zur wissenschaftlichen Theorie soll durch die Übertragung und Anwendung der beiden theoretischen Konzepte, Principal-Agency Theory und Stewardship Theory, auf die konkrete Untersuchungssituation geleistet werden. Dabei werden neue Erkenntnisse in der Anwendung der Theorie auf mögliche Veränderungen innerhalb des Beirats in der Sondersituation der Beteiligung eines Finanzinvestors auf ein Familienunternehmen angestrebt. Es soll evaluiert werden, ob die angesprochenen Theoriekonzepte als Erklärungsansatz für die Handlungsweisen der Akteure gemäß den Prämissen der Theorie dienen können. Diese Lehren für die Wissenschaft sollen dabei aus der exemplarischen Gegenüberstellung der jeweiligen Ausprägung der CG in seiner theoretischen Reinform mit den tatsächlich beobachteten Merkmalen gezogen werden (vgl. Kap. 4.1).

Für die Anwendung in der Praxis sollen die Ergebnisse der Arbeit in einem Ratgeber für Familienunternehmen und Private-Equity-Gesellschaften münden (vgl. Kap. 4.2). Inhaltlich wird dieser Teil der Forschungsarbeit klären, wann die Zusammenarbeit für das Unternehmen und damit deren Stakeholder sinnvoll ist und wann nicht. Ferner werden die Veränderungen diskutiert, die wahrscheinlich in einem Familienunternehmen stattfinden, wenn die Eigentümer sich für eine Hereinnahme von Kapitalbeteiligungsgesellschaften entscheiden. Darüber hinaus wird eine Checkliste sowohl für Familienunternehmen, Beiräte als auch für Finanzinvestoren entwickelt, anhand derer die Beteiligten die Zusammenarbeit effektiver und konfliktärmer gestalten können. Dies könnten z. B. Vorschläge sein, mit denen die Beteiligungsgesellschaften auf die emotionalen Aspekte, die häufig in Familienunternehmen eine nicht zu unterschätzende Rolle spielen, eingehen sollten (s. Kap. 4.2.1). Ferner werden in Kap. 4.2.2 alternative Formen der Zusammenarbeit aufgezeigt, die die identifizierten Konfliktpotenziale mindern können. Abschließend wird die gesamte Untersuchung in Kap. 4.2.3 einer kritischen Würdigung unterzogen. Die Vorgehensweise, die zur Beantwortung der Forschungsfrage sowie zu dem eben beschriebenen Ratgeber führen soll, wird im folgenden Kapitel 1.3 ausführlich dargestellt.

1.3 Aufbau der Untersuchung

Der Aufbau der Arbeit, der in Abb. 4 grafisch gezeigt wird, orientiert sich sachlogisch an der verwendeten Forschungsmethodik, die aus der nachfolgenden Abbildung hervorgeht (s. Abb. 3). Im ersten Kapitel wird zunächst in das Forschungsgebiet eingeführt und die Relevanz des Untersuchungsbereichs aufgezeigt. Darauf aufbauend wird die Zielsetzung der Dissertation dargestellt (vgl. Kap. 1.2). Dies impliziert auch die Vorstellung der Forschungsfrage. Die Forschungsfrage dient dabei im Wesentlichen der Organisation und Limitierung durch Definition der Grenzen und mündet in der Fokussierung der Untersuchung (vgl. Gläser/Laudel, 2004, S. 60 ff.). Zur Annäherung an die Forschungsfrage ist eine Abgrenzung der Untersuchungsobjekte und der grundsätzlichen Begriffe erforderlich und wird, sofern nicht in den entsprechenden Kapiteln geleistet, im vierten Unterkapitel dargestellt. Dies bedingt eine eindeutige Objektklärung, die für die Ergebnisse der Arbeit von besonderer Bedeutung sind.

Abbildung 3: Forschungsmethodik

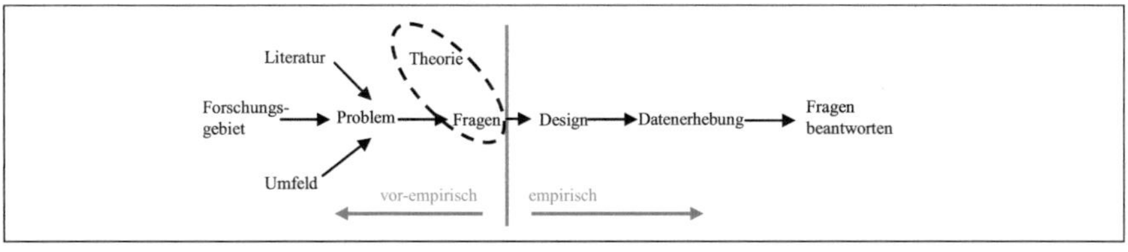

Quelle: Eigene Darstellung.

In den eigentlichen Problembereich – i. S. des Untersuchungsgegenstandes „Familienunternehmen" – wird in Kap. 2.1 mit Hilfe einer literaturbasierten Recherche sowie einer Analyse des Umfelds vor-empirisch eingeführt und eine Basis für die Forschung. Nach einer Definition des Begriffes Familienunternehmen und der Darlegung ihrer volkswirtschaftlichen Bedeutung, insbesondere in Deutschland, wird in Kap. 2.1.3 auf die CG von Familienunternehmen eingegangen. Hierzu werden zunächst typische Aufsichtsmaßnahmen und die hiermit verbundenen Gremien in Familienunternehmen erläutert. Daran anschließend rückt das Organ „Beirat" in das Zentrum der Betrachtung. Nach Darstellung der Möglichkeiten der Zusammensetzung des Gremiums folgt eine Annäherung an die typische Arbeitsweise des Gremiums Beirat und dessen Aufgaben (vgl. Kap. 2.1.3.2.1 und vgl. Kap. 2.1.3.2.2).

Das Kap. 2.2 widmet sich den Beteiligungsgesellschaften als einer der beiden Protagonisten der Untersuchung. Nach der Klärung der Begriffe wird zunächst eine Übersicht über den Markt für Beteiligungen in Deutschland gegeben (vgl. Kap. 2.2.2). Danach erfolgt zum besseren Verständnis der Empirie eine Erläuterung der Arbeits- und Funktionsweisen der Private-Equity-Gesellschaften. Das dritte Unterkapitel hat die Zusammenarbeit der Beteiligungsgesellschaften mit den Portfoliounternehmen zum Thema. Analog zur Eigentümerkontrolle im Familienunternehmen wird hierbei die Kontrolle und Überwachung der Portfoliounternehmen durch die Beteiligungsgesellschaften beschrieben. Zu diesem Zweck werden zunächst typische Instrumente der Beteiligungsgesellschaften zur Wahrung ihrer Interessen bei den Familienunternehmen aufgezeigt, bevor auf das Instrument Beirat explizit eingegangen wird (vgl. Kap. 2.2.4.1.2). Dabei wird aufgezeigt, wie die Beteiligungsgesellschaften über den Beirat ihre Interessen durchzusetzen versucht und diesen somit als Instrument zu nutzen versucht.

Das folgende Kap. 2.3 stellt die theoretischen Grundlagen dar (s. Abb. 4). Hierbei erfolgt zunächst, nach der ausführlichen Darstellung der Vorgehensweise in diesem Kapitel, die Vorstellung der gewählten Organisationstheorien Principal-Agency und Stewardship Theory. Im Fokus stehen die inhärenten Menschenbilder, die Prämissen, die theoretischen Grundlagen sowie die idealtypischen Ausprägungen und Implikationen. Darauf aufbauend erfolgt eine Beschreibung, wie CG nach der jeweils reinen Lehre ausgeprägt wäre. In einem weiteren Schritt wird daraus die Darstellung der Arbeits- und Funktionsweisen des Beirats im entsprechenden Umfeld aufgezeigt.

Das dritte Kapitel stellt die eigentliche empirische Untersuchung dar. Hierbei werden die beiden Theorien zunächst auf eine Unternehmensübernahme angewendet. Im zweiten Unterkapitel wird die Methodik der Untersuchung erörtert. Basierend auf den Erkenntnissen der ersten beiden Unterkapitel werden Fragestellungen für einen empirisch zu testenden Fragebogen erarbeitet. Im vierten Unterkapitel, das in die spezielle

Untersuchung einführt, wird zunächst die Vorgehensweise mit dem Untersuchungsziel bestimmt, bevor die einzelnen Zielgruppen vorgestellt werden (s. Abb. 4). Die gewählte Methodik wird umfassend beschrieben, indem die Herangehensweisen und die konkrete praktische Umsetzung thematisiert werden. Das fünfte Unterkapitel beschreibt das Sample und leistet eine detaillierte Deskription der Untersuchungssituation. Es wird erläutert, warum die ausgewählten Unternehmen als Fallstudien dienen können. Die Datenerhebung (s. Abb. 4) erfolgt dabei mittels problemzentrierter Interviews in den jeweiligen Unternehmen, d. h. in der natürlichen Umgebung der Befragten. Eine Deskription der Auswertung der Interviews rundet diesen Bereich ab. Die Unternehmen, ihre Rahmenbedingungen sowie die Ergebnisse der Befragungen werden dargestellt und miteinander verknüpft. Die Ergebnisse der Fallstudien werden abschließend zusammengefasst und diskutiert (vgl. Kap. 3.7.3). Ziel ist dabei zu bestimmen, inwieweit die Ergebnisse der Case Studies als Erkenntnisse für die allgemeine Problematik dienen können. In Kap. 3.7.4 werden die Grenzen der Untersuchung aufgezeigt.

Gemäß der in Abb. 3 dargestellten Forschungsmethodik wird in dem abschließenden Kap. 4 die Beantwortung der Forschungsfrage sowie die Ableitung von Lehren für Wissenschaft und Praxis entwickelt. Zur Beantwortung der Forschungsfrage dient das abgeleitete theoretische Wissen v. a. in Bezug auf die Führungstheorien und ihre inhärenten Menschenbilder (vor-empirisch) sowie die Erkenntnisse aus der Empirie. Aus den theoretischen Befunden sollen dabei mögliche Lehren für künftige wissenschaftliche Forschungen im Bereich Familienunternehmen respektive CG abgeleitet werden. In Kapitel 4.2 werden, wie bereits in Kap. 1.2 erwähnt, die generierten Ergebnisse erneut auf die Praxis übertragen und somit nutzbar gemacht. Ziel ist dabei die Erstellung eines Ratgebers für Familienunternehmen, Beiräte und Private-Equity-Gesellschaften, mit dem Praktiker schnell Anregungen für die Zusammenarbeit mit den jeweils anderen Akteuren erhalten. Dieser Teil der Dissertation soll für den Leser, auch ohne Lektüre der vorherigen Kapitel, leicht verständlich und zugänglich sein. Im ersten Unterkapitel soll ausgehend von einer Betrachtung des Ist-Zustandes vorhandene Verbesserungspotentiale für die gemeinsame Zusammenarbeit aufgezeigt werden. Sachlogisch folgt in einem zweiten Unterkapitel eine Darstellung bereits alternativer Kooperationsmodelle sowie eine Beschreibung möglicher weiterer Formen der Zusammenarbeit der Akteure. Abschließend sollen Ergebnisse und Vorgehensweise einer kritischen Würdigung unterzogen werden. Diese mündet in der Beurteilung des weiterführenden Forschungsbedarfs in dieser Thematik, der als Ausgangspunkt zukünftiger wissenschaftlicher Untersuchungen dienen soll.

Die Abb. 4 illustriert den Aufbau der vorliegenden Arbeit und die Inhalte der einzelnen Kapitel, während sich das nachfolgende Unterkapitel der Objektklärung und Abgrenzung des Untersuchungsgegenstandes widmet.

Abbildung 4: Aufbau der Arbeit

Quelle: Eigene Darstellung.

1.4 Objektklärung und Abgrenzung

Die drei zentralen Begriffe dieser Untersuchung sind CG, Familienunternehmen und Private-Equity-Gesellschaften (s. Abb. 5). Da den beiden letztgenannten eigene Unterkapitel gewidmet sind, bedarf es an dieser Stelle keiner weiteren Begriffsklärung. Der Begriff CG wird in diesem Kapitel genauer erläutert. Hierbei ist es essentiell, dass die Bearbeitung und Klärung auch auf das Wesen und die Relevanz von Aufsichtsgremien eingeht. Dieses Organ bedarf einer exakten Abgrenzung und Bestimmung, da unter diese Kontrollform der Beirat subsumiert wird. Dieser muss dazu ebenfalls definiert und mit seinen Aufgaben und seiner Struktur bestimmt werden. Die hier geleisteten Definitionen sind wesentlich für den weiteren Verlauf der Untersuchung.

Aufgrund der Vielzahl an Fachbeiträgen, die zu dem Themenkomplex CG – insbesondere in der jüngeren Vergangenheit – erschienen sind, ist eine unvoreingenommene Annäherung an den Begriff schwer zu realisieren. Umso mehr ist es erforderlich, eine klare Definition für diese Forschungsarbeit festzulegen. Insbesondere der Mangel an deutschsprachigen Alternativen zum Anglizismus „CG" gebietet die Verwendung des englischen Begriffs. Teilweise in der Literatur verwendete Begriffe wie Unternehmensverfassung (vgl. Neubauer/Lank, 1998, S. 65) oder Unternehmensüberwachung (vgl. Nassauer, 2000, S. 1) spiegeln das Wesen des Themas nach Meinung des Verfassers nur unzureichend wider. Aber auch der englische Begriff lässt vielfältige sowie vielschichtige Interpretationen zu. Ausgangspunkt der Problematik, mit der sich die CG befasst, stellt der Zielkonflikt zwischen angestellten Managern und Unternehmensinhabern dar, den Adam Smith schon im Jahr 1776 konstatierte. Er stellte hierzu fest: „The directors of such companies, however, being the managers rather of the people's money than of their own, it cannot well be expected, that they should watch over it with the same anxious vigilance with which the partners in a private copartnery frequently watch over their own" (Smith, 1776, S. 700). Aufbauend auf den Lehren von Adam Smith führen Berle/Means die Probleme, die aus der Trennung von Management und Eigentum entstehen, weitergehend aus (vgl. Berle/Means, 1932, S. 119 ff.).

Abbildung 5: Zentrale Begriffe

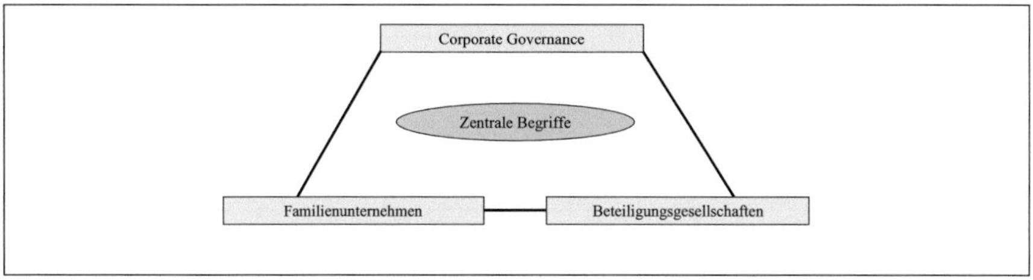

Quelle: Eigene Darstellung.

Häufig konzentrieren sich Begriffsdefinitionen in diesem Zusammenhang auf börsennotierte Gesellschaften. Im Zentrum der Betrachtung dieser Forschungsarbeit stehen allerdings Familienunternehmen, die i. d. R. nicht an einer Börse gelistet sind. Somit ist es für die Ausrichtung der vorliegenden Untersuchung erforderlich, Definitionen auszuwählen, die sich nicht in dieser Hinsicht beschränken. Shleifer/Vishny (1997) definieren CG sehr eng, indem sie unter den Begriff alle Kontrollmaßnahmen, die sicherstellen, dass das externe Management im Interesse der Kapitalgeber handelt, zusammenfassen (vgl. Shleifer/Vishny, 1997, S. 737). Witt fasst unter CG nicht nur die Kontrolle, sondern auch die Leitung eines Unternehmens, indem er CG als die „Organisation der Leitung und Kontrolle eines Unternehmens mit dem Ziel des Interessensausgleich zwischen den beteiligten Anspruchsgruppen" (Witt, 2003, S. 1) bezeichnet. Als Beispiel für ein wesentlich breiter gefasstes CG Verständnis kann die Definition von Schmidt/Tyrell verstanden werden, die nicht nur die spezifischen unternehmensinternen Faktoren, die z. B. bestimmen, wer das Unternehmen überwacht bzw. kontrolliert, sondern auch externe Faktoren, wie bspw. nationale Rahmenbedingungen, einbeziehen (vgl. Schmidt/Tyrell, 1997, S. 342).

Als Basis für die vorliegende Forschungsarbeit wird eine Definition gewählt, die zwischen diesen beiden Extremen einzuordnen ist. CG wird gemäß der Sichtweise der New CG verstanden als System, nach dem Unternehmen strategisch geleitet, vollständig verwaltet und ganzheitlich kontrolliert werden. Dies erfolgt dabei in einer unternehmerischen und ethischen Weise, die mit den grundsätzlichen Zielen des Unternehmens einhergeht. Kennzeichnend für diese Herangehensweise ist die gezielte Anpassung an den Unternehmenskontext, eine vollständige Betrachtung sowie die strategische und integrierte Unternehmensgestaltung durch die Aufsichtsorgane (vgl. Hilb, 2005, S. 10). Aus der gewählten Definition resultiert ein Erfordernis für die Existenz eines Aufsichtsorgans, das systematische und ganzheitliche Kontrolle leisten kann. Die gesetzliche und tatsächliche Umsetzung bezüglich der Aufsichtsgremien variiert sehr stark zwischen einzelnen Ländern und den damit verbundenen Rechtskreisen. Da die vorliegende Ausarbeitung sich auf Deutschland beschränkt, wird in der weiteren Vorgehensweise ausschließlich auf die Bestimmungen und Gepflogenheit in diesem Land eingegangen.Börsennotierte Gesellschaften haben in Deutschland die Pflicht, als Aufsichtsorgan, das als Kontrollorgan der Geschäftsführung und zugleich als Aktionärsschutz fungiert, einen Aufsichtsrat zu installieren. Die Einführung eines obligatorischen Aufsichtsgremiums in Aktiengesellschaften (AGs) geht zurück auf die Novellierung des Allgemeinen Deutschen Handelsgesetzbuches von 1861 am 11.06.1870 (vgl. Art. 225 ADHGB von 1870). In der heutigen Fassung des Aktiengesetzes sind die Regelungen zum Aufsichtsrates in den §§ 95 bis 116 Aktiengesetz (AktG) gesetzlich festgelegt (vgl. AktG von 1966). Da die Aufsichtsräte vielfach im Blickpunkt des öffentlichen Interesses stehen, existiert zu dieser Thematik eine Vielzahl wissenschaftlicher Veröffentlichungen. Einen sehr detaillierten Überblick über die Thematik leistet Grothe (vgl. Grothe, 2006, S. 123 ff.). Auf eine weitestgehend deutsche Besonderheit im Rahmen der Arbeit des Aufsichtsrates, nämlich die Mitbestimmung der Arbeitnehmer im Aufsichtsrat, geht insbesondere das Werk „Aufsichtsratspraxis“ (vgl. Köstler et al., 2006, S. 207 ff.) ein.

Im Zentrum der Betrachtung stehen in dieser Untersuchung allerdings die zumeist nicht börsennotierten Familienunternehmen, die häufig über einen Beirat verfügen. Der Begriff „Beirat“ ist in diesem Kontext auch als zusammenfassender Begriff zu verstehen, der alle Gremien bezeichnet, die in den betrachteten Unternehmen ähnliche Aufgaben und Funktionen innehaben, aber unterschiedlich bezeichnet werden. Andere in der Praxis anzutreffende Bezeichnungen und Ausgestaltungsformen sind der Verwaltungsrat, das Gesellschaftergremium, der Gesellschafterausschuss oder teilweise auch der Aufsichtsrat. Eine Übersicht über die am häufigsten verwendeten Begriffe in diesem Kontext liefert Abb. 6. Wenngleich diese nicht synonym zueinander sind, lassen die gewählten Begriffe keine zwingenden Rückschlüsse auf Funktionen der einzelnen Gremien zu (vgl. Reichert, 1998, S. 257 ff.). Andere Bezeichnungen, wie z. B. der Ältestenrat oder der Familienrat, die analog zu den oben genannten Aufsichtsorganen zu sehen sind, suggerieren sogar falsche Annahmen. So ist es in der Praxis häufig nicht zutreffend, dass in einem Familienrat nur Familienmitglieder vertreten sind (vgl. Vogler, 1990, S. 118).

Abbildung 6: Verschiedene Begriffe für das Aufsichtsorgan in Familienunternehmen

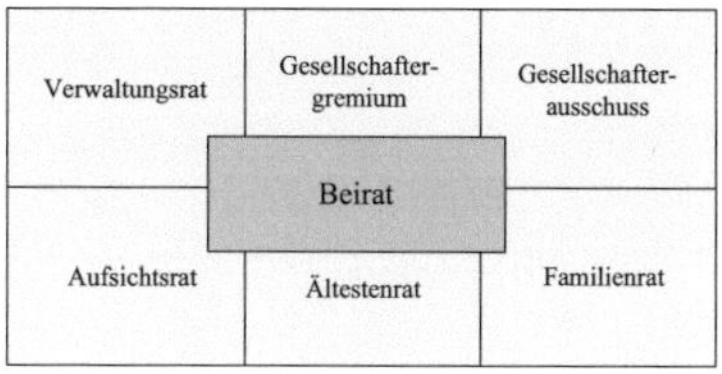

Quelle: Eigene Darstellung.

Die bereits beschriebene Flexibilität in der Ausgestaltung des Organs gilt auch als eine seiner großen Stärken. So können die Aufgaben des Gremiums von der reinen Informationsbeschaffung über eine beratende Funktion bis hin zur Entscheidungsgewalt variieren (vgl. Hinterhuber/Minrath, 1991, S. 1201). Eine vertiefende Darstellung des Beirats in Familienunternehmen wird in Kap. 2.1.3.2 geleistet. An dieser Stelle soll allerdings schon eine für diese Untersuchung gültige allgemeine Definition des Beirats vorangestellt werden. Um keine zu starke Einschränkung vorzunehmen und u. U. in der Praxis anzutreffende interessante Beirats-Konstellationen auszuschließen, wird für diese Arbeit bewusst eine sehr weite Definition zugrunde gelegt. Demnach ist der Beirat „ein von den Unternehmenseigentümern freiwillig geschaffenes Gremium, welches hierarchisch in der Unternehmensspitze angesiedelt ist, und im Verhältnis zu den Gesellschaftern sowie zu der Geschäftsführung gewisse Aufgaben und Kompetenzen wahrnimmt" (Brose, 2006, S. 15). Die genannte Definition umfasst somit sehr viele Konstellationen, denn in Familienunternehmen gibt es keine allgemeingültigen Festlegungen. Beiräte sind so variantenreich wie der Unternehmenstyp „Familienunternehmen". Im folgenden allgemeinen theoretischen Teil dieser Untersuchung, der sich zunächst mit dem Wesen „Familienunternehmen" befasst, wird diese Vielschichtigkeit und Komplexität deutlich werden.

2. Allgemeiner theoretischer Teil

2.1 Familienunternehmen

2.1.1 Begriffsklärung

Trotz der für die deutsche Wirtschaft und für alle marktwirtschaftlich orientierten Länder enormen Bedeutung und Wichtigkeit des Untersuchungsobjektes Familienunternehmen ist der Begriff „Familienunternehmen“ nicht allgemein geklärt und erfordert zunächst eine Begriffsklärung, da weder eine einheitliche Definition in der Literatur noch eine allgemeine Legaldefinition existiert (vgl. hierzu Spary, 1981, S. 2 ff.; vgl. Clasen, 1992, S. 15; vgl. Quermann, 2004, S. 25 ff. und vgl. Littunen/Hyrsky, 2000, S. 41).

De jure sind Familienunternehmen, obwohl sie unbestritten als bedeutsame und interessante Erscheinungsform in der Wirtschaft gelten, nicht spezifisch definiert; lediglich im Betriebsverfassungsgesetz von 1952 finden Familiengesellschaften Erwähnung (vgl. für Rechtsformen der AG und der KGaA § 76 Abs. 6 Betriebsverfassungsgesetz (BetrVG) von 1952 und vgl. Sigle, 2000, S. 302 f.). So sind Familienunternehmen juristisch nicht als eigenständige Gebilde fassbar, zumal sie in allen Ausgestaltungs- und Rechtsformen auftreten können: als Einzelunternehmen, als OHG, KG, GmbH, AG oder sogar als Kombination aus Personen- und Kapitalgesellschaft (z. B. GmbH & Co. KG als sog. Doppelgesellschaft) (vgl. Ruter/Thümmel, 2009, S. 16).

Vielmehr sind die Definitionsversuche ebenso wie das Forschungsobjekt Familienunternehmen vielfältig und unterschiedlich. So nennt etwa Gantzel bereits im Jahr 1962 etwa 102 Definitionsversuche, während Zeitel 1979 schon von mehr als 200 nachgewiesenen Definitionen spricht (vgl. Gantzel, 1962, S. 123 und vgl. Zeitel, 1979, S. 3). Als Hauptgrund für die Vielzahl an Definitionsansätzen werden häufig umfangreiche Operationalisierungsmöglichkeiten und die Heterogenität von Familienunternehmen angeführt. Klein führt hierbei an: „The main problem in defining family business is the broad variation of the examined subject“ (Klein, 2000, S. 158). So gibt etwa Flören einen Überblick über mehr als 50 Definitionen (vgl. Flören, 2002, S. 28 ff.). In den Sozialwissenschaften ist das Fehlen einer konsensfähigen Definition zwar nicht per se ungewöhnlich. Jedoch erschwert dies die Vergleichbarkeit oder Kombination von empirischen Forschungsergebnissen und methodischen Ansätzen wie z. B. bezüglich statistischer Aussagen über den Anteil von Familienunternehmen an der Menge aller Unternehmen (vgl. Kap. 2.1.2) oder hinsichtlich inhaltlicher Aussagen etwa zum Einfluss der Familie auf die Nachfolge (vgl. Astrachan et al., 2002, S. 47).

Erst seit kurzer Zeit findet der Begriff des Familienunternehmens durch die begriffliche Abgrenzung gegenüber Nicht-Familienunternehmen wissenschaftliche Anerkennung. So versteht etwa Klein Familienunternehmen als Teilmenge aller Unternehmen i. S. einer Dichotomie (vgl. Klein, 2010, S. 1 ff.). Nach Klein ist ferner davon auszugehen, dass es sich bei dem Begriff Familienunternehmen um einen Sammelbegriff handelt, der unterschiedliche Abgrenzungen beinhaltet, um der Heterogenität von Familienunternehmen gerecht zu werden. Grundsätzliche Einigkeit herrscht darüber, dass Familienunternehmen eine Teilmenge aller Unternehmen darstellen und sowohl größen- wie auch rechtsformunabhängig sind (es können Personen- wie auch Kapitalgesellschaften als Familienunternehmen ausgestaltet sein) (vgl. Mittelsten-Scheid, 1985, S. 5). Dieser Heterogenität und Vielfalt der realen Familienunternehmen nähert sich Klein zunächst über eine getrennte, zweckgebundene Betrachtung der Begriffe „Familie“ und „Unternehmen“ (Klein, 2010, S. 10 ff.). Dabei wird das Familienunternehmen als Sozialsystem verstanden, das sich aus den beiden Subsystemen Familie und Unternehmen als soziotechnischem System zusammenfügt. Dabei ist das direkte verwandtschaftliche Verhältnis der Gruppe der Menschen, die von einer definierten Gründerehe abstammen, sowie ihrer Ehepartner kennzeichnend (vgl. Klein, 2010, S. 10 f.).

Zur Abgrenzung von Familienunternehmen und als modulare Bestimmungsfaktoren, die zur Klassifizierung herangezogen werden, werden häufig als beobachtbare Merkmale Familie, Unternehmung, Eigentum, Kontrolle und Führung angeführt (vgl. Klein, 2010, S. 12, vgl. Göhler, 1993, S. 7 und vgl. Shanker/Astrachan, 1996, S. 108). So greift die einfachste Definition von Familienunternehmen auf die Bestimmungsfaktoren Eigentum (Ownership) und Führung (Management bzw. Governance) zurück, wobei eine Unterscheidung zwischen Management und Governance, also der Führung und der institutionalisierten Kontrolle, meist nicht vorgenommen wird. Danach gilt ein Unternehmen immer dann als Familienunternehmen, wenn Eigentum und Führung durch die gleiche Familie ausgeübt wird (vgl. Chua et al., 1999, S. 20 ff.). Verschiedentlich kommt als Erweiterung der Definitionsfrage die Existenz eines Nachfolgers aus der Familie bzw. der (geplante) Generationentransfer als Merkmal hinzu (vgl. Astrachan et al., 2002, S. 48). Diese Definitionsansätze werden häufig als component-of-involvement-approach bezeichnet (vgl. Klein, 2009, S. 67). Seltener, etwa bei Birley, kommt als konstituierendes Verhaltensmerkmal i. S. eines essence-approachs auch die Selbsteinschätzung der Beteiligten als Familienunternehmen hinzu (vgl. Birley, 2001, S. 75 und vgl. Klein, 2009, S. 67). Diese Selbsteinschätzung wird jedoch in ihrem theoretischen Wert, etwa von Chua et al. aufgrund der Gefahr von Verzerrungen und methodischer Probleme kritisiert (vgl. Chua et al., 1999, S. 19).

In der aktuellen Literatur finden sich weitere Klassifizierungsansätze hinsichtlich erstens dem Inhalt, mit Fokussierung auf die Merkmale wie Eigentumssituation, Beteiligung an der Unternehmensführung oder Generationenwechsel und zweitens hinsichtlich der Form wie etwa der Kultur als Klassifizierungsmerkmal oder drittens in Bezug auf den Zweck des eigentlichen Definitionsversuchs (vgl. Klein, 2010, S. 13). Auch hinsichtlich der Bestimmungsfaktoren von Familienunternehmen und der Abgrenzung zu anderen Unternehmensformen ist keine einheitliche Auffassung gegeben (vgl.

Jaskiewicz; 2006, S. 15 f.). Außerdem findet die enorme Bedeutung von Familienmitglieder, die zwar weder am Unternehmen beteiligt noch in diesem beschäftigt sind, in der klassischen Forschung nur sehr geringe Beachtung (vgl. Anderson et al., 2005, S. 135).

Definitionsversuche von Familienunternehmen beinhalten zumeist die im Folgenden aufgeführten Charakteristika, die bereits 1935 von Hengstmann verwendet und beispielhaft von Hennerkes zusammengetragen wurden (vgl. Hennerkes, 1998, S. 25 f. in Anlehnung an Hengstmann, 1935):

1. Signifikanter Einfluss der Familie auf Unternehmenspolitik und Geschäftsführung i. S. einer Anteilsmehrheit, die auch die Einheit von Eigentum und Führung bzw. persönlicher Haftung ausmacht.
2. Idealtypisch liegt eine enge, wirtschaftliche Verbindung zwischen der wirtschaftlichen Existenz der Familie und der wirtschaftlichen Situation des Unternehmens vor.
3. Es herrscht ein Konsens über die ethischen Werte unter den an der Führung beteiligten Familienmitgliedern.
4. Die Mitarbeit von Familienmitgliedern im Unternehmen wird ebenso angestrebt wie die Übertragung des Unternehmens auf die nachfolgende Generation (Familientradition).

Neben den beiden genannten quantitativen Kriterien von Familienunternehmen ist als Erweiterung zu dem dritten Merkmal also auch die Kultur als Bestimmungsfaktor kennzeichnend (vgl. auch Chua et al., 1999, S. 19 ff.). Weitere qualitative Merkmale von Familienunternehmen sind neben der Person des Unternehmers und der an der Führung Beteiligten auch die Prädominanz persönlicher Kontakte des Unternehmers (vgl. Clasen, 1992, S. 18). Des Weiteren führt etwa Gantzel einen Bestimmungsfaktor an, der die bemerkenswerte Flexibilität von Familienunternehmen besonders deutlich macht. Gantzel spricht von dem personalen Wirtschaftsprinzip von Familienunternehmen, das durch die völlige (oder zumindest teilweise) Konzernunabhängigkeit gekennzeichnet ist. Damit kann das Unternehmensgeschehen bis in die Einzelheiten noch vom Unternehmer selbst bestimmt werden (vgl. Gantzel, 1962, S. 281). So konzentriert sich Entscheidungskompetenz und Eigentum auf ein und dieselbe Person bzw. auf mehrere Familienmitglieder, was die Chance bietet, klare Unternehmens- und Geschäftskonzepte mit einfachen Organisationsstrukturen und vergleichsweise wenig Bürokratie umsetzen zu können, aber auch das Risiko trägt, dass ein Entscheidungsträger monokausal scheitern kann.

Als Lösung des „Definitionsdilemmas", wie das beschriebene mehrschichtige Definitionsproblem hinsichtlich Familienunternehmen vielfach in der wissenschaftlichen Literatur bezeichnet wird, hat die von Astrachan et al. im Jahr 2001 entwickelte F-PEC

Skala des Familieneinflusses weithin Anklang gefunden (vgl. Astrachan et al., 2002, S. 45 ff.; vgl. Brockhaus, 1994, S. 28; vgl. Chrisman et al., 2005, S. 244 und vgl. Klein et al., 2005, S. 322). Mit der Einführung der F-PEC-Scala, die der Messung des Einflusses der Familie auf das Unternehmen dient, leisten Astrachan et al. eine klare Begriffsklärung. Entscheidend für den F-PEC Ansatz ist dabei, dass die Einordnung von Familienunternehmen und Nicht-Familienunternehmen nicht (künstlich) dichotom erfolgt, sondern dass der familiäre Einfluss auf ein Unternehmen anhand von Charakteristika und Kriterien auf einer kontinuierlichen Skala messbar ist, der eine kategorische Trennung von Familienunternehmen und Nicht-Familienunternehmen ersetzt (vgl. Astrachan et al., 2002, S. 46 und vgl. Klein et al., 2005, S. 323). Eine Validierung der F-PEC Skala und ihrer Anwendbarkeit auf die Praxis leisten Holt et al., indem sie 831 Datensätze von Familienunternehmen mit Hilfe der Skala in ihrer empirischen Untersuchung überprüft haben (vgl. Holt et al., 2010, S. 76 ff.). Familienunternehmen und Nicht-Familienunternehmen bilden so die beiden Extreme einer kontinuierlichen Skala ab. Die Frage, ob es sich um ein Familienunternehmen handelt oder nicht, ist somit ein „matter of degree“ (Chua et al., 1999, S. 39). Methodisch vorteilhaft ist diese Vorgehensweise gegenüber der kategorischen Dichotomie darüber hinaus, da die einzelnen Variablen des Familieneinflusses als unabhängige, abhängige, moderierende oder vermittelnde Variablen eingesetzt werden können (vgl. Astrachan et al., 2002, S. 47). Daneben erfüllt die F-PEC Skala für Familieneinfluss die Ansprüche nach internationaler Anwendbarkeit, Quantifizierbarkeit und Vergleichbarkeit der Ergebnisse wissenschaftlicher Fundierung. Da sie gleichzeitig der erste empirisch getestete Definitionsansatz ist, kann die F-PEC Skala so als geeignetes Instrument zur Messung des Familieneinflusses angesehen werden (vgl. Klein et al., 2005, S. 323 ff. und 326 ff.). Dabei vereint die Skala die Variablen, die in der Literatur herangezogen wurden, und umfasst somit qualitative, quantitative, soziologische wie auch ökonomische Aspekte (vgl. Jaskiewicz, 2006, S. 19). Konkret baut die F-PEC Skala auf neun zentralen Variablen auf, die durch die drei Säulen Macht (Power), Erfahrung (Experience) und Kultur (Culture) des möglichen Einflusses subsumiert werden (s. Abb. 7) und ermittelt den familiären Einfluss auf ein Unternehmen mittels dreier Dimensionen (vgl. Klein et al., 2005, S. 333).

Die Dimension Macht (Power), repräsentiert durch die drei gleichgewichtig enthaltenen Variablen – Eigentumsanteil, Familienpräsenz in den Aufsichtsgremien (Kontrolle i. S. von Governance) und im Management – misst die direkte oder indirekte Beeinflussung des Unternehmens durch die Familie. Im Ergebnis wird also mit dem Power-Subscale die prozentuale Beteiligung an den Eigentumsrechten des Familienunternehmens und den daraus abgeleiteten Anteilen an der Governance- und Managementposition als Verhältniszahl skaliert.

Die zweite Dimension Erfahrung (Experience) – gemessen durch die Variablen Generation der Eigentümer, aktiv an der Führung und Kontrollorganen beteiligte Generation sowie Anzahl aktiver Familiemitglieder – erfasst die kumulierten Erfahrungswerte der Familienmitglieder sowie die Anzahl der mit dem Unternehmen verbundenen Generationen und Familienmitglieder. Es wird die Erfahrung anhand der aktiven Generationen, die an Ownership, Management oder Governance des Unternehmens beteiligt sind, operationalisiert und zugleich die Erfahrung durch die Anzahl der Familienmitglieder, die das Unternehmen beeinflussen, berücksichtigt. Mit der Experience-Subscale soll die Involvierung der Familienmitglieder wie auch der Erfahrungsschatz zum Ausdruck gebracht werden. Dabei liegt die Annahme zugrunde, dass jede Unternehmensnachfolge, die ein Unternehmen beeinflusst, einen signifikanten Zuwachs an Erfahrung bringt.

Als letzte Dimension führen Klein et al. Kultur (Culture), deren zunehmender Einfluss etwa von Aronoff/Ward bekräftigt wird, als dritte Säule des F-PECs an. Kultur wird dabei repräsentiert durch die Wertgemeinschaft zwischen Familie und Unternehmen sowie das Committment der Familie zum Unternehmen (vgl. Aronoff/Ward, 2001, S. 15 ff.). Die beiden Hauptvariablen bestehen ihrerseits wiederum aus insgesamt zwölf Variablen, die die Organisationsform eines Familienunternehmens abbilden (vgl. Astrachan et al., 2002, S. 55 ff.). Die Werteüberschneidung wird dabei ermittelt, indem die Werte der Familie mit denen des Unternehmens verglichen werden. Das Engagement i. S. des Committments findet Beachtung, da davon auszugehen ist, dass Familienmitglieder, die ein hohes Engagement haben, auch einen hohen Einfluss auf das Unternehmen und dessen Entwicklung ausüben (vgl. Astrachan et al., 2002, S. 50 ff.). Unternehmenskultur beruht auf den Normen und Werten, aus denen wiederum Aspekte wie Loyalität, Motivation oder Vertrauen entstehen, und mit denen sich sowohl die Familienmitglieder als auch die Mitarbeiter des Unternehmens identifizieren können. So skaliert die dritte Säule den Grad, mit welchem das Wertesystem des Unternehmens durch die Familie beeinflusst wird.

Abbildung 7: F-PEC Skala für Familieneinfluss

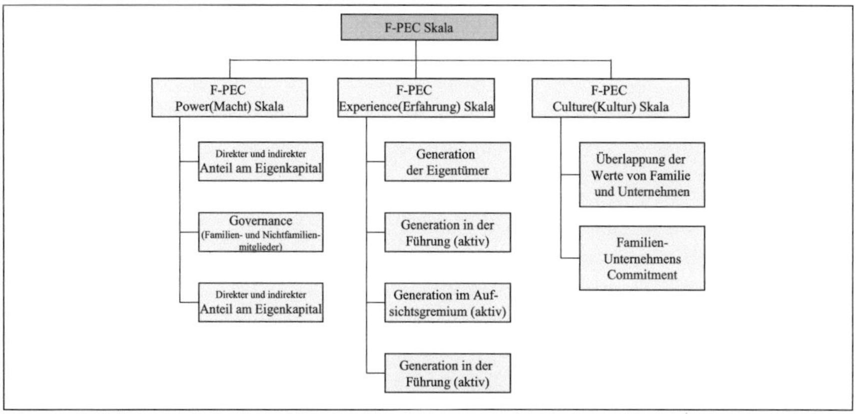

Quelle: Eigene Darstellung in Anlehnung an Klein, 2010, S. 16.

Exkurs Gründerunternehmen

Bezugnehmend auf die Case Studies in Kap 3.7, bei denen der Großteil der Unternehmen als Gründerunternehmen zu klassifizieren sind, rücken zum Abschluss dieses Kapitels Gründerunternehmen in den Mittelpunkt. Als Gründerunternehmen werden in diesem Kontext Unternehmen verstanden, in denen ein Individuum alleiniger Gründer oder zumindest Mitglied des Gründerteams ist, kein anderes Familienmitglied des Gründers im Unternehmen engagiert ist, der Gründer in der Geschäftsführung tätig ist und/oder einen Anteil von mindestens 5 % der Anteile am Unternehmen hält. Typischerweise ist der Unternehmensanteil von Gründern geringer als der gesamte Anteil von Familien an ihren Unternehmen (vgl. Miller et al., 2007, S. 839). Im Rahmen eines Vergleichs dieses Unternehmenstypus mit anderen Familienunternehmen und Nicht-Familienunternehmen war die wirtschaftliche Entwicklung dieser Unternehmen signifikant besser als die der anderen Gruppen. Als Nachteil der Familienunternehmen, in denen mehrere Familienmitglieder tätig sind, führen Bertrand/Schoar an, dass diese Konstellation zu Problemen im Rahmen der Governance Strukturen führen können (vgl. Bertrand/Schoar, 2006, S. 75 ff.). Diese Gefahr ist in den Gründerunternehmen zumeist nicht existent, da Gründer i. d. R. alleine oder mit Nicht-Familienangehörigen ein Unternehmen gründen. Ausnahmen sind hiervon Unternehmen, die bspw. von zwei Brüdern gemeinsam gegründet werden. Außerdem ist anzumerken, dass die komparativen Vorteile von Familienunternehmen in der CG mit zunehmender Unternehmensgröße abnehmen (vgl. Carney, 2005, S. 260). Dies korrespondiert mit der Tatsache, dass in jungen Familienunternehmen Altruismus existent ist und deshalb die Ziele der Familie gleichgerichtet mit den Unternehmensinteressen sind (vgl. Karra et al., 2006, S. 862). Somit sind Gründerunternehmen gegenüber etablierten Familienunternehmen im Vorteil, da sie tendenziell noch über eine geringere Unternehmensgröße und eine junge Unternehmensgeschichte verfügen.

Insbesondere in der Konstellation, dass der Gründer zugleich Chief Executive Officer (CEO) des Unternehmens ist, wurde in den meisten der von Miller et al. abgefragten Kategorien eine sehr gute Entwicklung der Unternehmen erreicht (vgl. Miller et al., 2007, S. 848 ff.). Somit erscheint die Auswahl von Familienunternehmen, die teilweise noch durch den Gründer geführt werden und sich in dessen wesentlichen Besitz befinden, für die empirische Untersuchung von hohem Interesse.

2.1.2 Volkswirtschaftliche Bedeutung von Familienunternehmen

In der öffentlichen Diskussion hat insbesondere in den letzten Jahren das Interesse an Familienunternehmen sehr stark zugenommen; getrieben v. a. durch das neue Bewusstsein der großen Bedeutung dieser Unternehmensspezies für unsere Volkswirtschaft. Allerdings ist das Interesse der Öffentlichkeit an den einzelnen Familienunternehmen noch nicht so ausgeprägt wie an vergleichbaren börsennotierten Publikumsgesellschaften im Streubesitz.

Analog zu der gestiegenen öffentlichen Wahrnehmung hat das Interesse der Wissenschaft an dem Forschungsfeld deutlich zugenommen. So weisen zahlreiche Forschungsarbeiten auf die hohe Wichtigkeit für die Volkswirtschaften hin (vgl. Villalonga/Amit, 2006, S. 385 ff.) und untermauern damit die häufig geprägte Aussage der Familienunternehmen als „dem Rückgrat“ (Hilb et al., 2009, S. 3) der Volkswirtschaften. Dies belegen die folgenden Daten:

Weltweit variiert der Anteil der Familienunternehmen am nationalen Bruttosozialprodukt und der in Familienunternehmen beschäftigten Arbeitnehmer zwischen 50 und 90 % (vgl. Donckels/Frohlich, 1991, S. 152 ff.). Im europäischen Vergleich ist die Bedeutung von Familienunternehmen für die Gesamtwirtschaft in Deutschland besonders groß, da in Deutschland zum einen die mittelständische Industrie sehr stark ausgeprägt ist (und in diesem Segment Familienunternehmen besonders häufig anzutreffen sind) und es im internationalen Vergleich sehr wenige Publikumsgesellschaften gibt (vgl. Faccio/Lang, 2002, S. 368 ff.). Außerdem sind viele der heutigen Publikumsgesellschaften als Familienunternehmen gegründet worden, z. B. Siemens AG oder ThyssenKrupp AG.

Zum Verständnis der volkswirtschaftlichen Bedeutung erscheint ein Blick in die Schlüsselzahlen der deutschen Wirtschaft hilfreich. Betrachtet man die Gesamtzahl der in Deutschland registrierten Unternehmen, so sind 95,1 % aller Unternehmen als Familienunternehmen zu bezeichnen. In diesen Unternehmen sind mehr als 13,4 Mio. Arbeitnehmer beschäftigt. Dies sind 57,3 % aller in Deutschland in der freien Wirtschaft abhängig beschäftigen Personen. Zu den 13,4 Mio. Menschen, die in Familienunternehmen ihrer beruflichen Beschäftigung nachgehen, kommen noch zahlreiche, allerdings nicht genau quantifizierbare Familienangehörige hinzu, die zumindest indirekt von der wirtschaftlichen Aktivität der Familienunternehmen leben. Der Umsatz aller Familienunternehmen in Deutschland beläuft sich auf rund 1,9 Billionen € jährlich, was 41,5 % der Gesamtumsätze aller deutschen Unternehmen ausmacht (vgl. IFM, 2007, S. 24).

Analysiert man die Unternehmen genauer, fällt auf, dass der Anteil der Familienunternehmen an der Gesamtzahl der Unternehmen sowohl von den Sektoren als auch der Größenklasse abhängig ist. Wie erwartet sinkt der Anteil der Familienunternehmen an der Gesamtzahl der Unternehmen mit zunehmender Größe deutlich. Während bei Unternehmen in der Größenordnung bis zu 1 Mio. € Umsatz 96,9 % Familienunternehmen sind, verringert sich der Anteil bei Unternehmen über 50 Mio. € Umsatz auf 33,6 % (vgl. Kayser/Wallau, 2003, S. 57 f.). Einheitlicher präsentiert sich das Bild im Sektorenvergleich: So sind hier die beiden Extremwerte, mit 96,9 % bei Unternehmen aus dem Sektor Handel und 92,8 % bei Unternehmen aus unternehmensnahen Dienstleistungen, homogener. In der kombinierten Betrachtung der beiden Untersuchungsmerkmale Sektor und Größe fällt auf, dass das Merkmal Größe die Untersuchung klar dominiert und somit maßgeblich verantwortlich für die Gesamtergebnisse ist. So ist in der Kombinationsbetrachtung der Anteil der Familienunternehmen an der Gesamtzahl der Unternehmen bei Unternehmen im Bereich Handel mit einem Umsatzvolumen von weniger als 1 Mio. € mit insgesamt 99,1 % am größten, während der Anteil bei Unternehmen des Sektors „Sonstige Dienstleistungen" über 50 Mio. € mit 18,1 % am geringsten ist (vgl. IFM, 2007, S. 20). Aus den Zahlen wird deutlich, dass Familienunternehmen zwar bei kleineren Unternehmen besonders häufig vertreten sind, aber auch bei den größeren Unternehmen ihr Anteil sehr beachtlich ist. Diese Erkenntnis wird untermauert durch die Betrachtung der gewählten Rechtsformen. Im Vergleich zu ihrem Anteil an allen Unternehmen sind die Familienunternehmen überproportional bei den Personengesellschaften und unterdurchschnittlich bei den Kapitalgesellschaften vertreten. Signifikant selten firmieren Familienunternehmen in der Rechtsform der AG. So sind nur 28,3 % aller AGs als Familienunternehmen zu bezeichnen. Demgegenüber sind etwa 96,8 % aller Kommanditgesellschaften Familienunternehmen (vgl. IFM, 2007, S. 18 f.). Einschränkend ist anzuführen, dass die Zahlen aufgrund der Herkunft aus verschiedenen Erhebungen untereinander nicht vollständig konsistent sind. Allerdings wurde dieser Mangel reduziert, indem alle Daten durch das IFM Bonn erhoben oder publiziert wurden.

Aber nicht nur in gesamtwirtschaftlicher Hinsicht ist die Bedeutung von Familienunternehmen nicht groß genug einzuschätzen. Insbesondere bei lokaler Betrachtung wird deutlich, dass auch große Familienunternehmen ihren Sitz und ihre Produktionsstätten eher in ländlichen Gebieten haben, während große Publikumsgesellschaften eher in urbanen Gebieten angesiedelt sind. Somit ist die Bedeutung der Familienunternehmen sowohl für die lokalen Arbeitsmärkte als auch für die Steuereinnahmen der Kommunen in ländlichen Gebieten unbestritten. Anzuführen sind in diesem Kontext bspw. Unternehmen wie Bertelsmann und Miele für die Region Gütersloh oder Würth für die Gegend um Künzelsau. Einher mit der Bedeutung der Unternehmen für die Regionen geht häufig auch eine sehr starke lokale Verwurzelung der Familienunternehmer und ihrer Familie mit ihrer Region und daraus abgeleitet eine hohe soziale Verantwortung und Verpflichtung, die neben den eigenen Mitarbeitern häufig auch die Bürger der Region umfasst (vgl. Klein, 2010, S. 126). Viele Aufgaben, die Kommunen nicht leisten können oder wollen, werden somit durch Spendengelder lokaler Unternehmer und Unternehmen erfüllt. Darüber hinaus gilt es zu erwähnen, dass Familienunternehmer z. T. nicht nur in ihrer Region wirken, sondern gesamtgesellschaftliche Aufgaben wahrnehmen, indem sie z. B. einer Universität einen Lehrstuhl oder ein Institut stiften. Die vielfältigen Bedeutungen, die Familienunternehmen für unsere Gesellschaft haben, lassen diese Unternehmensform somit als sehr wichtiges und vielversprechendes Untersuchungsfeld erscheinen. Im Rahmen der vorliegenden Dissertation steht die Führung und Kontrolle im Unternehmen im Mittelpunkt, so dass damit einhergehend im folgenden Unterkapitel die CG in Familienunternehmen thematisiert wird.

2.1.3 Corporate Governance in Familienunternehmen

2.1.3.1 Ausgestaltung von Führung und Kontrolle in Familienunternehmen

Das in der vorliegenden Untersuchung vertretene Verständnis von CG basiert – wie in Kap. 1.4 dargelegt – auf Witt und schließt neben der Kontrolle somit auch die Leitung eines Unternehmens mit dem Ziel des Interessensausgleichs ein (vgl. Witt, 2003, S. 1). Die CG, verstanden als Führung und Kontrolle bezogen auf Familienunternehmen, wird allerdings in der vorliegenden Untersuchung um den Familienaspekt sowie um die Sichtweise der New CG erweitert. Sie ist somit gekennzeichnet durch die gezielte Anpassung an den Unternehmenskontext, die ganzheitliche Erfolgsbewertung aus Sicht der Shareholders, der Kunden, der Mitarbeiter und der Öffentlichkeit sowie die strategische und integrierte Unternehmensgestaltung durch die Aufsichtsorgane (vgl. Hilb, 2005, S. 10).

Die Organisation und damit die Ausgestaltung von Führung und Kontrolle sind dabei notwendig, wenn in einem arbeitsteiligen Unternehmen mehrere Stakeholder (Beteiligte) mit divergierenden Interessen und Zielen zusammenarbeiten und die Beziehungen nicht durch vollständige Verträge geregelt sind (vgl. Witt, 2003, S. 17 ff.). Die Ausgestaltung von Führung und Kontrolle ist insbesondere für Familienunternehmen enorm wichtig. Dabei haben Familienunternehmen besondere Anforderungen an die CG und bedürfen eines spezifisch zugeschnittenen CG Systems, da Familienunternehmen sich durch eine sehr große Heterogenität und Komplexität auszeichnen, weil sie die Subsysteme Familie, Führung, Eigentum und Unternehmen vereinen (vgl. Klein, 2009, S. 64).

So sind für Familienunternehmen herkömmliche Empfehlungen zur Ausgestaltung der CG (Swiss Code of Best Practice in CG, der Deutsche CG Codex oder der US-amerikanische Sarbanes-Oxley Act), bei denen sowohl die Shareholderorientierung wie auch die Handelbarkeit der Unternehmensanteilen vorausgesetzt werden, nicht passend (vgl. Klein, 2009, S. 64 und vgl. Pieper/Klein, 2007, S. 307 ff.). Die Betrachtung von CG im Kontext von Familienunternehmen muss vielmehr neben der eigentlichen Unternehmens Governance um die Spezifika des Familieneinflusses und demnach um die sog. Familien Governance erweitert werden (vgl. Klein, 2009, S. 68).

Des Weiteren ist die bei klassischen Governance Systemen, die v. a. bei großen, börsennotierten Gesellschaften Anwendung finden, theoretisch hinterlegte Principal-Agency Theory und das zugrunde liegende Menschenbild des Homo Oeconomicus (vgl. Kap. 2.3.2) für Familienunternehmen wenig geeignet (vgl. Hack, 2009, S. 13). Wie im theoretischen Teil der vorliegenden Untersuchung abgeleitet werden wird, ist das Führungskonzept der Stewardship Theory für Familienunternehmen geeigneter (vgl. Kap. 2.3.3). Aufgrund der Besonderheiten von Familienunternehmen können nach Chrisman et al. in Familienunternehmen somit die Beziehungen und Handlungsweisen eher mit dem Konzept der Stewardship Theory (vgl. Kap. 2.3.3) erklärt werden (vgl. Chrisman et al., 2004, S. 347):

1. So verfolgt die Familie im Familienunternehmen typischerweise ökonomische wie auch nicht-ökonomische Ziele,
2. es ist ein hohes Maß an Altruismus beobachtbar,
3. die Beziehungen sind durch ein hohes Maß an Vertrauen gekennzeichnet und
4. es bestehen emotionale Beziehungen zwischen den Familienmitgliedern wie auch im Unternehmenskontext. (Vgl. Corbetta/Salvato, 2004, S. 358 f.; vgl. Gomez-Mejia et al., 2001, S. 89 ff. und vgl. James, 1999, S. 63 ff.)

Dies hat zur Folge, dass in Familienunternehmen im Vergleich zu Nicht-Familienunternehmen Interessensdivergenzen und Informationsasymmetrien weniger stark ausgeprägt sind und so Kontrolle und Führung aufgrund des Vorherrschens von Vertrauen grundsätzlich anders ausgeprägt und weniger dominant sein muss. Vertrauen ist somit als komparativer Vorteil von Familienunternehmen gegenüber Nicht-Familienunternehmen zu sehen (vgl. Steier, 2001, S. 354). Sundaramurthy hat in diesem Zusammenhang ein Modell zur Erhaltung des Vertrauens innerhalb von Familienunternehmen entwickelt (vgl. Sundaramurthy, 2008 S. 92 ff.). Außerdem kann die Orientierung auf mehrere Generationen langfristig ausgedehnt sein und divergiert somit zu Nicht-Familienunternehmen (vgl. Le Breton-Miller/Miller, 2006, S. 732). Dies ist auch auf die anzuwendende CG zu berücksichtigen.

Nutzt man jedoch die Principal-Agency Theory als Erklärungsansatz, so erscheinen bei Familienunternehmen Governance Strukturen typischerweise als sehr effizient, da das Eigentum in den Händen der Agents liegt und im Vergleich zu Nicht-Familienunternehmen Eigentum und die familiäre Unternehmensleitung zusammenfällt (vgl. Dyer, 2006, S. 259). Zudem liegt somit tendenziell eine Ziel- und Interessensübereinstimmung zwischen Eigentümer und Management vor, wobei die Eigentumsrechte prinzipiell auf die Entscheidungsträger begrenzt sind (vgl. Fama/Jensen, 1983, S. 323 und vgl. Schulze et al., 2001, S. 99). Allerdings muss klargestellt werden, dass Agency Konflikte aufgrund von Interessenskonflikten, Informationsasymmetrien oder opportunistischem Verhalten auch in Familienunternehmen nicht ausgeschlossen werden können, da mehrere Eigentümer (z. B. Geschwister, verschiedene Generationen) mit unterschiedlichen Zielen agieren (vgl. Chua et al., 2009, S. 357). Zur Messung der Zielerreichung des Familienunternehmens ist deshalb als Grundlage die Zufriedenheit aller Eigentümer zu werten (vgl. Zellweger/Nason, 2008, S. 213). Morck/Yeung zeigen in ihrer Untersuchung für Familienunternehmen spezifische Agency Probleme auf und stellen ein Modell der CG für Familienunternehmen vor (vgl. Morck/Yeung, 2003, S. 367 ff.). Somit sollten zur Reduktion der Agency Kosten (vgl. Kap. 2.3.2) auch in diesem Unternehmenskontext Kontrolle und Führung installiert werden. Denn sollte ein Principal-Agency Konflikt vorherrschen, bedingt dieser das Ausmaß der Governance Regelungen und die Notwendigkeit von Anreiz- und Kontrollsystemen gemäß der Theorie (vgl. Chua et al., 2006, S. 777 und vgl. Kap. 2.3.2). Dabei verschiebt sich die Ausrichtung der CG Gremien also von einer Vertrauensorientierung, die sich aus dem Stewardship Konzept ergibt, zu einem stärkeren Kontrollorgan gemäß der Principal-Agency Theory. Le Breton-Miller/Miller führen in diesem Zusammenhang an, dass bei Familieunternehmen, in denen die Familie und deren Interessen eine höhere Bedeutung als die Unternehmensziele haben, Verhaltensweisen auftreten, die eher mit der Stewardship Theory zu erklären sind. Umgekehrt sind Verhaltensweisen, die mit der Principal-Agency Theory nachzuvollziehen sind, eher in einem Umfeld anzufinden, in dem die Interessen des Unternehmens über den Interessen der Familie stehen (vgl. Le Breton-Miller/Miller, 2009, S. 1187). Hierbei ist allerdings anzumerken, dass ein gemäß der Principal-Agency Theory auf das Menschenbild des Homo Oeconomicus ausgerichtetes Governance System in einem Stewardship Umfeld kontraproduktiv sein kann (vgl. Klein, 2005, S. 194 ff.).

Bei der Installation und Beurteilung von CG Systemen im Unternehmenskontext ist allgemein eine ökonomische Kosten-Nutzen Betrachtung geboten: so sind zum einen die Kosten, die aus der Installation und der Durchführung der CG Regeln direkt liquiditätswirksam werden oder indirekt entstehen, zu berücksichtigen. Gleichzeitig ist aber auch der Ertrag des unternehmenseigenen CG Regelwerkes, das der Erreichung von Transparenz, Nachvollziehbarkeit und Steuerbarkeit dient, mit einzubeziehen (vgl. Klein, 2009, S. 69). Klein entwickelt insbesondere für Familienunternehmen ein allgemeingültiges Theorem der CG als Steuerungsmechanismus, das zum einen das als optimal zu bestimmende Niveau der CG für Familienunternehmen ermittelt und gleichzeitig das ökonomische Grundprinzip von Kosten und Ertrag einbezieht (vgl. Klein, 2009, S. 68 ff.). Demnach sollten so geeignete Governance Elemente abgestimmt auf die individuellen Subsysteme eines Familienunternehmens, Familie, Führung, Eigentum und Unternehmen im Markt, die sich wechselseitig beeinflussen können, bestimmt und eingesetzt werden. Grundsätzlich sind die Ausgestaltung von Führung sowie Kontrolle und damit die CG in einem Familienunternehmen nach dem **Komplexitätstheorem von Klein** an die individuelle Komplexität eines Familienunternehmens und seiner vier Teilbereiche abzustimmen.

Governance Elemente, die dabei dem Grad der Komplexität der **Familie** Rechnung tragen, können bspw. informelle und formelle Familientreffen in abgestimmter Häufigkeit bis hin zu sog. Family Councils, Rituale familiärer oder unternehmensbezogener Art sein. Die Komplexität der Familie hängt dabei primär von den folgenden Faktoren ab: Sie ist positiv korreliert mit der Anzahl der Familienmitglieder und deren Heterogenität etwa hinsichtlich Alter, Distanz, Zielsetzungen und ihrer jeweiligen subjektiven Relevanz (vgl. Klein, 2009, S. 70 f.).

Führung hingegen äußert sich auch in einem Familienunternehmen klassischerweise in der Leitung des Unternehmens durch die Geschäftsleitung als dem Führungsgremium. Hier konstatiert Klein die Komplexität anhand der Anzahl der Geschäftsführungsmitglieder und deren jeweiliger Heterogenität, die erhöhend wirken auf den Koordinations- und Kommunikationsbedarf. Die Heterogenität der Entscheidungsträger ist dabei abhängig von ihrer subjektiven Qualifikation, Erfahrung und Herkunft sowie dem jeweiligen Menschenbild. Je komplexer und divergierender die individuellen Zielvorstellungen und die Führungsstrukturen sind, desto stärker müssen Governance Regeln ausgebildet sein und desto höher sollte auch der Formalisierungsgrad der eingesetzten Maßnahmen sein (vgl. Klein, 2009, S. 72). Die negativen Implikationen, die mit der Besetzung von Führungspositionen durch Familienmitglieder einhergehen führen Sciascia/Mazzola aus (vgl. Sciascia/Mazzola, 2008, S. 338 ff.).

Die Dimension **Eigentum** spiegelt sich dabei in der Anzahl und den ausgeübten Rollen der Eigentümer und der Verteilung ihrer Beteiligungshöhen wider, die primär durch die Rechtsform determiniert sind. Komplexitätssteigernd wirken dabei zum einen die Anzahl wie auch die Rollen der Eigentümer, die Unterschiede in den Anteilshöhen, aber auch die Beteiligung Familienfremder, da angenommen werden muss, dass sich so die Zielsetzungen und Wertevorstellungen deutlich unterscheiden (vgl. Klein, 2009, S. 73 f.). Zudem weisen Hilb et al. auf die komplexitätssteigernde Trennung von Eigentum und Geschäftsleitung, etwa im Zuge der Unternehmensnachfolge, hin (vgl. Hilb et al., 2009, S. 36). Allerdings konnten Jaskiewicz/Klein die Wirkung von Vertrauen als moderierende Variable zeigen und kamen zu dem Ergebnis, dass in Familienunternehmen mit einer großen Zielkongruenz und der Existenz eines Vertrauensverhältnisses tendenziell seltener Aufsichtsgremien nötig waren bzw. diese etwa signifikant kleiner waren (vgl. Jaskiewicz/Klein, 2007, S. 1085 ff.). Mit zunehmenden Komplexitätsgrad der Dimension Eigentum empfiehlt Klein die Einführung klassischer CG Instrumente wie etwa die Installation eines Aufsichtsgremiums mit Kontrollfunktion (vgl. Klein, 2009, S. 74).

Zudem sind Familienunternehmen typischerweise heterogener als große, börsennotierte Gesellschaften, so dass als weitere Determinante für die Ausgestaltung der Führung und Kontrolle das **Unternehmen** selbst und seine Stellung **im Markt** berücksichtigt werden muss. Hierbei sind die Verflechtungen im Markt, das Ausmaß der Fremdfinanzierung, die Zahl der Absatz- und Beschaffungsmärkte sowie der Produkte anzuführen, die ebenfalls komplexitätssteigernde Wirkung haben, und etwa in der Zusammensetzung des Aufsichtsgremiums einzubeziehen sind (vgl. Klein, 2009, S. 75).

Im Ergebnis ist die Ausgestaltung von Führung und Kontrolle in einem Familienunternehmen gemäß des vorgestellten Theorems an die im spezifischen Familienunternehmen und seinen vier Subsystemen vorherrschende Komplexität anzupassen. Das optimale Niveau (auch vor dem Hintergrund der Kosten-Nutzen-Effizienz) vermeidet somit zu hohe Kosten (falls das CG System verglichen mit den Subsystemen zu komplex ist) und reduziert gleichzeitig Konfliktkosten aus einer zu schwachen CG in einem komplexeren Familienunternehmen. Die konkrete Ausgestaltung der Kontrolle erfolgt bei Familienunternehmen, die zumeist nicht börsennotierten sind, häufig über einen Beirat, obschon sie in der Ausgestaltung des Beirats frei sind und keinen gesetzlichen Vorschriften unterliegen. Für die Begriffsklärung des zusammenfassenden Begriffs des Beirats sei auf Kap. 1.4 verwiesen. Nach Hilb et al. zählen zu den wichtigsten Beiträgen von Beiräten zum Erfolg in Familienunternehmen die folgenden Funktionen: Ratgeber, Kontrollinstanz, externe Unterstützung bei Aus- und Weiterbildung des Gründers, Ressourcenbereitstellung (z. B. Know how und Netzwerk), Vermittlung und Schlichtung bei Konflikten oder Objektivität (vgl. Hilb et al., 2009, S. 41 f.). Eine detaillierte Analyse und Betrachtung des Beirats im Kontext von Familienunternehmen wird im nachfolgenden Unterkapitel geleistet.

2.1.3.2 Der Beirat als Aufsichtsgremium in Familienunternehmen

Ausgehend von der Objektklärung, der rechtlichen Grundlage und Definition des Konstruktes Beirat, die in Kap. 1.4 dargestellt worden ist, soll in diesem Unterkapital auf das Wesen des Beirats in Familienunternehmen näher eingegangen werden. Aufgrund der rechtlichen Struktur der meisten Familienunternehmen, die zumeist in Form von Personengesellschaften und ausgesprochen selten als AG firmieren (vgl. Kap. 2.1.2), ist eine Einrichtung eines Aufsichtsgremiums rechtlich zumeist nicht erforderlich. In der deutschen Rechtssphäre ist die Einrichtung eines Kontrollgremiums, dort in der Form eines Aufsichtsrates, nur für AGs vorgeschrieben (vgl. Kap. 1.4).

Juristisch sind Beiräte somit als fakultativ vom Gesetz nicht vorgesehene und mit Gesellschaftern und/oder gesellschaftsfremden Personen besetzte Gremien zu sehen (vgl. Voormann, 1990, S. 1). Allerdings ist eine klare Tendenz zu erkennen, wonach die Bedeutung der Institution steigt und in der Praxis zunehmend auch Familienunternehmen rechtsformunabhängig ein derartiges Gremium einrichten, das generell Beratungs-, Überwachungs- und Ausgleichsfunktion zu vereinen vermag (vgl. Ruter/Thümmel, 2009, S. 5). Aufgrund der Freiwilligkeit der Einrichtung des Beirats erscheint es notwendig, die Motive zu beleuchten, die die Gesellschafter von Familienunternehmen dazu veranlassen, ein solches Organ zu installieren. So führen Wiedemann/Kögel (2008) als Motive für die Einrichtung eines Beirats an:

- Kontinuitätssicherung in der Unternehmensnachfolge und Begleitung des Übergangs zwischen den Generationen durch den Beirat,
- Moderation zwischen verschiedenen Gesellschaftern bzw. unterschiedlichen Familienstämmen und Bildung einer Brückenfunktion zwischen den Gesellschaftern,

- Überwachung sowie Kontrolle der Geschäftsleitung und Vertreten der Interessen der Gesellschafter (insbesondere derer, die nicht zur Geschäftsführung gehören),
- Koordination auseinanderstrebender Gesellschafterinteressen, denkbar z. B. im Rahmen der Gewinnverwendung (im Unternehmen tätige Gesellschafter vs. reine Anteilseigner),
- Erfüllung des Wunsches außenstehender Dritter, wie z. B. Banken, die im Rahmen einer Kreditvergabe die Einrichtung eines Beirats fordern,
- Strategische Neuausrichtung und Umstrukturierung eines Unternehmens, in deren Rahmen die Mitglieder des Beirats als Experten Unterstützung leisten können und
- Beirat als Sparringspartner und Berater der Geschäftsführung. (Vgl. Wiedemann/Kögel, 2008, S. 27 ff.)

Neben den aufgeführten Aspekten sind noch eine Vielzahl weiterer Beweggründe denkbar, die eine Einrichtung eines Beirats praktisch notwendig und sinnvoll werden lassen. Diese Gründe sind häufig in der speziellen Situation des jeweiligen Unternehmens und den dynamischen wie auch komplexen Anforderungen der heutigen Wirtschaftswelt zu finden.

Die Einrichtung eines Beirats kann grundsätzlich entweder als schuldrechtliches oder als organrechtliches Gremium erfolgen und ist Kennzeichen für die hohe Flexibilität hinsichtlich der konkreten Ausgestaltung und Kompetenzzuteilung. So können in der Unternehmenspraxis die dem Beirat zugesprochenen Aufgaben von der reinen Informationsbeschaffung über Beratungs- und Kontrollaufgaben bis hin zur Ausübung von Entscheidungsrechten reichen (vgl. Hinterhuber/Minrath, 1991, S. 1201).

Der schuldrechtliche Beirat basiert auf Einzelverträgen, die jedes Beiratsmitglied einzeln mit der Gesellschaft oder einzelnen Gesellschaftern abschließt und in denen es sich individuell zur Leistung bestimmter Aufgaben verpflichtet (vgl. Rohleder, 1991, S. 14). Da dieses Gremium de jure keine Entscheidungskompetenz hat, sind die Aufgaben automatisch auf die Beratung beschränkt, was insbesondere in schwierigen Unternehmenssituationen kritisch zu sehen ist. Aus diesem Grund konzentriert sich die vorliegende Dissertation auf die organrechtliche Ausprägung des Beirats. In diesem Kontext ist der Beirat als Organ der Gesellschaft, das im Gesellschaftsvertrag verankert ist und somit in die gesellschaftsrechtliche Organisation des Unternehmens eingegliedert ist, zu verstehen (vgl. Stehle, 1993, S. 82). In der Praxis erhält der Beirat, festgelegt in seiner Satzung, eigene Entscheidungsbefugnisse, die teilweise auch in die Verantwortungsbereiche anderer Organe hineinreichen. Somit kann das Gremium auch an die Stelle anderer Organe treten und somit auch als reines Aufsichtsorgan arbeiten (vgl. Rohleder, 1991, S. 12).

Nachdem nun sowohl die Gründe für die Einrichtung eines Beirats und die möglichen rechtlichen Grundlagen erörtert worden sind, erscheint es opportun, auch die Vorbehalte, insbesondere bei Familienunternehmen, gegen die Einrichtung eines solchen Gremiums darzustellen. In diesem Zusammenhang wird immer wieder angeführt, dass das Eindringen Familienfremder in die Sphäre des Familienunternehmens schädlich sei und möglicherweise die Diskretion verletzten könnte. Nicht minder schwer ist die Angst aus Sicht des Familienunternehmers, den unternehmerischen Einfluss zumindest z. T. zu verlieren. Jedoch können die Gesellschafter des Unternehmens durch die Festlegung einer Beiratsverfassung diese Gefahr weitestgehend eliminieren. Schwieriger zu beurteilen sind Vorbehalte aufgrund der zeitlichen Belastung für die Geschäftsleitung und die Mitarbeiter, die aufgrund der Informationsanforderungen des Beirats entstehen könnten. Damit geht die Sorge einher, dass sich durch die komplexere Organisationsstruktur etwa Abläufe im Unternehmen bürokratisieren oder verlangsamen könnten. Schließlich werden zudem monetäre Kosten (Vergütung der Beiratsmitglieder), die vom Unternehmen zu tragen sind, von Familienunternehmern gegen die Einrichtung eines Beirats angeführt (vgl. Wiedemann/Kögel, 2008, S. 30 f.). Denn etwa Gomez-Mejia et al. oder Daily et al. weisen in diesem Kontext nach, dass familieninterne CEOs im Gegensatz zu familienexternen Mangeren eine geringe Vergütung erhalten (vgl. Gomez-Mejia et al., 2003, S. 226 ff. und vgl. Daily et al., 2003b, S. 155).

Die haftungsrechtliche Situation der Beiratsmitglieder, die uneinheitlich beurteilt wird, ist in diesem Zusammenhang genauer zu hinterfragen und verdient einer eingehenden Betrachtung. So postulieren einige Rechtswissenschaftler, dass die Regeln der Organhaftung des Beirats sowohl für Personen- als auch Kapitalgesellschaften gelten sollen, während andere Stimmen die Organhaftung für Personengesellschaften negieren und deswegen nur eine Haftung auf vertraglicher Basis denkbar sei. Eine ausführliche Darstellung der verschiedenen Standpunkte leistet Rinze (vgl. Rinze, 1992, S. 2790 ff.).

Bezugnehmend auf die Ziele, die mit Einrichtung eines Beirats angestrebt werden, ergeben sich Aufgabenfelder, die ein Beirat idealtypisch bearbeiten sollte (vgl. Huse, 2005, S. S72 und vgl. Hung, 1998, S. 105). Diese können zunächst in die folgenden Bereiche unterteilt werden (vgl. Koeberle-Schmid et al., 2009, S. 84 ff.):

1. Kontrolle,
2. Beratung,
3. Networking und
4. Pflege der Familienbeziehung.

Die dem Beirat übertragenden **Kontrollfunktionen** können entweder über eine vergangenheitsorientierte ex post Kontrolle oder eine antizipative, vorsteuernde ex ante Kontrolle ausgeübt werden. Die zugewiesenen Kompetenzen des Kontrollbeirats sind dabei unternehmensspezifisch. Anzumerken ist jedoch, dass es in dieser Rolle dem

Beirat nicht obliegt, der Geschäftsführung z. B. Maßnahmen vorzuschlagen oder in das Unternehmensgeschehen einzugreifen. Ein kontrollierender Beirat ist typischerweise der Unternehmensleitung übergeordnet und entscheidet z. B. über deren Bestellung oder Abberufung. Theoretisch abgeleitet ist Kontrolle in der Reinform der Stewardship Theory nicht notwendig (vgl. Kap. 2.3.3.2). Allerdings kann nicht ausgeschlossen werden (vgl. Kap. 2.1.3.1), dass auch in einem Familienunternehmen Agency Probleme auftreten, die die aus der Principal-Agency Theory abgeleiteten Maßnahmen wie Verträge, Anreize und Kontrolle notwendig machen. So gehen auch Koeberle-Schmid et al. von einem Agency Umfeld aus, das demnach sowohl bei einem familienfremden als auch bei einem familieneigenen Management gegeben ist. Demnach ist es in diesen Konstellationen auch für ein Familienunternehmen geboten, Interessenskonflikte, opportunistisches Verhalten und Informationsasymmetrien zu verhindern bzw. reduzieren und sich der Kontrolle über einen Beirat zu bedienen mit dem Ziel, die Unternehmensinteressen zu vertreten und Unternehmenswert zu erwirtschaften und zu steigern. Koeberle-Schmid unterteilt diese dem Beirat zugesprochene Kontrollkompetenzen in quantitative Kontrolle, strategische Kontrolle und Verhaltenskontrolle (vgl. Koeberle-Schmid, 2008, S. 46 ff.).

Als zweite zentrale Aufgabe führen Schmid et al. die **Beratung** der Geschäftsführung an. In dieser Funktion bündelt, strukturiert und bildet der Beirat als Aufsichtsgremium Wissen im Rahmen von sog. intellektuellem Kapital (vgl. Nicholson/Kiel, 2004, S. 456) und macht es nutzbar für die Unternehmensleitung (vgl. Koeberle-Schmid, 2008, S. 50 und vgl. Koeberle-Schmid et al., 2009, S. 103). Die Beraterrolle kann dabei entweder allgemeiner Natur sein und sich auf Erfahrung sowie betriebswirtschaftliches Wissen gründen oder inhaltlich gerichtete, entscheidungswirkende Beratung umfassen. Die letztgenannte Beraterfunktion, die typischerweise von einer Unternehmensberatung erbracht wird, kann dabei in der Praxis durch einen Beirat nur selten geleistet werden (vgl. Klaus, 1988, S. 79). Ein typischer Beratungsbeirat steht somit quasi neben der Unternehmensleitung und unterstützt die Management-Entscheidungsprozesse. In der Beraterfunktion wird auch häufig die Rolle des Beirats als Sparringspartner angeführt, der mit Qualifikation und Erfahrung quasi auf gleicher Ebene als neutraler Gesprächspartner für Strategie- und Konzeptionsgespräche fungiert und so dem Familienunternehmer beratend zur Seite steht. Gleichzeitig wird dem Beirat als externem Gremium häufig zugesprochen, das Familienunternehmen vor der eigenen „Betriebsblindheit“ zu schützen und durch externes Know how das Risiko von Fehlentscheidungen zu minimieren.

Im Rahmen ihrer Untersuchung konstatieren Koeberle-Schmid et al. jedoch kritisch, dass intensive Beratung keine Auswirkung auf die Business Performance des Unternehmens liefere (vgl. Koeberle-Schmid et al., 2009, S. 103). Des Weiteren muss angeführt werden, dass die Anzahl der Mitglieder des Gremiums keinerlei Auswirkungen auf den Umfang der Beratungsleistung zulasse (vgl. Lane et al., 2006, S. 153). So führt eine hohe Anzahl von Beiratsmitgliedern nicht automatisch zu einer höheren Beratungsintensität (vgl. Nahapiet/Ghoshal, 1998, S. 248).

Networking wird in diesem Kontext verstanden als Möglichkeit, Zugang zu Informationen, Wissen oder Technologie zu erhalten, was grundsätzlich analog zur beschriebenen Beratungsfunktion eher unterstützend und ohne unmittelbare Auswirkung auf den Markterfolg des Unternehmens zu interpretieren ist. Dabei zielt die Erklärung der Networking Rolle auf das sog. externe, organisatorische Sozialkapital ab (vgl. Arregle et al., 2007, S. 77). In der Praxis kann der Beirat in dieser Funktion dem Familienunternehmen etwa als Türöffner, beim Aufbau eines Netzwerkes oder beim Lobbying dienen (vgl. Koeberle-Schmid, 2008, S. 54). Empirisch konnten Koeberle-Schmid et al. auch in diesem Bereich keinen eindeutigen Befund ermitteln, der messbare positive Auswirkungen auf das Unternehmen darstellt.

Schließlich wurde als letztes mögliches Aufgabenfeld eines Beirats im Familienunternehmenskontext die **Pflege der Familienbeziehung** identifiziert, die sich auf die Beziehung zwischen Management und Familienmitglieder bezieht. Die Notwendigkeit dieser Aufgabe hängt von der Eigentumsstruktur des Familienunternehmens ab und ist dann gegeben, wenn Management und Eigentum nicht mehr vollständig zusammenfallen (vgl. James, 1999, S. 65 f.). In dieser Funktion kann das Aufsichtsgremium die Kommunikation mit der Familie pflegen, die Kommunikation innerhalb der Familie unterstützen und so den Informationsaustausch erhöhen. Gleichermaßen kann es notwendig werden, eine intensive Abstimmung der Unternehmensstrategie mit der Strategieauffassung der Familie durchzuführen und bei Konflikten zu vermitteln und zu schlichten (vgl. Aronoff/Ward, 1996, S. 13). Hierzu stellten Koeberle-Schmid et al. in ihrer Untersuchung allerdings fest, dass intensive Familienbeziehungen die Business Performance des Unternehmens negativ beeinflussen. Insbesondere eine große Anzahl von Familienmitgliedern im Beirat führt zu einer starken Auseinandersetzung mit familienspezifischen Themen (vgl. Lester/Cannella, 2006, S. 759).

Nachdem im Rahmen des bisherigen Kapitels zwar die Motive eindeutig geklärt werden konnten, aber die Aufgaben zur Erreichung der mit den Motiven einhergehenden Ziele nicht eindeutig festgelegt werden konnten, werden in den beiden folgenden Unterkapiteln die Möglichkeiten der Zusammensetzung und Arbeitsweisen des Gremiums thematisiert.

2.1.3.2.1 Möglichkeiten der Zusammensetzung des Beirats in Familienunternehmen

Damit der Beirat seine Aufgaben erfüllen kann, ist seine Zusammensetzung von großer Bedeutung. Zunächst gilt es, eine Mitgliederanzahl festzulegen, wobei schon vorab gesagt werden kann, dass es schwierig ist, die optimale Anzahl der Mitglieder des Gremiums zu bestimmen. Westhead/Howorth (2006) plädieren für eine hohe Anzahl von Beiratsmitgliedern, indem sie einen positiven Zusammenhang zwischen einem großen Gremium und dem Umsatzwachstum der Unternehmen herstellen (vgl. Westhead/Howorth, 2006, S. 312). Dalton/Dalton fügen hierzu an, dass mit zunehmender Mitgliederzahl der Erfahrungshorizont des Gesamtgremiums größer ist und deswegen eine bessere Beratung geleistet werden könne (vgl. Dalton/Dalton, 2005, S. S95). Lane et al. nennen in diesem Kontext „greater feedback and, therefore, greater accountability“ (Lane et al., 2006, S. 153), was mit einem mitgliederstärkeren Aufsichtsorgan einhergeht. Allerdings weisen Lane et al. darauf hin, dass der Informationsaustausch in zu großen Gremien nur eingeschränkt möglich sei, da die Koordination und die Entscheidungsfindung aufwendig sowie die Gefahr des Entstehens von Konflikten groß sei (vgl. Lane et al., 2006, S. 152 f.). Dalton et al. gehen bei einem zu großen Aufsichtsorgan darüber hinaus sogar von seinem sinkenden Engagement der einzelnen Mitglieder und von einer erhöhten Schwierigkeit der Konsensfindung aus (vgl. Dalton et al., 1999, S. 675 f.). Somit können sowohl schlüssige Argumente für eine große als auch eine kleine Mitgliederanzahl im Beirat diskutiert werden. Lane et al. konkretisieren abschließend, dass die optimale Größe für ein Aufsichtsorgan zwischen sieben und zwölf Personen beträgt (vgl. Lane et al., 2006, S. 152 f.). Deutsche Familienunternehmen haben typischerweise (70 bis 75 %) drei bis fünf Beiräte (vgl. Kormann, 2008, S. 455 und vgl. Rechenauer/John, 1994, S. 56). Dies geht konform mit der Meinung von Johnson, der sich für maximal sieben bis acht Mitglieder im Gremium ausspricht (vgl. Johnson, 1990, S. 55).

Unabhängig von der Anzahl der Mitglieder im Gremium müssen die einzelnen Personen über bestimmte fachliche und persönliche Qualifikationen verfügen, die im Folgenden dargelegt werden. Eine für alle Unternehmen geltende pauschale Aussage zu der fachlichen Expertise lässt sich nicht treffen, da die erforderlichen Fähigkeiten sehr stark von der Unternehmenssituation abhängig sind und somit im Einzelfall definiert werden müssen. Allumfassend gilt allerdings der von Conger et al. formulierte Anspruch des „adding value beyond the CEO“ (Conger et al., 2001, S. 50). Forbes/Milliken führen in diesem Zusammenhang eine Aufteilung in funktionelles und unternehmensspezifisches Wissen an (vgl. Forbes/Milliken, 1999, S. 495), Lester/Cannella ergänzen im Zusammenhang familienunternehmenspezifisches Wissen (vgl. Lester/Canella, 2006, S. 759).

Unter funktionalem Wissen lassen sich Kenntnisse über Rechnungslegung, Finanzierung, Strategie, Marketing und über rechtliche Aspekte subsumieren (vgl. Nicholson/Kiel, 2004, S. 450 und vgl. Berghe/Levrau, 2004, S. 466). Das unternehmensspezifische Wissen beinhaltet dabei Wissen über das Unternehmen in Bezug auf seine Stärken und Schwächen, sein Produktspektrum, die Organisationsstruktur sowie seine finanzielle Situation (vgl. Nicholson/Kiel, 2004, S. 450). Familienunternehmenspezifisches Wissen hingegen ist auf die Fähigkeit bezogen, ein Familienunternehmen zu führen. Themen in diesem Zusammenhang sind Nachfolgeproblematik, Zusammenarbeit zwischen Familien- und Fremdmanagern und Konflikte aus dem Zusammenwirken zwischen Familie und Unternehmen (vgl. Lester/Canella, 2006, S. 759).

Whisler führt dabei noch die Reputation des Beiratsmitgliedes an, und berücksichtigt damit, inwieweit das Beiratsmitglied dem Unternehmen zusätzliche Reputation verschaffen kann (vgl. Whisler, 1988, S. 319). Allerdings lässt sich dieses Merkmal schwer bestimmen und kann nicht in eine der gewählten Kategorien integriert werden, so dass die Reputation unabhängig davon zu sehen ist. Als jene Fähigkeiten eines Beiratsmitglied, die sich auf seine Persönlichkeit beziehen, führen Ruter/Thümmel an: Unternehmerische Fähigkeiten, Kreativität, Kritik- und Konfliktfähigkeit, Verantwortungsbewusstsein, Selbstbeherrschung, Durchsetzungsvermögen, Wahrnehmungsvermögen, politischer Scharfsinn, Networking, Ergebnisorientierung, analytisches Denkvermögen, konsequente und fortlaufende Planung, positiver Leumund, Vertrauenswürdigkeit und Motivation (vgl. Ruter/Thümmel, 2009, S. 79 ff.). Bei einem Vergleich von persönlichen und fachlichen Fähigkeiten belegen zahlreiche Studien, dass die persönlichen Eigenschaften die fachliche Expertise dominieren, (vgl. Rieger et al., 2003, S. 72 ff.) unter der Voraussetzung, dass die fachliche Kompetenz vorhanden ist. Dieses Know how ist somit eine notwendige, jedoch kein hinreichendes Erfordernis.

Ausgehend von der Motivation ergibt sich das Engagement, das in Kap 2.1.3.2.2 noch eingehend beleuchtet wird. Zentral ist in diesem Zusammenhang die Unabhängigkeit der Mitglieder des Aufsichtsgremiums. Ward/Handy verstehen darunter, dass es keine persönliche Beziehungen zwischen den Mitgliedern des Aufsichtsgremiums und dem Management geben darf und dass kein Beiratsmitglied in einem engen wirtschaftlichen Verhältnis zum Unternehmen stehen sollte (vgl. Ward/Handy, 1988, S. 307). Abschließend gilt in diesem Kontext, dass eine Vielfalt von Charakteren und Fähigkeiten in dem Gremium als positiv zu bewerten ist. Aufgrund der Verschiedenartigkeit der Aufgaben des Organs ist Diversifikation innerhalb des Beirats zielführend (vgl. Habig/Berninghaus, 1998, S. 128).

Sehr differenziert ist eine mögliche Beteiligung von Familienmitgliedern im Aufsichtsorgan zu betrachten. Auf der einen Seite haben sie zumeist ein enges wirtschaftliches Verhältnis zum Unternehmen und – sofern ein anderes Familienmitglied in der Geschäftsleitung tätig ist – somit eine persönliche Beziehung zum Management. Dies ist nach den Ausführungen von Ward/Handy sehr kritisch zu beurteilen (vgl. Ward/Handy, 1988, S. 304). Demgegenüber führen Nicholson/Kiel an, dass Eigentümer (die zumeist Familienmitglieder sind) intensiver im Aufsichtsorgan kontrollieren und folglich möglicherweise vorherrschende Agency Kosten senken könnten (vgl. Nicholson/Kiel, 2007, S. 600). Außerdem können die Familienmitglieder direkt als Principals agieren (vgl. Huse, 2007, S. 45) und damit einhergehend ihre Entscheidungen komplett auf die Steigerung des Unternehmenswertes konzentrieren (vgl. Jensen/Meckling, 1976, S. 332 ff.).

Den Nutzen, den Unternehmensfremde für das Unternehmen stiften können, muss dem jedoch gegenüber gestellt werden. Zu nennen ist hier die Einbringung von unabhängigen Meinungen, die nicht mit der Historie oder den Gegebenheiten von Familie und Unternehmen belastet sind (vgl. Gabrielson/Winlund, 2000, S. 315). Somit können Familienfremde Aspekte thematisieren, die von Familienmitgliedern tabuisiert werden. Aus diesem Grund erscheint es wenig verwunderlich, dass Brunninge et al. konstatieren, dass Familienfremde strategische Veränderungen positiv beeinflussen (vgl. Brunninge et al., 2007, S. 303). Teilweise konträr zur Argumentation von Nicholson/Kiel, das Familienmitglieder intensiver kontrollieren, führt Mueller an, dass familienfremde Beiratsmitglieder die Geschäftsleitung kritischer hinterfragen als Familienmitglieder (vgl. Mueller, 1988, S. 240). Die Sichtweise von Mueller und den von Gabrielson/Winlund aufgebrachten Aspekt der Unbefangenheit führen Sundaramurthy/Lewis zusammen, indem sie konstatieren, dass familienfremde Beiratsmitglieder ihren weiteren Blickwinkel nutzen, um die Geschäftsleitung herauszufordern (vgl. Sundaramurthy/Lewis, 2003, S. 409). Der Nutzen von Familienfremden zum Networking des Unternehmens ist als weiterer Vorteil anzuführen (vgl. Schwartz/Barnes, 2002, S. 275), der von Zahra/Pearce als die Möglichkeit „(to) establish viable links with different sectors of the external environment" (Zahra/Pearce, 1989, S. 308) bezeichnet wird.

Zusammenfassend ist festzustellen, dass die Zugehörigkeit von Familienmitgliedern im Beirat positiv sein kann, aber nicht muss. Einigkeit hingegen herrscht darüber, dass das Gremium keinesfalls von Familienmitgliedern dominiert werden sollte, da ansonsten die Gefahr besteht, dass das Gremium eher i. S. einer Gesellschafterversammlung agiert und persönliche Konflikte im Rahmen der Beiratssitzungen thematisiert werden. Somit ist der Nutzen von familienfremden Personen in gemischten Beiräten (Teilnahme sowohl von Familienmitgliedern als auch von Familienfremden) in der Versachlichung der Herangehensweise zu sehen (vgl. Mueller, 1988, S. 244), zumal die Sinnhaftigkeit von Familienmitgliedern im Beirat auch von weiteren Gegebenheiten im Unternehmen abhängt. So sind Mitglieder der Familie im Beirat eher sinnvoll, wenn die Geschäftsleitung durch familienfremde Manager ausgeübt wird. Ist demgegenüber die Familie in der Geschäftsleitung vertreten, so sollte der Beirat durch familienfremde Personen besetzt sein. Nachdem das Für und Wider der Berufung von Familienmitgliedern in das Organ diskutiert wurde, sollen im Folgenden Gruppen vorgestellt werden, die ebenfalls in den Beirat berufen werden können.

In vielen Beiräten ist die Gruppe der Berater (Rechtsanwälte, Steuerberater, Wirtschaftsprüfer und Unternehmensberater) vertreten. Die Berufung dieser Fachpersonen ist kritisch zu sehen, da sie ihre Dienste dem Unternehmen aufgrund anderer Verträge zur Verfügung stellen und entlohnt werden (vgl. Wick, 2000, S. 91 ff.). Dieser Personenkreis kann zudem nicht als unabhängig bezeichnen werden, da die Berater von dem Unternehmen Folgeaufträge generieren möchten. Dies scheint viele Familienunternehmer nicht davon abzuhalten, diese Berufsgruppen in ihr Aufsichtsgremium zu integrieren, denn in 26 % der Familienunternehmen sind Wirtschaftsprüfer und sogar bei 32 % sind Rechtsanwälte im Gremium vertreten (vgl. Klein, 2010, S. 145).

Ähnlich verhält es sich in diesem Kontext mit den Bankvertretern, bei denen ebenfalls latent die Gefahr besteht, dass sie sich eher den Interessen ihres Arbeitgebers denn dem Unternehmen, in dessen Beirat sie sitzen, verpflichtet fühlen (vgl. Klaus, 1988, S. 165 ff.). Zudem ist zu klären, inwieweit alle Themen, die im Beirat diskutiert werden, für die Bank bestimmt sind. Allerdings sind in 30 % aller Familienunternehmen Vertreter der Banken im Aufsichtsgremium (vgl. Klein, 2010, S. 145). Einen hohen Nutzen im Beirat versprechen Unternehmerkollegen oder Top Manager anderer Unternehmen. Sowohl ihr fachspezifisches Wissen, ihre Führungserfahrung und nicht zuletzt ihre unternehmerische Denkweise (vgl. Klaus, 1988, S. 170 f.) liefern einen beträchtlichen Mehrwert für das Gremium. In diesem Zusammenhang muss allerdings eingeschränkt werden, dass dieser Personenkreis oft nur geringe zeitliche Ressourcen verfügbar hat und aus diesem Grund nicht so häufig wie gewünscht in den Gremien vertreten sein kann. So sind in nur 11,4 % aller Beiräte Unternehmerkollegen oder Top Manager anderer Unternehmen zu finden (vgl. Rieger et al., 2003, S. 50).

In den letzten Jahren sind verstärkt Forderungen nach hauptamtlichen Beiräten laut geworden. Allerdings bergen diese die Gefahr, zu einer Nebenregierung zu werden und auch durch ihre Konzentration auf die Tätigkeit als Beirat (zumeist dann für mehrere Unternehmen) können diese nicht gewährleisten, dass die Aufgaben besser erfüllt werden. Der ehemalige Geschäftsführer (hier betrachtet insbesondere die Konstellation, in der dieser nicht zur Familie gehört) wird häufig nach seinem Eintritt ins Rentenalter in dieses Gremium berufen. Zwar kennt er auf der einen Seite das Unternehmen sehr detailliert, aber es dürfte ihm ebenfalls schwer fallen, seine Entscheidungen der Vergangenheit objektiv zu beurteilen und dem Nachfolger (als Geschäftsführer) die Freiheit einzuräumen, einen Neuanfang zu wagen (vgl. May, 1998, S. 373 ff.) So ist es mehr als nachvollziehbar, wenn Albach sich strikt gegen die Berufung des ehemaligen Geschäftsführers in das Gremium ausspricht (vgl. Albach, 2000, S. 786).

Als letzte Gruppe, die in dieser Aufzählung Erwähnung findet, sind Bekannte und Freunde zu nennen. Häufig findet man diese Personen in Unternehmen, in denen ein Alleinunternehmer regiert und das Gremium eher die Aufgabe hat, der Strategie des

Unternehmers zuzustimmen. Die Aufgabe des Gremium ist somit nicht in der Kontrolle oder in der ehrlichen Beratung zu sehen (vgl. McDonald/Westphal, 2003, S. 1 ff.). Freunde und Bekannte sind nicht geeignet, im Gremium strategische Veränderungen und kritische Anmerkungen zu geben, so dass Ward fordert: „Use independent directors on the board to challenge strategic assumptions“ (Ward, 1997, S. 331).

Nachdem nun die Größe und die mögliche Zusammensetzungen des Aufsichtsgremiums eingehend diskutiert wurden, lässt sich, bevor im folgenden Unterkapitel auf die idealtypische Arbeitsweise des Gremiums eingegangen wird, feststellen, dass die Funktion und Leistungsfähigkeit eines Beirats relativ stark von der richtigen Auswahl der Beiratsmitglieder abhängt (vgl. Klaus, 1988, S. 121).

2.1.3.2.2 Idealtypische Arbeitsweisen des Beirats in Familienunternehmen

Die idealtypischen Arbeitsweisen des Beirats als dem Aufsichtsgremium eines Familienunternehmens sind insbesondere durch die Ausgestaltung seiner Aufgaben und Kompetenzen determiniert. So lässt sich die Intensität der Beiratsarbeit durch eine Reihe von Faktoren bestimmen, die nachfolgend systematisch analysiert und diskutiert werden. Dabei ist anzumerken, dass die Beiratsarbeit zwar formal in den jeweiligen Beiratssitzungen ihren Rahmen hat, die Beiratsarbeit an sich aber vielmehr als Kontinuum im Zeitablauf zu verstehen ist, so dass in die Betrachtung auch die Zeit zwischen den formalen Zusammenkünften Beachtung finden muss.

Kriterien für die Arbeitsweise des Beirats sind dabei:

1. Häufigkeit und Dauer der regulären Sitzungen sowie Erfordernis und Häufigkeit von außerordentlichen Beiratssitzungen,
2. Formen der Zusammenkünfte,
3. Engagement der Beiratsmitglieder sowie
4. Zusammenarbeit/Interaktion innerhalb des Gremiums und mit der Familienrepräsentanz.

Für eine ausführliche Aufzählung der empfohlenen Regeln der Beiratsarbeit sei auf Hinterhuber verwiesen (vgl. Hinterhuber, 1995, S. 60).

Häufigkeit und Dauer der Beiratssitzungen

Die Beiratssitzungen bilden den formalen Rahmen der Beiratsarbeit. Die konkrete Anzahl der planmäßigen Beiratssitzung ist grundsätzlich im Gesellschaftervertrag auf Unternehmensebene oder aber in der Beiratsordnung oder Geschäftsordnung des Beirats geregelt. Dort werden typischerweise auch Festlegungen etwa zu Einberufungsfristen, Formerfordernissen oder Regelungen zum Tagungsort getroffen. Sitzungen werden grundsätzlich in gewissen, regelmäßigen Abständen, auf Initiative einzelner Beiratsmitglieder oder aber, wenn das Wohl der Gesellschaft es erfordert, vom Beiratsvorsitzenden einberufen. Darüber hinaus wird eine Sitzung einberufen, wenn der Beirat materielle Zustimmungsvorbehalte hat oder die Unternehmensleitung Zustimmungen oder Entscheidungen benötigt. Zustimmungspflichtige Geschäfte werden dabei in der Beiratsverfassung als Kompetenzspektrum durch sog. Kompetenzkataloge definiert. Dies sind Maßnahmen, welche von der Geschäftsführung nur mit Zustimmung des Beirats durchgeführt werden dürfen, wie etwa Unternehmenskäufe oder -verkäufe und festgelegte Strategiethemen des Familienunternehmens (vgl. Steinbeck, 2004, S. 102). Damit wird sichergestellt, dass sämtliche für das Familienunternehmen wichtige operative wie auch strategische Maßnahmen vor deren Umsetzung zwischen Geschäftsführung und Aufsichtsgremium diskutiert und erörtert werden. Allerdings sind diese Kataloge oft statisch und verfehlen die Dynamik des Unternehmens (vgl. Wiedemann/Kögel, 2008, S. 67).

Zur Sitzungshäufigkeit gibt es keine zu verallgemeinernden Festlegungen. Üblich sind zwei bis sechs Beiratssitzungen pro Geschäftsjahr (vgl. Lane et al., 2006, S. 154). Nach empirischer Evidenz in Deutschland halten Familienunternehmen typischerweise vier Beiratssitzungen pro Geschäftsjahr ab (vgl. Becker, 2004, S. 114). Dabei ist anzumerken, dass Beiräte, die eher beratend tätig sind, mit durchschnittlich über vier Sitzungen häufiger tagen als Beiräte, deren Aufgabe eher in der Kontrolle liegt (vgl. Gaugler/Heimburger, 1984, S. 107).

Die für die Arbeitsweise des Aufsichtsgremiums wichtigere Dauer der Sitzungen variiert dabei zwischen drei und sechs Stunden (vgl. Hinterhuber/Minrath, 1994, S. 86). Im Vergleich zu Nicht-Familienunternehmen (v. a. bei Publikumsgesellschaften im Streubesitz) ist das maximale Spektrum der Zeitspanne der Beiratssitzungen bei Familienunternehmen signifikant größer. Auch wenn es gewisse empirische Evidenzen gibt, wonach in Deutschland Beiratssitzungen von Familienunternehmen ca. vier Stunden umfassen (vgl. Becker, 2004, S. 114), können sich bei strategischer und inhaltlicher Unterstützung durch den Beirat Sitzungen auch über einen oder sogar mehrere Tage hinziehen. So sind auch bei der Sitzungsdauer deutliche Unterschiede zwischen Beratungs- und Kontrollbeiräten erkennbar: Mit mindestens fünf Stunden pro Sitzung liegen die hauptsächlich mit Beratungsfunktionen betrauten Beiräte über dem Gesamtdurchschnittswert von 4,3 Stunden pro Sitzung (vgl. Gaugler/Heimburger, 1984, S. 197 f.).

Formen der Beiratszusammenkünfte

Für die Beiratszusammenkünfte gelten grundsätzlich die folgenden Rahmenbedingungen: Teilnahmeberechtigt sind typischerweise nur Beiratsmitglieder, auch wenn je nach Erfordernis der Beirat auch Dritte (z. B. Sachverständige oder Auskunftspersonen) zu den Sitzungen zulassen kann. Stimmberechtigt sind dabei jedoch ausschließlich Beiratsmitglieder, die im Rahmen einer typischerweise offenen Abstimmung nach Köpfen Beschlüsse nach der einfachen Mehrheit fassen. Die hier dargelegten typischen Ausprägungen der Beiratszusammenkünfte sind allerdings abhängig von dem jeweiligen Gesellschaftervertrag und ggf. der jeweiligen Beiratsordnung.

Die Organisation und Durchführung der Beiratssitzungen haben eine unmittelbare Auswirkung auf die Qualität der Beiratsarbeit, da die eigentliche Beiratsarbeit in diesen Sitzungen stattfindet. Die Ausführungen der Literatur konzentrieren sich vorwiegend auf die eigentliche Durchführung selbst. Die Formen der Beiratsitzungen, die sich aus den Funktionen und Zuständigkeiten ableiten lassen und die Arbeitsweisen des Gremiums definieren, sind – wie für Familienunternehmen typisch – sehr unterschiedlich und individuell verschieden.

Erfüllt das Gremium eher **beratende** sowie weniger kontrollierende Funktionen und kann somit als „Informations- und Kontaktbeirat" klassifiziert werden, verlaufen die Zusammenkünfte mit der Geschäftsführung eher informell ohne strikte Agenda oder Gesprächsführung. Generell ist jedoch darauf hinzuweisen, dass eine Bringschuld von Informationen an den Beirat durch die Unternehmensleitung existiert, aber der Beirat auch für bestimmte Informationen im Rahmen seiner Beratungsleistung eine Holschuld hat (vgl. Eisenmann-Mittenzwei, 2006, S. 115 ff.). Dies äußert sich zumeist in bestimmten Spezialberichten, aber auch in der Gestaltung der Tagesordnung der Beiratssitzungen durch die Beiratsmitglieder.

Ist die Beiratsfunktion jedoch eher nach der Principal-Agency Theory und damit kontroll-orientierter ausgerichtet, kann die Arbeitsweise jedoch deutlich formalisierter ausgestaltet sein. Die Art und Weise der Einberufung und Durchführung der Beiratssitzungen gehört dabei zur inneren Ordnung der Beiratstätigkeit. So beinhaltet ein formeller Sitzungsrahmen dabei typischerweise die Einhaltung formaler Einladungsfristen, die Aufstellung und den Versand der Agenda, schriftliche Unterlagen zur Tagesordnung, eine Sitzungsleitung durch den Beiratsvorsitzenden, Stimmbotschaften der nicht-teilnehmenden Beiratsmitglieder sowie die Protokollierung der Sitzung.

Die Kontrolle der Strategieumsetzung des Familienunternehmens sowie der Finanz-, Ertrags- und Investitionslage durch den Beirat kann aus rechtlichen Gründen nur im Rahmen der formalen Beiratssitzungen, nicht aber im Rahmen von bilateralen, informellen Gesprächen und Treffen zwischen Unternehmensleitung und Beirat erfolgen. Generell ist der Austausch zwischen Geschäftsleitung und Beirat im Rahmen der Sitzungen oder auch außerhalb des formalen Rahmens dazu bestimmt, vorherrschende Informationsasymmetrien zu reduzieren. Die wechselseitige Kommunikation und Diskussion strategischer unternehmensbezogener Themen und Ziele erfüllt dabei Beratungs- und Kontrollleistungen des Beirats. Die Sitzungsdauer gilt folglich als Indikator für die Intensität der Zusammenarbeit und Interaktion sowie das Ausmaß der Erfüllung von Kontroll- und Beratungsfunktion (vgl. Gabrielsson/Winnlund, 2000, S. 318).

Engagement der Beiratsmitglieder

Die Arbeitsweise des Beirats ist in besonderem Maße gekennzeichnet durch die Motivation und damit durch das Engagement der berufenen Beiratsmitglieder (vgl. Gabrielsson/Winnlund, 2000, S. 316). Das Engagement meint dabei den Einsatz der Mitglieder während der gesamten Beiratsamtszeit, die typischerweise zwischen drei und fünf Jahren liegt (vgl. Hinterhuber/Minrath, 1994, S. 86). Die Auswirkung des Kriteriums Engagement der Beiratsmitglieder auf den Unternehmenserfolg wurde dabei empirisch untersucht. Roberts et al. konnten die positive Wirkung von Engagement auf den Markterfolg des Familienunternehmens bekräftigen und eine positive Ausstrahlung auf die Kontrolle und Beratung der Beiratstätigkeit nachweisen (vgl. Roberts et al., 2005, S. 11 f.).

Im Hinblick auf die persönlichen Attribute der Beiratsmitglieder ist Folgendes anzuführen: Generell stellt Koeberle-Schmid heraus, dass eine wirksame und effiziente Beiratsarbeit am ehesten durch offene, kritikfähige, aktive und kreative sowie durchsetzungsstarke Personen geleistet werden kann (vgl. Koeberle-Schmid, 2008, S. 71 und vgl. Berghe/Levrau, 2004, S. 466). Gleichzeitig empfiehlt etwa Becker den Mitgliedern, die Beiratssitzungen gründlich vorzubereiten und selbständig Informationen im Vorfeld zu beschaffen und zu prüfen (vgl. Becker, 2004, S. 113). So können auch Informationsdefizite und eine Ungleichverteilung von Informationen abgebaut werden, was sich gemäß der Principal-Agency Theory positiv auf Agency Konflikte und die Abwehr von opportunistischem Verhalten auswirkt.

Mit Hilfe einer stark ausgeprägten Kreativität sollen die idealen Beiräte in der Lage sein, sachorientiert und interdisziplinär zu denken (vgl. Hinterhuber/Minrath, 1994, S. 309). Diese Persönlichkeitsmerkmale und Attribute sind notwendig, um die aktuelle Situation im Unternehmen sowie die künftige Entwicklung kritisch und zielgerichtet zu hinterfragen und so einen wichtigen Mehrwert zu liefern (vgl. Steinbeck, 2004, S. 104). Gleichzeitig kann durch ein derartiges Engagement auch die Kontrollfunktion des Beirats besser ausgeübt werden und so das Risiko von Fehlentscheidungen auf der Unternehmensebene reduziert werden (vgl. Hinterhuber/Minrath, 1994, S. 76). Die positiven Auswirkungen auf die Beratungsfunktion bei Vorliegen eines hohen Engagements der Beiratsmitglieder bekräftigen etwa Roberts et al. (vgl. Roberts et al., 2005, S. 12).

Zusammenarbeit/Interaktion innerhalb des Gremiums und mit der Familienrepräsentanz

Zentral für die Arbeits- und Wirkungsweise des Beirats ist zudem die Interaktion innerhalb des Beirats. Für die Ebene des Aufsichtsgremiums belegen etwa Sundaramurthy/Lewis die positive Auswirkung von Interaktion auf die Entscheidungsqualität des Gremiums (vgl. Sundaramurthy/Lewis, 2003, S. 409). Bei der Zusammenarbeit der Gremienmitglieder ist dabei die Art und Weise der Entscheidungsfindung wichtig. Im

Falle von Familienunternehmen sind dabei Konsensorientierung und Einigkeitsstreben zentral, um Konflikte und Meinungsverschiedenheiten abzubauen und um einstimmig gegenüber der Unternehmensleitung und anderen Gremien aufzutreten (vgl. Koeberle-Schmid, 2008, S. 75).

Eine gute und intensive Zusammenarbeit der Beiratsmitglieder wirkt sich zudem positiv auf die Kontrollfunktion des Aufsichtsgremiums aus. So kann neben der bereits beschriebenen Einstimmigkeit auch ein stärkeres Gegengewicht zum Unternehmensmanagement und den Eigentümern durch den Beirat eingegangen werden, was die Kontrollwirkung des Gremiums signifikant erhöht (vgl. Heuvel, 2006, S. 166). Aber auch die Beratungsfunktion kann durch eine intensive Interaktion der Beiratsmitglieder positiv beeinflusst werden. Chua et al. (vgl. Chua et al., 2006, S. 781) sehen darin die Anregung der Diskussion und Formulierung von Strategien, was wiederum die Bildung von intellektuellem Kapital auslöst (vgl. Nahapiet/Goshal, 1998, S. 248). Der Zusammenhang zwischen Zusammenarbeit und Beratungsleistung des Beirats wird dabei noch durch den Aspekt Familienmacht verstärkt. Bei stark ausgeprägter Familienmacht, so argumentieren Mustakallio et al., sind die Einstellungen der Repräsentanten der Familie im Beirat stärker auf ein gemeinsames Ziel ausgerichtet (vgl. Mustakallio et al., 2002, S. 218). Damit steigt also c. p. der Anreiz und die Motivation der Familienmitglieder, die Beratung im Hinblick auf strategisch sinnvolle Entscheidungen für das Unternehmen mit zunehmenden Eigentumsrechten zu optimieren (vgl. Long et al., 2005, S. 673). Gleichzeitig fördert die Familienmacht die Zielharmonie, intensiviert die Pflege der Familienbeziehungen und erhöht den Anreiz, die eigenen Ressourcen zum Unternehmenswohl einzubringen (vgl. Chua et al., 2006, S. 780).

Im Kontext der vorliegenden Untersuchung schalten die ausgewählten Familienunternehmen etwa aufgrund finanzieller Beweggründe oder einer drohenden Nachfolgeproblematik Beteiligungsgesellschaften ein. Das nachfolgende Unterkapitel widmet sich diesen Gesellschaften und dem Markt für Private Equity in Deutschland und stellt dabei insbesondere das Geschäftsmodell, die Arbeits- und Funktionsweisen der Private-Equity-Gesellschaften sowie die Zusammenarbeit mit den Familienunternehmen als ihren Portfoliounternehmen vor.

2.2 Beteiligungsgesellschaften

2.2.1 Begriffsklärung

Im wissenschaftlichen Diskurs gibt es keine einheitliche Definition des Begriffs „Private Equity“. Vielmehr existieren in der aktuellen wissenschaftlichen Literatur des sehr jungen Forschungsgebietes vielfältige Begriffserklärungen. Der Term „Equity“ kennzeichnet typischerweise den Eigenkapitalcharakter der Finanzierung mittels haftendem Eigenkapital. Während Fremdkapital, das Unternehmen von Kapitalgebern als Darlehen zur Verfügung gestellt wird, mit einer vorrangigen, festen Verzinsung abgegolten wird, nimmt Eigenkapital uneingeschränkt an der Entwicklung des Unternehmens teil. Ein Eigenkapitalinvestor unterliegt aber gleichzeitig auch einem höheren Risiko, da Verluste zunächst mit dem Eigenkapital verrechnet werden, profitiert aber auch am Unternehmenserfolg weit über der dem Fremdkapitalgeber gewährten Verzinsung.

Des Weiteren fasst der Oberbegriff „Private Equity", gemäß der Definition der European Venture Capital and Private Equity Association, „privates" Beteiligungskapital als Ausdruck für den nicht öffentlichen Charakter dieser Anlageklasse zusammen. Als deutsche Übersetzung von Private Equity wird dabei häufig der Terminus Beteilungskapital benutzt, der in dieser Untersuchung synonym Verwendung findet. Kurz definieren etwa Kaserer et al. Private Equity als „Eigenkapitalanteile oder eigenkapitalähnliche Titel an nicht börsennotierten Unternehmen" (Kaserer et al., 2007, S. 12). Umfassender verwendet etwa Bader Private Equity als „Finanzierungsart, bei der nicht kotierten Unternehmen in einer entscheidenden Phase ihrer Entwicklung, ohne ausreichende Sicherheiten, mittel- bis langfristig Kapital und, bei Bedarf, Managementunterstützung zur Verfügung gestellt wird. Zur Reduzierung eines dem Risiko entsprechenden Gewinns besteht von vornherein die Absicht, die Beteiligung (...) zu veräußern" (Bader, 1996, S. 10) und sich im Rahmen des Exits von der Investition zu trennen (vgl. Hagenmüller, 2004, S. 12).

Die Ausgrenzung von börsennotierten Unternehmen negieren Fenn et al. und gehen in ihrer Definition insbesondere auf die aktive Rolle der Beteiligungsgesellschaft im Zusammenspiel mit dem Portfoliounternehmen ein: „(...) professionally managed equity investments in the unregistred securities of private and public companies. Professional management is provided by specialized intermediares and, to a limited extend, by institutional investors. Private equity managers acquire large ownership stakes and take an active role in monitoring and advising portfolio companies. In many cases they exercise as much control as company insiders, or more." (Fenn et al., 1997, S. 4).

Charakteristisch für die vorliegende Untersuchung und zentral im Rahmen der Begriffsklärung sind die folgenden **konstituierenden Merkmale von Private Equity**:

1. Beteiligung an vorrangig nicht börsennotierten Gesellschaften durch außenstehende Akteure (die den bisherigen Eigentümern nicht entsprechen),
2. Außenfinanzierung mittels haftendem Eigenkapital ohne Rückzahlungsverpflichtung, Zinsansprüche oder Kündigungsrechte,
3. zeitlich befristeter Anlagehorizont der Beteiligung,
4. hohes anvisiertes Entwicklungspotenzial der Portfoliounternehmen und
5. mit dem Kapital verbundene unternehmerische Betreuung/Managementleistung durch die Beteiligungsgesellschaft mit dem Ziel der Wertsteigerung der Investition.

Beteilungs- bzw. Private-Equity-Gesellschaften fungieren gemäß dem ersten Schlüsselmerkmal als Kapitalanleger und investieren in private Gesellschaften (meist) ohne die Einbeziehung der Börse. Daraus leitet sich ab, dass privates Beteiligungskapital weder einer stetigen Wertfindung noch einer stetigen Wertüberprüfung durch einen geregelten Handel unterliegt. Das definitorische Gegenstück zu Private Equity bildet das sog. Public Equity als der Finanzierung über Eigenkapital, das an öffentlich zugänglich und institutionell geregelten Märkten (Börsen) in Form von Aktienkapital aufgenommen wird (vgl. Wruck, 1989, S. 3 ff.).

Private Equity als Finanzierungsart ist darüber hinaus als Instrument der Außenfinanzierung (präziser: als außenfinanzierte Eigenfinanzierung (vgl. Everling, 1991, S. 61 f.)) zu verstehen, da dem Portfoliounternehmen i. d. R. Eigenkapital von außerhalb zugeführt wird. Merkmale und Bestimmungsfaktoren dieser Beteiligungsfinanzierung ergeben sich durch die spezifischen Merkmale einer Eigenkapitalfinanzierung und unterscheiden sich durch die Rechtsstellung des Kapitalgebers.

Obschon drittens ex ante typischerweise keine zeitliche Befristung der Beteiligung vorgegeben wird, besteht bei Private Equity i. d. R. eine befristete, mittelfristige Beteiligungsabsicht von fünf bis sieben Jahren. Diese Befristung resultiert aus dem durch die Fondsstruktur gegebenen Anlagehorizont (vgl. Kap. 2.2.3).

Die Beteiligungsgesellschaften bündeln das Kapital mehrerer Anleger und investieren in Unternehmen mit dem Ziel, durch diese Beteiligungen hohe Gewinne zu realisieren (vgl. Jesch/Kreuter, 2002, S. 407). So besteht das Geschäftsmodell von Beteiligungsunternehmen primär in der Erzielung von Erträgen beim Ausstieg aus dem Investment durch den generierten Verkaufserlös, basierend auf der Wertsteigerung des Unternehmens und damit des eingesetzten Kapitals. Für Beteiligungen kommen üblicherweise Portfoliounternehmen mit hohem Entwicklungspotenzial in Frage, da die Orientierung am Exit die Erträge durch laufende Rückflüsse aus Ausschüttungen dominiert. Somit stellt das Potenzial des ausgewählten Unternehmens einen substantiellen Faktor dar, so dass die Private-Equity-Gesellschaften besondere Wichtigkeit auf die Auswahl der Zielunternehmen legen müssen (vgl. Kap. 2.2.3) Dies können auch Unternehmen sein, die aktuell in der Krise sind, da bei einer Überwindung der Krise sehr hohe Wertsteigerungen der Gesellschaftsanteile zu erwarten sind und somit sehr hohe Renditen erzielt werden können.

Darüber hinaus umfasst fünftens die Kapitalbereitstellung durch Private-Equity-Gesellschaften (Finanzierungsfunktion) auch die Bereitstellung zusätzlicher Dienstleistungen, die in einigen Fällen intensive unternehmerische Betreuung (Betreuungsfunktion) mit unterschiedlichen Einfluss- und Kontrollfunktionen (Monitoring bzw. CG Funktion) umfasst (vgl. Diller, 2008, S. 50 f.). Insbesondere die Überwachung von Risiken in den Portfoliounternehmen sehen Kut et al. als zentrale Aufgabe der Finanzinvestoren an (vgl. Kut et al., 2006, S. 42 ff.). Damit verfolgen sie das Ziel, Wert- und Performancesteigerungen des eingesetzten Kapitals zu erzielen und gleichzeitig das

Risiko der Einzeltransaktion zu reduzieren (vgl. Striebel, 2009, S. 13 ff. und vgl. Pankotsch, 2005, S. 10). Diese Aspekte sind sehr zentral, da somit eine Private-Equity-Gesellschaft aktiv Einfluss auf die strategische Entwicklung des Portfoliounternehmens ausüben kann, indem sie Know how auch in Form von Managementressourcen bereitstellt oder direkt bzw. indirekt eingeräumte Kontrollrechte und Aufsichtsratsmandate wahrnimmt (vgl. Gompers/Lerner, 2004, S. 156 ff.). Diese Begleitdienstleistungen werden von den Beteiligten als substantiell erachtet und finden in den nachfolgenden Kapiteln eine ausführliche Betrachtung. Prinzipiell leistet der Eigenkapitalgeber somit aktive Managementunterstützung, für die Kontroll- und Mitspracherechte eingefordert werden, die im Verlaufe der Untersuchung detailliert analysiert werden. Anzumerken ist ferner, dass der aus der Wertsteigerung realisierte Kapitalgewinn dabei erst bei der Terminierung der Beteiligung, dem sog. Exit, realisiert wird. Die hier dargestellte Funktionsweise ist als idealtypisch zu klassifizieren. In der Praxis sind vielfach andere Vorgehensweisen anzutreffen. Häufig finden z. B. direkt nach der Übernahme Ausschüttungen an die neuen Gesellschafter statt, die in einigen Unternehmen kreditfinanziert sind. An dieser Stelle soll auf die Sonderdividende, die die Hugo Boss AG entgegen der Meinung des Vorstandes und Teilen des Aufsichtsrates zahlen musste, verwiesen werden (vgl. Hörisch, 2009, S. 121).

Abbildung 8: Finanzierungsstufen von Private Equity Investments

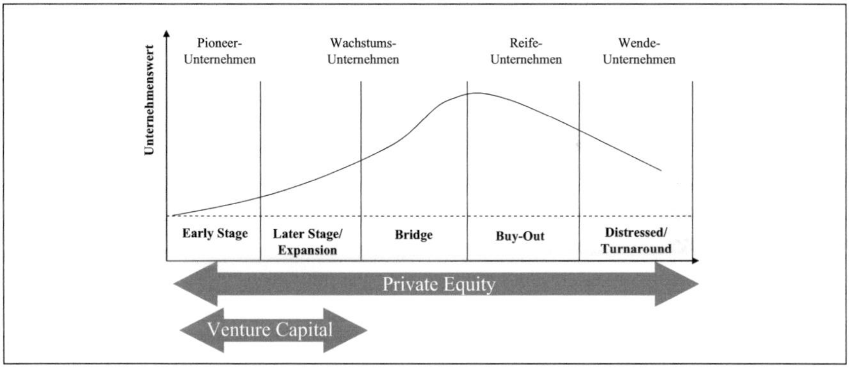

Quelle: Eigene Darstellung in Anlehnung an Kraft, 2001b, S. 45.

Obschon in der Literatur und Forschung die Begriffe „Private Equity“ und „Venture Capital“ häufig als Synonyme verwendet werden, grenzt die vorliegende Untersuchung diese Definitionen klar voneinander ab und möchte deren Verständnis erleichtern. „Venture Capital“ i. S. von Risiko- oder Wagniskapital ist dabei streng genommen als ein Teilbereich des Private Equity zu definieren, nämlich als das Segment, das Eigenkapital zum Zweck der Gründung und des ersten Wachstums der Frühfinanzierungsphase, insbesondere für innovative Unternehmen, zur Verfügung stellt (vgl. Mayer, 2003, S. 126). Die Abb. 8 veranschaulicht die Begrenzung von Venture Capital auf die beiden Frühphasen eines Unternehmens, während Private Equity den kompletten möglichen Unternehmenslebenszyklus abdeckt. Die einzelnen Finanzierungsphasen von Private Equity gemäß dem Lebenszyklus der Portfoliounternehmen, die mit der Early Stage Phase beginnen und mit der Turnaround Situation enden können, sind in Abb. 8 ersichtlich. Demnach folgt die vorliegende Untersuchung dem amerikanischen Verständnis von Private Equity als dem Oberbegriff für Früh- und Spätphasenfinanzierung. Einschränkend ist hier anzuführen, dass die vorliegenden Untersuchung Venture Capital Beteiligungsverhältnisse nicht betrachtet.

Das nachfolgende Unterkapitel stellt den Markt für Private Equity Beteiligungen vor und konzentriert sich dabei im Wesentlichen auf Deutschland.

2.2.2 Der Markt für Beteiligungen in Deutschland

In der öffentlichen Wahrnehmung ist Private Equity erst in den letzten Jahren in den Fokus gerückt. Im Blickpunkt der breiten Bevölkerung ist diese Finanzierungsform durch die Heuschreckendebatte angekommen. Eine Darstellung der Inhalte und Chronologie dieser öffentlichen Auseinandersetzung stellt etwa Schwarz dar (vgl. Schwarz, 2008, S. 12 ff.). In Deutschland ist der Markt für Beteiligungen jedoch bereits seit geraumer Zeit existent. Bereits im Jahr 1965 wurden in Deutschland mehrere Beteiligungsgesellschaften durch Privatinvestoren und Privatbanken gegründet. Ihre Entstehung war das Ergebnis der öffentlichen Diskussion über Kapitaldefizite und sinkende Eigenkapitalquoten vorrangig bei kleinen und mittelständischen Unternehmen (vgl. Danz, 2001, S. 337).

Zu Beginn der 1970er Jahre wurde etwa das Enterprise-Ressource-Planning-Beteiligungskapital (ERP-Beteiligungskapital) aufgelegt. Dieses Programm förderte die Entstehung öffentlicher Beteiligungsgesellschaften, woraus einige der heutigen mittelständischen Private-Equity-Gesellschaften hervorgingen. Nachdem das US-amerikanische Private Equity-Modell zu Beginn der 1990er Jahre nach Europa und somit auch nach Deutschland kam, setzte ab 1996 ein regelrechter Boom im deutschen Markt für Unternehmensbeteiligungen ein, der bis heute anhält. Der Bundesverband Deutscher Kapitalbeteiligungsgesellschaften (BVK) führte im Jahr 2009 217 ordentliche Mitglieder. Daneben sind noch zahlreiche weitere Marktteilnehmer in Deutschland aktiv, ohne im Verband organisiert zu sein (vgl. Bundesverband Deutscher Kapitalbeteiligungsgesellschaften, 2010, S. 4). Die Mitgliedsunternehmen verwalteten zum Jahresende 2009 zusammen 36,5 Mrd. €, waren an 6.593 Unternehmen (sowohl im In- als auch Ausland) beteiligt und beschäftigen direkt 1.840 Menschen (vgl. Bundesverband Deutscher Kapitalbeteiligungsgesellschaften, 2010, S. 4). Die deutschen durch Private Equity finanzierten Unternehmen setzten im Jahr 2009 insgesamt 195,5 Mrd. € um und beschäftigten knapp 1,2 Mio. Arbeitnehmer (vgl. Bundesverband Deutscher Kapitalbeteiligungsgesellschaften, 2010, S. 9).

Während bis vor wenigen Jahren der Markt in Deutschland von den großen angelsächsischen Gesellschaften wie 3i, APAX, Blackstone und Permira dominiert wurde, sind in jüngster Vergangenheit vermehrt, v. a. bei mittelständischen Transaktionen, deutsche und andere kontinentaleuropäische Fonds aktiv. So hat sich der Anteil von einheimischen Beteiligungsgesellschaften am Gesamtfinanzierungsvolumen von 51,7 % im Jahr 2007 auf 67,4 % in 2009 erhöht (vgl. Bundesverband Deutscher Kapitalbeteiligungsgesellschaften, 2010, S. 8). Zu nennen sind hier neben den auf den klassischen Mittelstand fokussierten Beteiligungsgesellschaften wie Capiton AG oder der Deutschen Beteiligungs AG v. a. auch die auf Restrukturierungssituationen ausgerichteten Gesellschaften wie Aurelius AG oder Arques AG.

Die zunehmende Bedeutung der Restrukturierungsfälle für die Beteiligungsbranche (vgl. Hermanns, 2004, S. 431 ff.) wird allerdings in dem Indikator der Bruttoinvestitionen nicht deutlich. Bei diesem Indikator lagen die Buy-Out Investitionen mit einem Anteil von 54,0 % klar vor den Early Stage Finanzierungen mit 25,8 %, den Expansionsfinanzierungen mit 13,7 % sowie den Distressed bzw. Turnaround Finanzierungen, die zusammen nur 2,3 % auf sich vereinten (s. Abb. 8) (vgl. Bundesverband Deutscher Kapitalbeteiligungsgesellschaften, 2010, S. 14). Die Entwicklungen der letzten Jahren deuten neben einer zunehmenden Spezialisierung der einzelnen Beteiligungsgesellschaften auf eine Wettbewerbsintensivierung innerhalb der Beteiligungsbranche hin (vgl. Achleitner et al., 2006, S. 3 ff.). Aus Sicht kapitalsuchender Unternehmen sind diese beiden Tendenzen als positiv zu bewerten.

Die bevorzugten Branchen der Investoren waren Industrieerzeugnisse, Kommunikationstechnologie und Konsumgüter (vgl. Bundesverband Deutscher Kapitalbeteiligungsgesellschaften, 2010, S. 8). Insbesondere in den Bereichen Industrieerzeugnisse und Konsumgüter sind sehr viele Familienunternehmen anzutreffen, die somit weiter in den Blickpunkt der Finanzinvestoren rücken. Eine Betrachtung der Unternehmensgröße der finanzierten Unternehmen verweist ebenfalls auf ein großes Interesse an Familienunternehmen. So haben 92 % aller im Jahr 2009 durch Beteiligungsgesellschaften in Deutschland gehaltenen Portfoliounternehmen einen Umsatz von weniger als 100 Mio. € und 97 % dieser Unternehmen beschäftigen weniger als 500 Mitarbeiter (vgl. Bundesverband Deutscher Kapitalbeteiligungsgesellschaften, 2010, S. 9). In diesen Größensegmenten sind Familienunternehmen überproportional vertreten und rücken somit automatisch in den Fokus der Beteiligungsgesellschaften (vgl. Kap. 2.1.3).

Insgesamt lässt sich jedoch festhalten, dass Deutschland im internationalen Vergleich – nicht nur zu den USA, sondern auch schon auf europäischer Ebene – im Bereich Private Equity sehr wenige Investitionen vorzuweisen hat. So ist das Volumen der Beteiligungsfinanzierungen in Großbritannien im langjährigen Durchschnitt mehr als fünfmal höher als in Deutschland. Allerdings wird Deutschland innerhalb der Branche ein deutliches Aufholpotential vorhergesagt. Eine Indikation für diese Tendenz ist die Entwicklung in den letzten Jahren. So betrug 2002 das in Deutschland investierte Kapital von Private-Equity-Gesellschaften erst 6,9 Mrd. €, im Jahr 2009 bereits über 33 Mrd. € (vgl. Bundesverband Deutscher Kapitalbeteiligungsgesellschaften, 2010, S. 13).

Nachdem in diesem Kapitel bereits ein Überblick über den Gesamtmarkt gegeben wurde, wird im Folgenden auf die konkrete Arbeits- und Funktionsweisen der Private-Equity-Gesellschaften eingegangen und dabei ihr Geschäftsmodell vorgestellt.

2.2.3 Arbeits- und Funktionsweisen von Beteiligungsgesellschaften

Wesentliche **Beteiligte** des Private Equity Marktes sind **Investoren**, die ihr Kapital zur Verfügung stellen, **Beteiligungsgesellschaften** und **kapitalsuchende Unternehmen**. Die Beteiligungsgesellschaften fungieren als Intermediäre zwischen den Investoren und den kapitalsuchenden Unternehmen. Die Private-Equity-Gesellschaften, die als Vermittler zwischen den Investoren und Unternehmen mit Eigenkapitalfinanzierungsbedarf oder Investitionsopportunitäten agieren (vgl. Striebel, 2009, S. 17 ff. und vgl. Fenn et al., 1995, S. 4), bilden den Hauptuntersuchungsgegenstand für die vorliegende Untersuchung.

Die **Investoren**, meist private oder öffentliche Pensionsfonds, Kreditinstitute, vermögende Familien und Privatpersonen, Stiftungen, Versicherungen und sonstige Unternehmen, sind die eigentlichen Kapitalgeber der Beteiligungstransaktionen, indem sie den Private-Equity-Gesellschaften finanzielle Mittel für die Durchführung der Transaktionen zur Verfügung stellen. Die Investoren sind üblicherweise getrieben von im Vergleich zu anderen Investitionsformen erwarteten überdurchschnittlich hohen Renditen. Das Investment nutzen die Investoren im Gegensatz zu einem strategischen Investment als klassisches Finanzinvestment, das sich alleine aus Risiko-Ertrags-Gesichtspunkten rechnen soll. In Deutschland spielen neben den institutionellen Investoren auch der Staat als Kapitalgeber über staatliche Beteiligungsgesellschaften eine wichtige Rolle, was allerdings im letzten Jahrzehnt deutlich an Bedeutung abgenommen hat (vgl. Thum et al., 2008, S. 16). I. d. R. treten die Investoren als Kapitalgeber nicht direkt, sondern über die Beteiligungsgesellschaften an die Unternehmen heran. Zwischen den Investoren und den Beteiligungsgesellschaften ist vertraglich explizit geregelt, in welche Unternehmen (Branche, Region, Unternehmenssituation, Unternehmensgröße, etc.) die Beteiligungsgesellschaften das Geld der Kapitalgeber investieren dürfen (vgl. Feinendegen et al., 2003, S. 1188 f. und vgl. Gompers/Lerner, 1996, S. 485 ff.). Die Auswirkungen der Kapitalquellen der Beteiligungsgesellschaften auf ihr jeweiliges Investitionsverhalten und die Zusammenarbeit mit den Portfoliounternehmen haben Hassan/Leece untersucht (vgl. Hassan/Leece, 2008, S. 73 ff.).

Die **kapitalsuchenden Unternehmen** werden typischerweise gemäß ihres jeweiligen Lebenszyklus (vgl. Abb. 8 oben) oder ihre Eigentümerstruktur klassifiziert und zeichnen sich primär durch den Finanzierungsbedarf aus, der aus vielfältigen Gründen nicht durch die Aufnahme von Fremdkapital oder bestehenden Eigenkapitalquellen gedeckt werden soll oder kann. Das übergreifende Ziel der kapitalsuchenden Unternehmen liegt also fast immer in der Verbesserung der Eigenkapitalquote. Dabei ist anzumerken, dass Private Equity grundsätzlich als eine der teuersten Kapitalbeschaffungsquellen gilt, auf die Unternehmen gemäß der Pecking Order Theorie nur dann zurückgreifen, wenn günstigere, externe Finanzierungswege nicht möglich sind (vgl. Myers/Majluf, 1984, S. 219 und vgl. Graf et al., 2001, S. 27).

Eine Verknüpfung der Kapitalkosten für das Unternehmen und das Risikopotential für den Kapitalgeber, sein eingesetztes Kapital zu verlieren, leistet die folgende Abb. 9. Demgemäß steigen bei Anlage- bzw. Finanzierungsklassen, denen ein höheres Verlustrisiko für den Kapitalgeber inhärent ist, auch dessen Renditeerwartung an das kapitalsuchende Unternehmen. Senior Debt, das zumeist von Banken begeben wird, ist das am geringsten ausfallgefährdete Kapital bei Unternehmensfinanzierungen, da es bei einer Liquidation als erstes zurückgezahlt wird und i. d. R. mit den Assets des Kreditnehmers besichert ist (geringes Verlustrisiko s. Abb. 9) (vgl. Schäfer, 2005, S. 266). Dementsprechend sind auch die Ertragserwartung bzw. die Kosten bei Aufnahme von Senior Debt vergleichsweise gering.

Sowohl High Yield Debt als auch Mezzanine gelten als Mittel des Leveraged Finance, die beide langfristig (ca. sechs bis zehn Jahre) den Unternehmen Kapital zur Verfügung stellen und aufgrund ihres erhöhten Ausfallrisikos den Investoren höhere Renditen als besicherte Kredite generieren. Während High Yield Debt dem Fremdkapital zuzurechnen ist, ist Mezzanine eigenkapitalähnlich. Das damit einhergehende Verlustrisiko wird durch eine weitere Steigerung der möglichen Rendite kompensiert (vgl. Müller-Känel, 2009, S. 158 ff.). Public Equity und Private Equity sind beides Reinformen der Eigenkapitalfinanzierung. Beim Public Equity erhalten die Unternehmen Kapital von Anlegern, die über die Börse in Unternehmen direkt investieren (vgl. Kap. 2.2.1). Unternehmen öffnen sich diesem Anlegermarkt durch den Börsengang und die Ausgabe von Aktien. Anleger, die in diese Investitionsklasse investieren, möchten ihr hohes Verlustrisiko, welches sie durch den vollständigen Eigenkapitalcharakter der Anlageform haben, durch eine höhere Rendite kompensiert bekommen. Aufgrund der Börsennotierung befinden sich die Unternehmen, die Aktien ausgegeben haben, unter ständiger Beobachtung von Börsenaufsicht und Analysehäusern (vgl. Eilenberger/Haghani, 2008, S. 11 ff.). Die fehlende Börsennotierung und das damit einhergehende größere Verlustrisiko verbunden mit der höheren Kapitalbereitstellung des einzelnen Private Equity Investors führen zu gestiegenen Renditeerwartung im Vergleich zu den Aktienanlegern.

Abbildung 9: Relation der Kapitalkosten und des Risikopotentials bei verschiedenen Finanzierungsformen

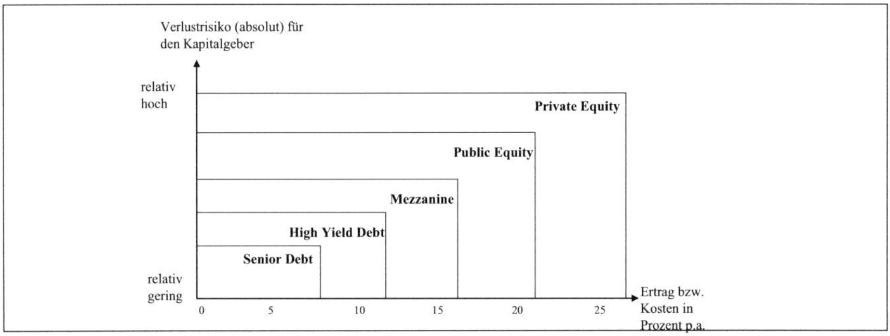

Quelle: Eigene Darstellung in Anlehnung an Georgieff/Biagosch, 2005, S. 183.

Der Nachfrage nach Private Equity kann dabei durch die Notwendigkeit der Generierung von frischem Kapital oder einen Eigentümerwechsel getrieben sein. Als Zielobjekte für Private-Equity-Gesellschaften sind typischerweise nicht börsennotierte Unternehmen, Bereiche von Konzernen und Staatsunternehmen interessant, wenngleich einige Beteiligungsgesellschaften auch in börsennotierte Unternehmen investieren. In dieser Untersuchung stehen Familienunternehmen, unabhängig von einer möglichen Börsennotierung, im Zentrum der Betrachtung. Neben der beschriebenen Finanzierungsthematik ist insbesondere bei deutschen Familienunternehmen auch die Nachfolgeproblematik ein möglicher Beweggrund für die Einschaltung von Private-Equity-Gesellschaften. So können Private Equity Beteiligungen auch eine externe Lösung zur Fortführung des Unternehmens bieten, zumal, wenn aufgrund starker emotionaler Bindung des Alteigentümers der Verkauf an einen strategischen Investor (Konkurrenten) für klassische Familienunternehmen häufig ausscheidet.

Im nachfolgenden Abschnitt werden die **Beteiligungsgesellschaften** vorgestellt. Dabei wird insbesondere die Struktur einer Beteiligung, die Arbeits- und Funktionsweisen der Private-Equity-Gesellschaften inklusive ihrer Wertschöpfungsketten als Hauptgegenstand der Untersuchung aufgezeigt.

Da der Private Equity Markt durch eine relative Illiquidität und hohe Transaktionskosten gekennzeichnet ist, sammeln und bündeln Private-Equity-Gesellschaften, um ihr Investment in Portfoliounternehmen diversifiziert einsetzen zu können, Geld von Investoren üblicherweise in **Private Equity Fonds** (i. d. R. in der Rechtsform einer GmbH & Co. KG). Die Struktur einer Private-Equity Investition wird in Abb. 10 dargestellt. Die Risikodiversifikation auf der Gesamtportfolioebene verringert das Risiko eines Totalverlustes der Investorengelder deutlich. Diese Fonds beteiligen sich – nachdem sie Kapital von Investoren eingeworben haben – an Unternehmen, den sog. Portfoliounternehmen. Die möglichen Beteiligungsformen differieren dabei in der Höhe der jeweiligen Anteile. Vereinfachend lässt sich eine Einteilung in Minderheits-, Mehrheits- oder Alleingesellschafter vornehmen. Durch die Kapitalsammlung in einem Beteiligungsfonds sind statt passiven Minderheits- i. d. R. sogar Mehrheitsbeteiligungen an den Portfoliounternehmen möglich, die den Beteiligungsgesellschaften eine starke Einflussnahme ermöglichen. Das von den Finanzinvestoren eingesammelte Eigenkapital plus einer Beteiligung in Höhe von i. d. R. 1 bis 5 % des Fondsvolumens durch die Private-Equity-Gesellschaften wird dann u. a. als Sicherung für notwendige Bankkredite und den Kauf bzw. die Beteiligung bei den kapitalsuchenden Portfoliounternehmen eingesetzt. Da die Private Equity Gesellschaften einen Großteil der Investition mit Hilfe von Bankkrediten tätigen, bilden hohe Zinsen während der Laufzeit des Fonds ein Risiko. Da mit steigenden Zinsen die Finanzierungskosten steigen, führt dies zu einer erhöhten Gefahr des Scheitern der Investition (vgl. Aigner et al., 2008, S. 82).

Die Private-Equity-Gesellschaften (GmbH, Komplementär) erhalten üblicherweise eine zweigeteilte Entlohnung aus der Beteiligung: Die erste Komponente ist die jährliche Managementfee in Höhe von ca. 1 bis 2 % p. a., basierend auf dem investierten Kapital des Investors. Aus den an den Fonds vom Portfoliounternehmen fließenden freien Cashflows und Kapitalgewinnen vereinnahmen die Private-Equity Gesellschaften darüber hinaus eine erhebliche Gewinnbeteiligung in Höhe von i. d. R. ca. 20 % (vgl. Kraft, 2001b, S. 41). Darüber hinaus generieren die Beteiligungsgesellschaften über die Erbringung von Managementleistungen und Beratungen für ihre Portfoliounternehmen zusätzliche Erträge in Form von Beraterhonoraren, typischerweise gezahlt durch die Portfoliounternehmen. Bei der nachfolgenden Abbildung, die die Struktur einer Private Equity Beteiligung schematisch darstellt, stehen die regulären Pfeile für Kapitalflüsse, während die Kontrolle und Managementunterstützung als Nebenleistung der Private-Equity-Gesellschaft gestrichelt abgebildet wird. Die Beteiligung i. S. von Property Rights des Private Equity Fonds an den Portfoliounternehmen wird mittels eines gepunkteten Pfeils in grau abgebildet.

Abbildung 10: Struktur einer Private Equity Beteiligung

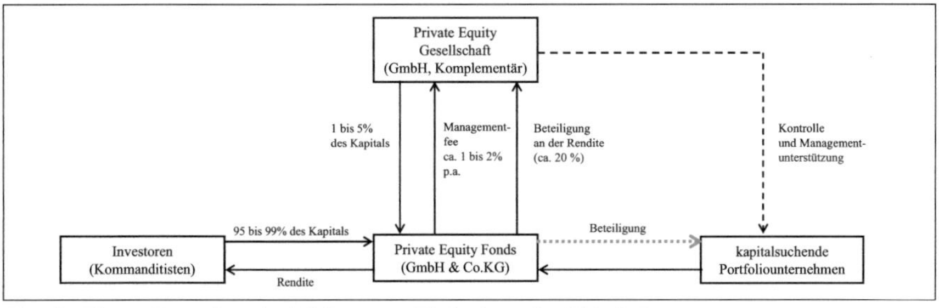

Quelle: Eigene Darstellung in Anlehnung an Eitelwein et al., 2008, S. 6.

Die Wahl der Rechtsform der Private-Equity-Gesellschaften und des Sondervermögens ist durch Überlegungen zur Steueroptimierung und des Haftungsausschlusses der am Fonds Beteiligten getrieben. Während in den USA die Limited Partnership überwiegt, dominiert in Deutschland für Private Equity Fonds die Rechtsform der GmbH & Co. KG. Die Private-Equity-Gesellschaften als GmbH übernehmen die Rolle des Komplementärs, wobei als Kommanditisten die Investoren am Private Equity Fonds beteiligt sind (vgl. Matz, 2002, S. 44). Allerdings ist anzumerken, dass es weltweit wie auch in Deutschland börsennotierte Beteiligungsgesellschaften gibt.

Die Laufzeit des Private Equity Fonds beträgt i. d. R. fünf bis zehn Jahre, wobei der Großteil der eingesammelten Gelder in den ersten beiden Jahren investiert wird, um bis zur Fondsfälligkeit die entsprechende Rendite erzielt zu haben. Zudem existieren auch Private Equity Dachfonds, die wiederum aus Risikodiversifikationsgründen nicht direkt in Portfoliounternehmen, sondern wiederum in einzelne Fonds von Private-Equity-Gesellschaften investieren. Zwischen den Beteiligungsgesellschaften und den Private Equity Fonds besteht die bereits beschriebene funktionale Trennung, so dass bspw. eine Beteiligungsgesellschaft mehrere Fonds verwalten kann.

Die typischen Phasen eines Private Equity Investments i. S. eines **Wertschöpfungsprozesses** gestalten sich, wie aus der nachfolgenden Abb. 11 ersichtlich, in drei Stufen: die Pre-Investment-, die Investment- und die Exit-Phase.

Abbildung 11: Wertschöpfungsprozess eines Private Equity Investments

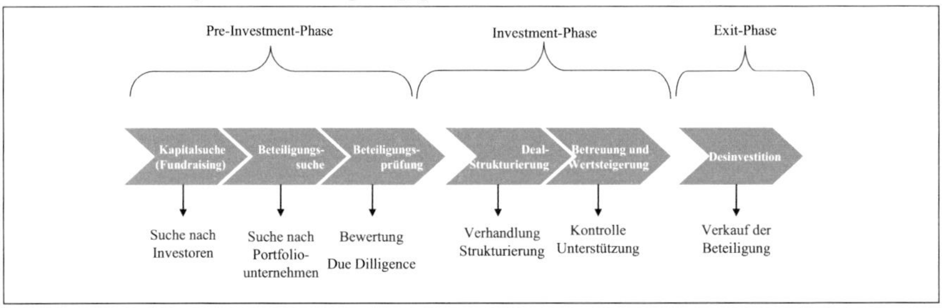

Quelle: Eigene Darstellung in Anlehnung an Kraft, 2001b, S. 94 und Bredek, 2002, S. 82.

Die erste Phase eines Private Equity Investments, die sog. **Pre-Investment-Phase**, untergliedert sich in die Suche nach Investoren sowie Portfoliounternehmen und schließt die Prüfung der in Frage kommenden Beteiligung ein. Nach dem sog. Fundraising, wodurch Kapital zur Investition in den Beteiligungsfonds akquiriert wird, erfolgt die Auswahl und die Prüfung der Portfoliounternehmen über ein mehrstufiges Verfahren. Die Private Equity Unternehmen messen dieser Phase eine große Bedeutung bei und gehen bei der Auswahl von Portfoliounternehmen sehr selektiv vor: Nur in ca. 7/1.000 Fällen kommt es nach der Beteiligungsprüfung zu einer Transaktion. Dieser Tatbestand wird häufig als „7 out of 1.000“ Maxime bezeichnet (vgl. Jesch, 2004, S. 68). Die Hauptkriterien der Beteiligungsgesellschaften zur Auswahl potentieller Zielunternehmen sind dabei: gutes Management, attraktives Geschäftsfeld, wachsende Märkte, steigende Marktanteile, Markenprodukte oder -service, gute technische Fähigkeiten sowie hohes Gewinnpotential. Dabei kommen nur Unternehmen mit einem adäquaten Risiko-Rendite-Verhältnis in Betracht, die den investmentpolitischen Anforderungen der Gesellschaft bzw. der Anlagepolitik des Fonds entsprechen. Neben diesen allgemeinen (quantitativen) Kriterien sind bei der Entscheidung für eine Beteiligung an einem Portfoliounternehmen und insbesondere an einem Familienunternehmen folgende Faktoren relevant: qualifizierter Nachfolger, stabile Familie (falls die Familie weiterhin mit dem Unternehmen verbunden bleibt), außenstehendes Aufsichtsgremium sowie ggf. die Bereitschaft des Unternehmers zur Trennung vom Unternehmen (vgl. Upton/Petty, 2000, S. 35 f.). Zur Reduktion des Risikos des Scheiterns konzentrieren sich viele Beteiligungsgesellschaften auf bestimmte Branchen, in denen sie besondere Fachkenntnisse und ein gutes Beziehungsnetzwerk haben (vgl. Bygrave, 1987, S. 139 ff.). Häufig investieren auch mehrere Beteiligungsgesellschaften als Optimierungsvariante gemeinsam in Unternehmen, um das Risiko zu teilen und potentielle Fehler in der Auswahl der Zielunternehmen zu reduzieren (vgl. Lerner, 1994, S. 17 f.). So haben Studien ergeben, dass die Wahrscheinlichkeit des Scheiterns am größten ist, wenn die Private Equity Gesellschaft der einzige Investor im Unternehmen ist (vgl. Dimov/De Clercq, 2006, S. 211). Ferrary weist in diesem Kontext darauf hin, dass die Häufigkeit des gemeinsamen Engagements mehrerer Finanzinvestoren mit zunehmenden Finanzierungsstufen (vgl. Abb. 8) der jeweiligen Portfoliounternehmen steigt (vgl. Ferrary, 2009, S. 17 ff.). Die Ausführungen in diesem Abschnitt beziehen sich auf gesunde Unternehmen. Beteiligungsgesellschaften, die bevorzugt in Restrukturierungsfälle investieren, wenden teilweise andere Kriterien zur Auswahl ihrer Portfoliounternehmen an. Eine ausführliche Darstellung der Bedingungen für einen Einstieg eines Finanzinvestors in ein Krisenunternehmen leistet Sindezingue (vgl. Sindezingue, 2007, S. 45 ff.).

Tyebjee/Bruno beschreiben bei diesem Auswahlprozess zwei Selektionsstufen. Die erste Stufe umfasst i. S. einer Grobprüfung ein grundsätzliches Screening der Unternehmen in Bezug auf die grundsätzliche Investitionsstrategie des Fonds. Die zweite Stufe (Feinprüfung) ist eine Evaluation, in der die verbleibenden Unternehmen detailliert analysiert werden (vgl. Tyebjee/Bruno, 1984, S. 1051 ff.). Eine Erweiterung dieses Modells liefern Fried/Hisrich, die die beiden Phasen jeweils tiefer untergliedern (vgl. Fried/Hisrich, 1994, S. 28 ff.). Im Rahmen dieses mehrstufigen Auswahlprozesses nimmt der Detaillierungsgrad der Prüfungen und Analysen zu (vgl. Kraft, 2001, S. 134 und vgl. Fried/Hisrich, 1994, S. 32 ff.): Die Grobprüfung verfolgt das Ziel, als ersten Filter erfolgsversprechende Beteiligungsprojekte zu identifizieren, und beinhaltet eine systematische, umfassende Prüfung der Portfoliounternehmen auf Risiken und Chancen der Investitionen (vgl. Berens et al., 2005, S. 53 und vgl. Wilfert/Ziechmann, 2004, S. 266). Als Feinprüfung schließt sich daran die sog. Due Diligence an (vgl.

Kap. 2.3.2.3), die gleichzeitig als Entscheidungsgrundlage zur Einschätzung der Geschäftsmodelle der Portfoliounternehmen und der zentralen Entscheidungsträger dient. Sie hat das Ziel, die Renditeaussichten der angestrebten Beteiligungen abzuschätzen und wird zugleich zur Unternehmensbewertung und Preisfindung eingesetzt (vgl. Pankotsch, 2005, S. 46 f.).

Auf eine erfolgreiche Due Diligence folgt die eigentliche **Investment-Phase**, beginnend mit der Deal Strukturierung, die detaillierte Regelungen der Zusammenarbeit für alle Phasen der Beteiligung umfasst (vgl. Schefczyk, 2000, S. 29 ff. und vgl. Kraft, 2001, S. 138 ff.). Dabei geht es primär um die Ausgestaltung der Beteiligung, z. B. um Fragestellungen bezüglich des Kapitalbedarfs, der Beteiligungskonditionen und möglicher Exit-Strategien. Der Kapitalbedarf wird dabei auf Grundlage der Unternehmensbewertung ausgearbeitet, was die Verhandlung der konkreten Beteiligungskonditionen, der -quote und dem -preis einschließt. Bei den Beteiligungskonditionen geht es vorrangig um Informations-, Kontroll- und Eigentumsrechte der Beteilgiungsgesellschaften, der Kapitalbereitstellung sowie der Festlegung und Strukturierung von Meilensteinen der Beteiligung (vgl. Kraft, 2001b, S. 208).

Als weitere Leistung neben der Finanzierungsfunktion sind vielfältige Unterstützungs- und Beratungsfunktionen der Private-Equity-Gesellschaften in der Investment-Phase zur Sicherung und Steigerung des Beteiligungswertes sowie der Risikominimierung und Kontrolle anzuführen (vgl. Gompers, 1995, S. 1485 und vgl. Fenn et al., 1997, S. 12 ff.). Dieser Auffassung folgend ist Private Equity die Kombination von Kapitalbereitstellung und Beratungs-, bzw. Managementleistung (vgl. Schefczyk, 2000, S. 308 ff.). Somit ist die Gewährung von Beteiligungskapital i. d. R. mit einer aktiven unternehmerischen Begleitung des Portfoliounternehmens verbunden (vgl. Vater, 2003, S. 16). Die Private-Equity-Gesellschaft verfolgt damit v. a. zwei Ziele: Über die enge Betreuung ist sie einerseits laufend über die aktuelle unternehmerische Entwicklung informiert und in Entscheidungen eingebunden. Zweitens können so Informationsdefizite abgebaut werden, was aus Sicht der Beteiligungsgesellschaften das investitionsinhärente Risiko, v. a. bezogen auf einen Totalverlust, minimiert.

So verfolgt zusammengefasst die Managementunterstützung durch die Beteiligungsgesellschaften während der Investment-Phase die folgenden Ziele:

1. Sicherung und Steigerung des Wertes der Beteiligung sowie
2. Risikominimierung

durch Wahrnehmung von Beratungs-, Kontroll- und Informationsfunktionen.

An dem Mehrwert, den die Private-Equity-Gesellschaften neben der Kapitalbereitstellung leisten, orientieren sich auch die kapitalsuchenden Unternehmen bei der Auswahl ihres Kapitalgebers. Deswegen sieht etwa Poser die Investmentstrategie und das Renommée der Private-Equity-Gesellschaften von großer Relevanz für die Position am

Markt (vgl. Poser, 2003, S. 60 ff.). Von den Gesellschaften wird erwartet, dass sie unternehmerische Erfahrung sowie industrielles Wissen haben, Zugang zu Netzwerken herstellen und auch bei der Beschaffung von weiterem Kapital behilflich sein können (vgl. Keuschnigg/Nielsen, 2003, S. 515). Die vorliegende Untersuchung konzentriert sich auf die Investment-Phase und dabei im Wesentlichen auf die damit verbundene Kontrolle und Unterstützung des Portfoliounternehmens durch die Beteiligungsgesellschaften.

Als dritte und letzte Phase des Wertschöpfungsprozesses eines Private Equity Investments gilt die **Exit-Phase**. Als konstituierendes Merkmal der Zusammenarbeit zwischen Beteiligungsgesellschaft und Portfoliounternehmen ist die zeitlich begrenzte Laufzeit des finanziellen Investments zu nennen. Dies geht auf den Tatbestand zurück, dass die Investoren den Private Equity Fonds das Kapital nur für einen bestimmten Zeitraum überlassen. Studien zufolge beträgt die Laufzeit eines Private Equity-Investments maximal zehn bis zwölf Jahre (vgl. Berger/Udell, 1998, S. 633). Die Zeitspanne hängt von dem Zeitpunkt ab, an dem die Investorengelder zurückgezahlt werden müssen, und von den Exit-Möglichkeiten für den Verkauf und der Unternehmensentwicklung während der Investment-Phase. Bei günstigen Ausstiegschancen oder einer überdurchschnittlichen Wertsteigerung (basierend auf dem Unternehmenserfolg) erfolgt der Ausstieg schon wesentlich früher. Divergiert der Zeithorizont der Beteiligungsgesellschaften und der Zeithorizont der Portfoliounternehmen oder etwaiger Mitgesellschafter, kann daraus ein Konfliktpotenzial erwachsen (vgl. Gompers/Lerner, 2000, S. 284 ff.). Nach Ablauf dieses Zeitraums müssen die Gesellschaften das Beteiligungsverhältnis zur Realisierung eines Verkaufserlöses beenden, um den Investoren eine entsprechende Rendite zu generieren und das eingebrachte Kapital zurückzahlen (vgl. Upton/Petty, 2000, S. 35). Dieser Exit muss erfolgen, da in den seltensten Fällen der Fonds die Renditeanforderungen seiner Anteilseigner aus den laufenden Erträgen des Investments leisten kann.

Unter dem beschriebenen Exit versteht man allgemein die Veräußerung einer Beteiligung, die üblicherweise integraler Bestandteil des Investitionsprozesses ist und aus dem Unternehmungszweck der Beteiligungsgesellschaften resultiert (vgl. Jesch, 2004, S. 97 ff.). Dieser Exit kann auf verschiedenartige Weise erfolgen:

- **Going Public**: Publikumsöffnung, Platzierung an der Börse,
- **Trade Sale**: Verkauf der Beteiligung an industrielle oder strategische Investoren,
- **Secondary Sale**: Verkauf an einen anderen Private Equity Investor,
- **Buy-Back oder Company Buy-Back**: Rückkauf der Unternehmensanteile durch Gesellschafter des Portfoliounternehmens (durch die Altgesellschafter oder das Management) oder

- **Liquidation/Write-Off**: Schließung und Verkauf der Aktiva sowie Ausscheiden aus dem Portfoliounternehmen. (Vgl. Bottazzi/da Rin, 2002, S. 235 und vgl. Kraft, 2001, S. 146 f.)

Der Börsengang ist in den meisten Fällen der profitabelste Exit, der allerdings eines abgestimmten Timings bedarf, da eine erfolgreiche Datierung eine hohe Bewertung der Anteile am Unternehmen ermöglicht (vgl. Lerner, 1994b, S. 294). Mit einem Börsengang sind zwar die höchsten Gewinne realisierbar, allerdings eignet sich dieser nicht für alle Beteiligungen. So sind die Unternehmen, die an die Börse gebracht werden, häufig schon „Stars" oder „potentielle Stars". Im Folgenden soll die Zusammenarbeit zwischen den Private-Equity-Gesellschaften und den Unternehmen, an denen sie beteiligt sind, näher beleuchtet werden.

2.2.4 Zusammenarbeit der Beteiligungsgesellschaften mit den Portfoliounternehmen

2.2.4.1 Die Kontrolle und Überwachung der Portfoliounternehmen

Bevor auf die eigentliche Ausgestaltung der Kontroll- und Überwachungsleistung auf Ebene der Zielunternehmen durch die Beteiligungsgesellschaften in der Investment-Phase eingegangen wird, erfolgt zunächst die Herleitung der Notwendigkeit derartiger Maßnahmen. Bei der Beteiligung einer Private-Equity-Gesellschaft an einem fremden Portfoliounternehmen ist zunächst auf die unterschiedlichen **Informationsstände** der Akteure und die Informationsasymmetrie bei der Beurteilung und Betreuung der Beteiligungsinvestition hinzuweisen (vgl. Cumming, 2006, S. 158 und vgl. Xu, 2008, S. 42). Ex ante liegen unterschiedliche Informationsstände der Beteiligten vor, was typischerweise einen Informationsvorsprung des Managements und/oder Verkäufer des Portfoliounternehmens gegenüber der Private-Equity-Gesellschaft als Unternehmensoutsider beinhaltet. Diese Aussage fußt auf der theoretischen Betrachtung der Beteiligten vor dem Hintergrund der Principal-Agency Theory und der Annahme, dass eine Private-Equity-Gesellschaft eher dem Menschenbild und den Handlungsweisen der Principal-Agency Theory näher kommt (vgl. hierzu Kap. 2.3.2). Im Vergleich zu anderen Finanzierungsformen ist das Problem asymmetrisch verteilter Informationen bei den eigenkapitalfinanzierten Private Equity Beteiligungen und der einhergehenden Partizipation an den Chancen und Risiken des Investments ausgeprägter (vgl. Thum et al., 2008, S. 10). Konkret führt dies aus Sicht der Private-Equity-Gesellschaft in der Beteiligungssituation dazu, dass der wahre Beteiligungswert nur dem Portfoliounternehmen, nicht aber der Beteiligungsgesellschaft oder dem Investor bekannt ist. Des Weiteren übertragen sich diese Probleme auch in die Investment-Phase, in der die Ausgestaltung der Zusammenarbeit zwischen den Beteiligungsgesellschaften und den kapitalsuchenden Unternehmen über die meist mehrjährige Zusammenarbeit erfolgt. Aufgrund der vorherrschenden Informationsasymmetrien zwischen den beiden Vertragspartnern entstehen vielfältige und komplizierte Messprobleme (vgl. Pratt/Zeckhauser, 1985, S. 2 f.), die vorrangig die Beteiligungsgesellschaften zu lösen oder zu minimieren versuchen. So wird die Reduktion der Informationsasymmetrien als eine Kernkompetenz der Private-Equity-Gesellschaften gesehen, wie Amit et al. anführen: „We view their raison d'être as their ability to reduce the cost of informational asymetries" (Amit et al., 1998, S. 441).

Ziel der Beteiligungsgesellschaften im Rahmen ihrer Investments ist primär die Steigerung des Wertes ihrer Anteile an den Portfoliounternehmen. Zur Verfolgung ihrer Ziele üben die Beteiligungsgesellschaften gezielt Einfluss auf die Unternehmen aus. Dabei ist anzuführen, dass dabei die Verfolgung strategischer Portfolioziele nicht im Fokus steht und sich jedes Investment isoliert betrachtet lohnen muss. Da die Private-Equity-Gesellschaften im Rahmen ihres eigenkapitalfinanzierten Beteiligungsinvestments somit ein großes Eigeninteresse haben und aktiv den Beteiligungserfolg beeinflussen möchten, erbringen sie in der eigentlichen Investment-Phase, wie in Kap. 2.2.3 vorgesellt, neben der Kapitalbereitstellung vielfältige Unterstützungs- und Beratungsfunktionen, die **Informations-, Kontroll- und Eigentumsrechte** der Private-Equity-Gesellschaften beinhalten können. Durch die Einflussnahme versuchen die Beteiligungsgesellschaften frühzeitig, Rationalitätsdefizite, etwa in Form von Managementfehlern, in den Portfoliounternehmen zu erkennen, zu vermindern oder sogar zu beseitigen (vgl. Weber/Schäfer, 1999, S. 731 ff.). Die Beteiligungsgesellschaften streben über eine enge Betreuung während der Investment-Phase an, laufend über die aktuelle unternehmerische Entwicklung informiert und in Entscheidungen eingebunden zu sein. Außerdem können so Informationsdefizite abgebaut werden, was aus Sicht der Beteiligungsgesellschaften das investitionsinhärente Risiko, v. a. bezogen auf einen Totalverlust des eingesetzten Kapitals, minimiert.

Zur Einteilung der Betreuungsleistung ist dabei grundsätzlich in 1) **Kontroll- oder Überwachungsfunktionen** (Monitoring) und 2) **Beratung/Unterstützungsleistungen** zu unterscheiden: Die erstgenannten **Kontroll- und Überwachungsfunktionen** fassen dabei die Tätigkeiten der Beteiligungsgesellschaften zusammen, die das Portfoliounternehmen beobachten und dabei Informations- und Kontrollrechte wahrnehmen. In der Literatur werden darunter alle Aktivitäten des Principals verstanden, wie z. B. das Beobachten und Kontrollieren des Agents, die dazu dienen, das Handeln des Agents enger an die Interessen des Principals zu binden (vgl. Kleine, 1996, S. 478 ff. und vgl. Kap. 2.3.2). Dies rührt im Tatbestand, dass die Kultur, nach der Private-Equity-Gesellschaften ihre Portfoliounternehmen kontrollieren, wie bereits erwähnt, sehr stark von der Principal-Agency Theory geprägt ist (vgl. Kaplan/Strömberg, 2001, S. 426). Die als Grundlage dienenden Informationen können dabei entweder von den Portfoliounternehmen direkt oder aber von Dritten stammen, die dann in Form einer reinen Informationsauswertung genutzt werden. Daneben fallen auch auf diesen Informationen beruhende Gesellschafterentscheidungen in diesen Bereich, wie etwa die Genehmigung des Jahresabschlusses. Die Kontroll- und Überwachungsfunktionen dienen der Minimierung des Risikos und der Wahrung der Interessen der Private-Equity-Gesellschaften. So erhalten bei einem passiven Monitoring die Private-Equity-Gesellschaften periodisch Informationen über die Leistung der Portfoliounternehmen; hierzu ist eine Teilhabe in einem unternehmensinternen Kontrollorgan nicht notwendig.

Generell interpretiert etwa Weber die Kontroll- und Überwachungsleistung der Beteiligungsgesellschaften i. S. der Rationalitätssicherung als Ausgleich der Begrenzung der Manager der Portfoliounternehmen. Die Implementierung eines Kontrolleurs oder Kontrahenten soll so die Effektivität und Effizienz der Unternehmensführung erhöhen (vgl. Weber, 2004, S. 470 ff.). In diesem Kontext wird unterstellt, dass Manager nur bestimmte, individuell begrenzte, kognitive Fähigkeiten besitzen, die durch das Controlling i. S. der Rationalitätssicherungsfunktion geheilt werden können (vgl. Weber/Schäfer, 2006, S. 24). Damit ist gemeint, dass über geeignete Kontrollinstrumente der Beteiligungsgesellschaften Defizite im Können und Wollen der Unternehmensführung der Portfoliounternehmen erheblich verringert werden können.

Während bis in die 1990er Jahren Controlling durch die Private-Equity-Gesellschaften als Koordinationsleistung verstanden wurde (vgl. Küpper et al., 1990, S. 281 ff.), hat sich in jüngster Vergangenheit die Sichtweise des Controllings hin zu einer „Rationalitätssicherung (der Unternehmensführung)“ (Weber/Schäfer, 1999 S. 733 ff.) herausgebildet. Jensen beschreibt diesen Vorgang wie folgt:

> „The same managers with the same assets are able, when provided better incentives, to almost double the productivity and value of the enterprise” (Jensen, 1989, S. 44).

Eine analoge Einschätzung zur Wichtigkeit und des Wirkungsgrades von Kontroll- und Überwachungsleistungen von Private-Equity-Gesellschaften sieht Dieckhaus: „Eine Verbesserung des Beteiligungserfolges lässt sich mit Hilfe eines Beteiligungscontrollings (…) erreichen, das die Beteiligung als Gesamtprozess über alle Beteiligungslebenszyklusphasen betrachtet“ (Dieckhaus, 1993, S. 185).

Neben den Kontroll- und Überwachungsleistungen von Private-Equity-Gesellschaften sind aufgrund ihrer Einflussnahme auf die Entwicklung der Portfoliounternehmen im Rahmen dieser Untersuchung ebenfalls für die Familienunternehmen weitere durch die Finanzinvestoren übernommene Leistungen von zentraler Bedeutung sowie die Zusammenarbeit der Beteiligten insgesamt. So fallen in die zweit genannte Kategorie, der **Beratungs- und Unterstützungsleistungen** der Private-Equity-Gesellschaften, jene aktiven Tätigkeiten, die über ein normales Gesellschafterverhältnis hinausgehen. Dabei verfolgen die Private-Equity-Gesellschaften neben dem Ziel der Risikominimierung v. a. das Ziel der Wertsteigerung ihrer Unternehmensbeteiligungen. Im englischsprachigen Raum wird diese Einflussnahme unter dem Begriff der Value Adding Activities, die vorhandene Defizite im Management oder der Managementstruktur der Portfoliounternehmen ausgleichen und externes Know how einbringen, zusammengefasst (vgl. Leopold et al., 2001, S. 171). Im Gegensatz zu der passiven Betreuungsleistung, der sog. hands-off Betreuung, bei der die Portfoliounternehmen nach Bereitstellung von Eigenkapital eigenständig agieren können und die Private-Equity-Gesellschaften bis zum Exit nicht direkt eingreift, handelt es sich im Rahmen der Untersuchung typischerweise um eine sog. hands-on Betreuung durch die Beteiligungsgesellschaften. Im Rahmen dieser aktiven Betreuung und Unterstützung des Managements geht die Leistung der Beteiligungsgesellschaften über die passive Kontrolle weit hinaus. Diese aktive Betreuung umfasst Informations-, Planungs-, Kontroll- und Koordinationsaufgaben und soll auch das Verhalten des Managements der Portfoliounternehmen beeinflussen (Abbau von Informationsunterschieden ist Voraussetzung) (vgl. Jessen, 2001, S. 120 ff.).

Die Einteilung in passive und aktive Betreuung ist jedoch nicht überschneidungsfrei möglich. So kann die Ausübung der Kontrollfunktion auch mit der aktiven Anforderung von Berichten verknüpft sein, woraus sich dann wieder Handlungen/Maßnahmen des Managements ergeben können, die zur Steigerung der Kapitalzuflüsse an die Investoren der Private Equity Fonds führen. Dies kann erreicht werden, indem bspw. bestimmte Probleme evident werden oder sogar eine strukturierte Bewältigung eingeleitet wird (vgl. Sadtler, 1993, S. 9 f.). Aufgrund der Struktur und des Zielsystems der Beteiligungsgesellschaften wird als Ziel der Finanzinvestoren die Steigerung der Kapitalzuflüsse i. S. des Shareholder Value Konzepts verstanden, wobei der Private Equity Fonds nur mittelbar als Shareholder gilt, aber die Interessen der Investoren vertritt. Als eigentlicher Shareholder wird der Investor, der in den Fonds investiert, betrachtet. Rappaport beschreibt das Ziel der Shareholde Value Orientierung mit der Feststellung: „The primary responsibility of management is to maximize shareholders' return via dividends and increases in the market price of the company's shares around" (Rappaport, 1986, S. 1). Die Steigerung der Kapitalzuflüsse (in Form von Ausschüttungen und einem hohen Kaufpreis beim Verkauf) wird somit als Steigerung des Nutzens i. S. der Investoren verstanden. Zur Erreichung dieses Ziels ist es demnach unumgänglich, jegliche betriebliche Entscheidung auf Ebene der Portfoliounternehmen an den Interessen der Anteilseigner und damit an der Steigerung ihrer Kapitalzuflüsse auszurichten (vgl. Copeland et al.; 2000, S. 4). Die Messung der Zielerreichung erfolgt von Seiten der Finanzinvestoren mit Hilfe kapitalmarktorientierter Kennzahlen wie dem Cash Flow Return on Investment (CFRoI) (vgl. Bühner/Weinberger, 1991, S. 187 ff.) und durch umfängliche Bewertung des Portfoliounternehmens (vgl. Anson, 2007, S. 8 ff.). Die Generierung von Kapitalerträgen in Form von laufenden Ausschüttungen aus den Portfoliogesellschaften und die Realisierung von möglichst hohen Verkaufserlösen im

Exitfall ist sowohl im Interesse der Investoren als auch der Beteiligungsgesellschaften. Die Beteiligungsgesellschaften profitieren zum einen über eine häufig vereinbarte erfolgsabhängige Komponente der Managementfee, die sie über das eingezahlte Fondsvermögen von den Investoren erhalten (vgl. Abb. 10), eine Beteiligung an der Rendite und eine Steigerung der eigenen Reputation. Letztere ist wichtig für die Akquise im Rahmen des Fundraisings der Folgefonds. Neben den Kapitalzuflüssen, die die Finanzinvestoren aufgrund der Managementfee erhalten, ist es in der Praxis üblich, dass die Beteiligungsgesellschaften zumeist noch Erträge über die Beraterverträge, die sie mit den Portfoliounternehmen abschließen, generieren.

Das **Ausmaß der Einflussnahme** (Zeit und Intension) und die Art der beratenden oder eher kontrollierenden Tätigkeiten unterscheiden sich in Abhängigkeit des jeweiligen Kontextes und hängen somit von verschiedenen Faktoren ab. Hier sind etwa die Erfordernisse in den Portfoliounternehmen (Beteiligungsanlass, Branche, Finanzierungsstufe, vorhandene (subjektiv eingeschätzte) Managementkompetenz), die Kooperationsbereitschaft der Zielunternehmen und individuelle Präferenzen der Private-Equity-Gesellschaften oder das Risikobewusstsein bzw. Renditestreben anzuführen. Hierunter ist auch zu verstehen, inwieweit Private-Equity-Gesellschaften beratende oder unterstützenden Maßnahmen überhaupt vorsehen und ob diese hierzu auch personell in der Lage sind (Kapazitätsfrage). Das Ausmaß der aktiven Einflussnahme ist typischerweise in frühen Finanzierungsstufen (Early Stage) am höchsten und nimmt mit zunehmendem Alter und Größe des kapitalsuchenden Unternehmens ab. In diesem Kontext sei auf die Ausnahmestellung von Restrukturierungsfällen verwiesen. Nachdem die Notwendigkeit der Betreuungsleistungen der Beteiligungsgesellschaften, eingeteilt in Kontroll- oder Überwachungsfunktionen (Monitoring) und Beratung/Unterstützungsleistungen, dargestellt wurde, wird ihre Umsetzung mit Hilfe geeigneter Instrumente im folgenden Unterkapitel vorgestellt.

2.2.4.1.1 Instrumente der Beteiligungsgesellschaften zur Wahrung ihrer Interessen bei den Portfoliounternehmen

Gemäß Kap. 2.2.4.1 ist es in der Praxis der Private-Equity-Gesellschaften üblich, Instrumente zur Wahrung der Interessen i. S. von Werttreibern einzusetzen. Als klassische Werttreiber in Beteiligungssituationen unterscheiden etwa Kaserer/Diller vier wesentliche Themenkomplexe. So führen die Verfasser 1) Werttreiber in der Veränderung der CG des Zielunternehmens an. Daneben nennen sie 2) finanzielle Werttreiber (etwa Financial Arbitrage), 3) unabhängigkeitsbedingte Werttreiber (Wegfall von Restriktionen) und 4) operative wie strategische Werttreiber (z. B. operative Unterstützung) (vgl. Kaserer/Diller, 2005, S. 107 ff.). Die vorliegende Untersuchung konzentriert sich in ihrer Ausrichtung vorrangig auf die **Veränderung der CG**.

Mechanismen, die auf die CG der Porfoliounternehmen abzielen, liegen in der theoretisch ableitbaren Trennung von Leitung und Kontrolle begründet. Aufgrund von divergierende Zielen und Interessen der Beteiligten fokussiert sich die CG dabei auf ihre Angleichung und ist bestrebt, eine Interessensharmonie zwischen Portfoliounternehmen und Beteiligungsgesellschaft herbeizuführen. Unternehmensintern sind auf Governance Ebene dabei die folgenden **Instrumente zur Steigerung der Kapitalzuflüsse** denkbar:

1. Einrichtung bzw. Verbesserung von Kontroll- und Informationssystemen (Monitoring),
2. Mentoring,
3. Einführung von Anreizsystemen für Manager der Portfoliounternehmen sowie
4. Veränderung der Organisationsstruktur.

Die einzelnen Instrumente bzw. Themenkomplexe werden nachfolgend beleuchtet und im Kontext der Beteiligungssituation diskutiert. Der unter 1) aufgeführte Aspekt der **Einrichtung bzw. der Verbesserung der Kontroll- und Informationssysteme** ist aus Sicht der Beteiligungsgesellschaften besonders wichtig, da insbesondere schwache Kontrollmechanismen sowie das Fehlen von Managementinformationen häufige Gründe von Fehlinvestitionen oder Krisen sind. Die Organisation eines Kontrollsystems und dabei die Planung sowie intensive Umsetzung der Aufgaben des Monitorings durch die Beteiligungsgesellschaften sind dabei vor dem Hintergrund der Orientierung auf die anvisierte Steigerung der Kapitalzuflüsse und den befristeten Zeithorizont des Investments zentral. Bereits in der Pre-Investment-Phase, bei der Due Diligence, prüfen die Beteiligungsgesellschaften die unternehmensinternen Managementinformations- und Reportingsysteme und leiten in der Investment-Phase u. U. Veränderungen ein. Im Beteiligungsvertrag wird darüber hinaus typischerweise die Gewährung umfangreicher Informations- und Kontrollrechte als integraler Bestandteil der Beteiligungssituation vertraglich vereinbart (vgl. Abb. 11).

Die Durchführung von Kontrolle und Überwachung erfolgt dabei im Rahmen von Kontrollsystemen. Hauptverantwortliche hierfür sind üblicherweise das Management der Beteiligungsgesellschaften sowie ein Aufsichts- oder Kontrollgremium (Aufsichtsrat oder Beirat). Insbesondere in Deutschland und im deutschsprachigen Raum ist die Mitwirkung in Aufsichtsgremien und dabei die Entsendung eines Vertreters der Beteiligungsgesellschaften in die Aufsichts- oder Beratungsgremien der Portfoliounternehmen üblich. Über diese Vertretung gelingt den Beteiligungsgesellschaften die Mitwirkung und Einflussnahme auf Entscheidungen und Beschlüsse der Unternehmen (vgl. Brettel et al., 2008, S. 98). Gleichzeitig verschaffen sich die Gesellschaften den Zugang zu wichtigen Informationen. In dieser Instanz sind Einflussnahmen durch die Investoren zu erwarten, die auch im Rahmen der empirischen Untersuchung näher analysiert werden.

Ein starkes und aktives Monitoring durch die Beteiligungsgesellschaften führt zudem zur Etablierung bzw. Erweiterung eines regelmäßigen **Informationssystems** in einem einheitlichen Format als Basissystem, um die eigenen Ressourcen auf Ebene der Beteiligungsgesellschaften zu entlasten und zugleich die angestrebte Kontrolle und Überwachung zu vereinfachen. Zentrale Aufgaben eines gut funktionierenden Informationssystems sind dabei die Dokumentation und Bereitstellung von Informationen für Planungs-, Steuerungs- und Kontrollfunktionen; dies umfasst neben dem betrieblichen Rechnungswesen insbesondere Kennzahlen und Kennzahlensysteme sowie das unternehmensinterne Berichtswesen (vgl. Geidner, 2008, S. 185).

Im Rahmen des Beteiligungsvertrages sind die Portfoliounternehmen zu einem laufenden Beteiligungscontrolling verpflichtet und leisten in regelmäßigen Abständen, zumeist monatlich, ein übergreifendes Reporting an die Beteiligungsgesellschaften. Informationsrechte in Form regelmäßiger Berichterstattung mit Prüfungsrecht der Private-Equity-Gesellschaften umfassen typischerweise:

- Monatliche, quartalsweise oder halbjährliche Cashflowrechnungen, Umsatzmeldungen und Berichte zur aktualisierten Bilanz und Gewinn- und Verlustrechnung,
- Zwischenberichte über die Geschäftslage inklusive der Marktentwicklung, Auftragsbestand und der Personalsituation, Businesspläne und Umsatzschätzungen,
- Berichte über den Stand der Produktentwicklung, Vertriebszahlen, Vermarktungserfolge, Auftragsbestände und Vertragsabschlüsse, die die Private-Equity-Gesellschaft häufig durch Marktdaten und externe Quellen abgleicht und plausibilisiert und einen Soll-Ist-Vergleich zur Einhaltung der strategischen Ausrichtung und der Einhaltung der Business Pläne und Zielvereinbarungen durchführt sowie
- ereignisgetriebene Meldung wesentlicher Tatbestände, etwa von Vertragsabschlüssen und/oder -kündigungen sowie Investitionsvorhaben. (Vgl. Schefczyk, 2000, S. 42)

Die Informationsbereitstellung i. S. des beschriebenen Informations- und Reportingsystems verbessert dabei die Transparenz und ermöglicht ein aktives Monitoring der Portfoliounternehmen durch die Finanzinvestoren.

Neben diesen Leistungen im Bereich Monitoring übernehmen die Private-Equity-Gesellschaften aufgrund ihrer Transaktions- und Managementerfahrung auch **Mentoringaufgaben**. Im Kontext einer Beteiligungssituation bedeutet dies, dass die Private-Equity-Gesellschaften ihr Zielunternehmen unterstützen und beraten und dabei insbesondere das über die Private-Equity-Gesellschaften verfügbare Netzwerk an Branchenkontakten zur Verfügung stellen. Das Mentoring bezieht sich dabei auf alle Unternehmensbereiche, schließt Managementunterstützung sowie sämtliche betriebswirtschaftliche, operative wie auch strategische Themen ein und umfasst:

- inhaltliche Beratung bei Fachfragen,
- prozessuale Unterstützung sowie
- Übernahme von operativen Funktionen (vgl. Landström, 1993, S. 28 ff. und vgl. Wilson, 1993, S. 433).

Die Private-Equity-Gesellschaften führen eine inhaltliche Beratung des Managements der Beteiligungsunternehmen durch, wenn die Managementkapazität der Portfoliounternehmen nicht ausreicht oder es sich um Entscheidungen von großer Relevanz und Tragweite handelt, bei denen eine Abstimmung sinnvoll erscheint. Als häufigste Betreuungsinhalte können dabei Finanzierungs-, strategische Planungs- sowie Personal- und Organisationsfragen angeführt werden (vgl. Schröder, 1992, S. 238 ff.). Sofern es nach Einschätzung der Beteiligungsgesellschaften sowohl unternehmensintern wie auch in ihren eigenen Reihen an qualifiziertem Fachwissen und Personal mangelt, werden auch externe Ressourcen aus dem Markt eingeschaltet (z. B. Unternehmensberatungen oder aber rechtliche Expertise aus einer spezialisierten Anwaltskanzlei). Die Beteiligungsgesellschaften können darüber hinaus prozessual unterstützen, z. B. bei der Ideengenerierung und -umsetzung, indem sie Machbarkeit und Wirtschaftlichkeitsüberlegungen einbeziehen und Prüfungen vornehmen. Sie können sich weiterhin an der Festlegung von Maßnahmenplänen zur Umsetzung von strategischen Vorhaben beteiligen und durch ihr Netzwerk Geschäftskontakte zur Verfügung stellen (vgl. Kilian, 1991, S. 109 ff.). Die Übernahme operativer Funktionen durch die Beteiligungsgesellschaften ist in der Praxis lediglich hinsichtlich Finanzierungsthemen oder in Krisensituationen üblich (vgl. Gorman/Sahlman, 1989, S. 237 ff. und vgl. Funke, 1992, S. 1110).

Als drittes Instrument und Werttreiber können die Private-Equity-Gesellschaften **erfolgsorientierte Anreizsysteme auf Managementebene der Portfoliounternehmen** in der Investment-Phase installieren. Im Rahmen der Beteiligung durch den Investor und des zugrunde liegenden Principal-Agency Konflikts zwischen Unternehmen und Beteiligungsgesellschaft erfolgt typischerweise eine signifikante Beteiligung des Unternehmensmanagements am Unternehmenserfolg (vgl. Thum et al., 2008, S. 119). In der Umsetzung kann dies z. B. über Beteiligungsoptionspläne, eine direkte Kapitalbeteiligung oder eine Kombination daraus erfolgen.

Diese Anreizgestaltung zur Herstellung von Interessensharmonie und Erhöhung der Managementleistung wird durch leistungsabhängige Entlohnung und die Einführung variabler Vergütungskomponenten wie Boni verstärkt (vgl. Thompson et al., 1992, S. 66). Die Partizipation kann dabei entweder am unmittelbaren wirtschaftlichen Unternehmenserfolg (wie Gewinn oder Umsatz) oder aber an vorher festgelegte Ziele (z. B.

Kostenersparnis, Produktivitätsfortschritte oder Forschungserfolge) geknüpft werden. Die Implementierung der Anreizsysteme geht zumeist einher mit der Einführung von Kontrollsystemen durch die Beteiligungsgesellschaft (vgl. Wijbenga et al., 2007, S. 262). Die variablen Gehaltsbestandteile ermöglichen den Private-Equity-Gesellschaften eine direkte und zeitnahe Verknüpfung von Vergütung und Zielerreichung auf Management- wie auch auf Mitarbeiterebene und sollen die Motivation und Leistungsbereitschaft erhöhen. Des Weiteren schaffen sie eine Verbindung zwischen laufendem Einkommen und der anvisierten Wertsteigerung des Eigenkapitals (vgl. Geidner, 2008, S. 241). Häufig implementieren die Investoren als anreizkompatible Incentivierung auch Beteiligung am Gesellschaftsvermögen (etwa über Optionen auf Erwerb von Gesellschaftsanteilen), die im Gegensatz zu den beschriebenen Tantiemen nicht zu Lasten der Liquidität gehen und gleichzeitig die Mitarbeiter noch stärker an das Unternehmen und den Unternehmenserfolg binden (vgl. Hellmann/Puri, 2002, S. 172 ff.). Da somit die Kosten von Ineffizienzen für alle Beteiligten steigen, ist durch dieses Instrument der Anreiz zur Erhöhung von Leistung und Motivation sowie zur gemeinsamen Steigerung des Unternehmenserfolges geschaffen, was die Zielerreichung der Private-Equity-Gesellschaften fördert. Für die theoretische Herleitung der Notwendigkeit, des Wirkungsgrades und der Einsatzmöglichkeiten dieser genannten Anreizmechanismen sei auf Kap. 2.3 dieser Untersuchung verwiesen.

Änderungen auf Ebene der Organisationsstruktur werden mitunter auch als Instrumente von Seiten der Private-Equity-Gesellschaften eingesetzt. Hierbei sind Veränderungen hinsichtlich der personellen Besetzung, der Struktur und des Tätigkeitsbereichs des Managements zu erwähnen, die einen Wechsel in der Führungsebene oder den Organisationsinstrumenten der Portfoliounternehmen auslösen. Personelle Veränderungen sind dabei typischerweise mit einer Veränderung in der Organisations- bzw. Führungsstruktur verbunden, auch wenn kritisch angemerkt werden muss, dass das unternehmensspezifisch erfahrene Managementteam nicht per se vollständig ersetzt werden sollte, da es über Branchenerfahrung und die Kenntnisse bestehender unternehmensinterner Abläufe verfügt. Gleichzeitig bestehen Erfahrungen und Vertrauen (Reputation) zu Kunden, Lieferanten, Gläubigern und anderen Stakeholdern. Allerdings ist bei einem kompletten Ersatz des Managementteams als Vorteil anzuführen, dass eine strategische Neuausrichtung durch ein neues Managementteam vereinfacht wird. Dies wird häufig bei Turnaround Beteiligungen durchgeführt. Die Übernahme von operativer Verantwortung durch Mitarbeiter der Beteiligungsgesellschaften in den Portfoliounternehmen i. S. eines Managers auf Zeit ist als Ausnahme einzustufen und findet in der Praxis am ehesten bei Investitionen in krisenbehaftete Unternehmen Anwendung (vgl. Schefcyk, 2000, S. 35 ff.). Die Veränderung der Organisationsstruktur in Portfoliounternehmen ist dabei als interaktiver Prozess zur Unterstützung bei betriebswirtschaftlichen Themen im Zielunternehmen zu verstehen. Die Leistungen i. e. S. können dabei vielfältige Organisations- und Ausgestaltungsformen umfassen und sind situativ verschieden wie Strategiesitzungen, Workshops, spontane Treffen, bedarfsorientierte Meetings, Ad-hoc-Auskünfte oder ein formalisiertes Reporting (vgl. Brinkrolf, 2002, S. 92). Die aufgeführten unternehmensinternen Instrumente auf Governance Ebene werden durch die Beteiligungsgesellschaften implementiert. Das nachfolgende Unterkapitel konzentriert sich aufgrund der Ausrichtung der vorliegenden Untersuchung auf das Instrument des Beirats zur Wahrnehmung der Interessen der Private-Equity-Gesellschaften im Rahmen der Investment-Phase.

2.2.4.1.2 Das Instrument „Beirat“

Eine zentrale Rolle in der Beziehung zwischen der Beteiligungsgesellschaft und dem Portfoliounternehmen nimmt insbesondere in deutschen Unternehmen der Aufsichtsrat bzw. Beirat ein, dem primär die Rolle der Überwachung und Kontrolle des Managements des Portfoliounternehmens zukommt. So zählt vorrangig zur Kontrollaufgabe des Aufsichtsgremiums die Überwachung der Unternehmensführung (vgl. Theisen, 2000, S. 216 ff.) sowie die Beratung des Managements, die jedoch nicht gesetzlich geregelt ist. Die Beratungsfunktion leitet sich dabei als nachträgliche Kontrollfunktion bis hin zur Entscheidungsunterstützung ab und ergibt sich aus der im Aufsichtsgremium geführten Diskussion von Planungsfragen.

Die Entsendung von Vertretern der Private-Equity-Gesellschaften in die Aufsichts- und Kontrollgremien (Gremienarbeit im Beirat, im Aufsichtsrat oder im Gesellschafterausschuss) wird häufig als Minimalanforderung zur Ausübung ihrer Überwachungs- und Kontrollfunktionen (vgl. Kap. 2.2.4.1) interpretiert. Ein im Regelfall gebildeter Beirat bezieht häufig neben den Vertretern der Private-Equity-Gesellschaften und der übrigen Unternehmenseigentümer auch Vertreter von Banken oder Wirtschaftsprüfer ein. Üblicherweise werden aber durch die Private-Equity-Gesellschaften selbst im Rahmen einer Minderheitsbeteiligung über die übliche Stellung hinausgehende Beratungs-, Kontroll- und Informationsfunktionen wahrgenommen (vgl. Bouillet-Cordonnier, 1992, S. 91 ff.). Da für Unternehmen in der Rechtsform der GmbH oder KG gesetzlich kein Aufsichtsrat oder Beirat vorgeschrieben ist, wird durch die Beteiligungsgesellschaften häufig die Errichtung eines Kontrollgremiums in Form des Beirats durchgeführt. Der Beirat wird dabei mit vergleichbaren Kontroll- und Mitwirkungsrechten ausgestattet und damit als Kontrollorgan ausgebaut, wie dies bei Aufsichtsräten in AGs der Fall ist. Bei kleineren oder vorrangig familiengeführten Unternehmen kann die Installation und die Nutzung des Beirats auch, wie beschrieben, von den Beteiligungsgesellschaften dazu genutzt werden, die Geschäftsführung durch externe Expertise und Know how zu unterstützen. Im Rahmen dieses Kontextes tritt die Kontrollfunktion zu Gunsten einer Beratungsfunktion des Beirats in den Hintergrund.

Der Einfluss der Private-Equity-Gesellschaften auf strategische Geschäfte und Investitionen der Portfoliounternehmen, die deren Entwicklung nachhaltig beeinflussen, wird über das Instrument Beirat gesteuert. Im Rahmen des Beteiligungsverhältnisses deklarieren Beteiligungsgesellschaften häufig einen Katalog zustimmungspflichtiger Geschäfte, bei denen die Portfoliounternehmen die ausdrückliche Zustimmung der Private-Equity-Gesellschaften über den Beirat einholen müssen. Dazu zählen:

- Abschluss von Gesellschafts- oder Kooperationsverträgen,
- Bestellung von Geschäftsführern und Prokuristen,
- Strategieänderungen und Produktprogramme,
- Eingehen von Kreditverpflichtungen und kreditähnlichen Finanzierungsgeschäften, Abschluss langfristiger Leasing-, Pacht- oder Mietverträge sowie Patentverträge oder andere Schutzrechte,
- Grundstücksgeschäfte sowie
- Bestellung von Wirtschaftsprüfern und Steuerberatern.

Die oben genannte Liste ist noch beliebig erweiterbar und änderbar. So ist das Instrument sehr flexibel und kann je nach den individuellen Bedürfnissen der Beteiligten (Größe, Branche, Lebenszyklus usw.) maßgeschneidert angepasst werden. Das Inkrafttreten der Zustimmungspflicht kann darüber hinaus an bestimmte Voraussetzungen geknüpft werden, wie z. B. das Verfehlen von Meilensteinen (vgl. Brettel et al., 2008, S. 99). Gemäß dieser Vorgehensweise und der vorab getroffenen Annahme, dass die Unternehmensführung in Familienunternehmen am besten durch die Stewardship Theory beschrieben wird, während die Vorgehensweise der Beteiligungsgesellschaften eher auf den Prinzipien der Principal-Agency Theory basieren, ist anzunehmen, dass der Beirat durch das Engagement der Beteiligungsgesellschaften zunehmend von einer Beratungsinstanz hin zu einem Kontrollinstrument ausgebaut werden wird.

Die theoretische Herleitung dieser Aussage unter Einbezug der Führungstheorien Principal-Agency Theory und Stewardship Theory folgt im nachfolgenden Unterkapitel, bevor die Fragestellung nach der Veränderung der CG von deutschen Familienunternehmen im Zuge der Beteiligung von Private-Equity-Gesellschaften unter besonderer Berücksichtigung des Beirats empirisch untersucht wird.

2.3 Theoretische Erarbeitung

2.3.1 Methodik der theoretischen Erarbeitung

Ausgangspunkt der theoretischen Betrachtung sind die beiden Führungstheorien Principal-Agency Theory und Stewardship Theory. In diesem Kapitel werden diese beiden Theorien zunächst vorgestellt, indem sie in ihren jeweiligen wissenschaftlichen Kontext eingebettet und ihre geschichtlichen Entwicklungen aufgezeigt werden.

Die zentrale Fragestellung in diesem Zusammenhang lautet: Welche Menschenbilder liegen den beiden Theoriekonzepten zugrunde und können somit die Handlungsweisen der Akteure erklären? Zur Beantwortung dieser Frage werden die auf McGregor zurückgehenden Menschenbilder der Theorie X und der Theorie Y herangezogen (vgl. McGregor, 1960, S. 3 ff.). Die Theorie X ist dabei als identisch mit dem Menschenbild des in der Wissenschaft bekannten Homo Oeconomicus zu sehen. Dieser Menschentypus bildet die Grundlage der „Neuen Institutionenökonomie" (und somit auch der Principal-Agency Theory als einem Teilbereich dieses Forschungsansatzes (s. Kap. 2.3.2)). Die Theorie Y setzt demgegenüber als wesentliches Unterscheidungskriterium die Existenz von Vertrauen als zentralem Element der Interaktion von Individuen voraus. Analog hierzu gründet die Stewardship Theory ebenfalls als Prämisse auf die Existenz von Vertrauen zwischen den handelnden Individuen, weswegen die Theorie Y somit helfen kann, das Menschenbild der Stewardship Theory zu verstehen (s. Kap. 2.3.3).

In den nachfolgenden Absätzen wird die weitere Vorgehensweise der theoretischen Hinführung vorgestellt: Ausgehend von den theoretischen Grundlagen werden die typischen Handlungsweisen wirtschaftlicher Akteure, die im Rahmen der beiden genannten Theorien Anwendung finden, erläutert. Die Darstellung konzentriert sich auf die Auftraggeber-Auftragnehmer-Beziehung und ihre jeweilige Ausgestaltung im Kontext der Theorien. Die aus theoretischer Sicht mit dieser Beziehung einhergehenden Probleme werden dabei thematisiert und darauf aufbauend Lösungsvorschläge vorgestellt und diskutiert. Dabei stehen insbesondere die Ausprägungen der Anreizmechanismen und der Überwachungsstrukturen (Kontrolle) im Zentrum der Betrachtung; die Unterschiede zwischen den beiden angesprochenen Theorien werden dabei mit dem Anspruch besonderer thematischer Aufmerksamkeit und Relevanz herausgearbeitet. Die gewonnenen Erkenntnisse werden in einem nächsten Schritt auf das konkrete Untersuchungsumfeld der Forschungsarbeit bezogen, indem die Handlungsgrundsätze der Theorien auf das Szenario einer Unternehmensbeteiligung übertragen und dabei die Ausgestaltungselemente Anreizstruktur und Überwachung i. S. der CG dargestellt werden. Im Rahmen der weiteren Konkretisierung auf die Untersuchungssituation beleuchtet das folgende Unterkapitel die theoriekonformen Ausgestaltungselemente der CG mit folgender Fragestellung: Wie muss CG konzipiert sein, wenn sie den theoretischen Vorgaben genügen soll? Dazu werden die häufigsten Gestaltungselemente illustriert und die Grenzen der jeweiligen Ausgestaltungen der CG dargelegt.

In den einzelnen Unterkapiteln 2.3.2.2 und 2.3.3.2 wird das Ausgestaltungsmerkmal „Aufsichtsgremium" ins Zentrum der Betrachtung gerückt. Aufgrund der Ausrichtung der Untersuchung auf Familienunternehmen konzentriert sich die Ausarbeitung auf das Kontrollorgan i. S. des Beirats. Die Aufgaben, die dem Beirat i. S. der Theorien zugesprochen werden, werden sachlogisch zunächst dargestellt, so dass aufgrund dieser Ausführungen Aufgabendefinitionen erarbeitet werden. Problemstellungen und Einschränkungen, die in diesem Zusammenhang erwachsen, werden ebenfalls erörtert und gegebenenfalls Lösungsmöglichkeiten aufgezeigt.

Die daran anschließenden Unterkapitel 2.3.2.3 und 2.3.3.3 liefern aus den beiden Führungstheorien Erklärungsansätze für Aktionen der handelnden Personen, die im Rahmen der Beteiligung von Private-Equity-Gesellschaften zu beobachten sind. Das Kapitel 3.1 führt die beiden genannten Theorien zusammen und prognostiziert mögliche Ereignisse, die eintreten können, wenn es zu einer Konfrontation der verschiedenen Handlungsweisen, die durch die Theorien erklärt werden können, kommt. Dieser Konflikt wird auch in der Untersuchungssituation erwartet und demnach umfassend analysiert. Situationen stehen im Blickpunkt, in denen die handelnden Akteure aufgrund verschiedener Denkweisen und Prinzipien agieren. Dies ist z. B. der Fall, wenn die Mitglieder des Beirats aufgrund eines Eigentümerwechsels ausgetauscht werden und neue Mitglieder ihr Handeln an anderen Führungsprinzipien orientieren. Der angenommene Konflikt hat unmittelbare Auswirkungen auf die Arbeit innerhalb des Beirats, auf die Zusammenarbeit mit dem Management als auch auf das Zusammenwirken mit allen anderen Stakeholdern des Unternehmens. Die beschriebene Vorgehensweise dieses Kapitels wird in Abb. 12 grafisch dargestellt.

Abbildung 12: Methodik der theoretischen Erarbeitung

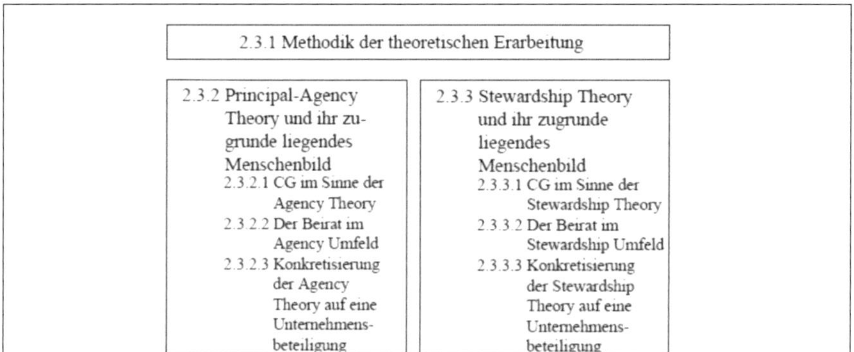

Quelle: Eigene Darstellung.

2.3.2 Principal-Agency Theory und ihr zugrunde liegendes Menschenbild

In der Wirtschaftswissenschaft hat in den letzten Jahrzehnten mit der **Neuen Institutionenökonomie** die Einbeziehung des institutionellen Rahmens (Institutionen als System formaler und informeller Regeln) in die ökonomische Analyse begonnen. Der Kerngedanke der Neuen Institutionenökonomie ist dabei: Die Einrichtung und Benutzung von Institutionen verursacht Kosten (Transaktionskosten), weshalb die Gestaltung der individuellen Verfügungsrechte (Property Rights) auf das wirtschaftliche Gesamtergebnis Einfluss hat. In der Neuen Institutionenökonomie wird somit die neoklassische Vorstellung der völlig kostenlosen und reibungslosen Interaktion der Akteure aufgegeben. Hauptgrund hierfür sind die wesentlichen Merkmale des Opportunismus und der begrenzten Rationalität (Einschränkung aufgrund von Zeit, Kosten und Bounded Rationality) der handelnden Individuen. Zu den Teilgebieten der Neuen Institutionenökonomie, die als Metatheorie unterschiedliche Theoriekonzepte vereint, gehört die Property Rights Analyse (Theorie der Verfügungsrechte), der Transaktionskostenansatz und die Principal-Agency Theory (vgl. Richter/Furubotn, 1996, S. 7 ff.).

In ihrem Kern beschäftigt sich die Principal-Agency Theory, die auf Coase und seinen Aufsatz „The Nature of the Firm“ zurückgeht (vgl. Coase, 1937, S. 386 ff.), mit Kontrollproblemen und stellt demnach den theoretischen Rahmen der vorliegenden Untersuchung dar. Die Aufgabe des Principal-Agency Ansatzes besteht im Wesentlichen in der Bewältigung von Vertragsproblemen zwischen einem Auftraggeber (Principal) und einem Auftragnehmer (Agent). So sehen Jensen/Meckling die Beziehung zwischen Auftraggeber und Auftragnehmer „(...) as a contract under which one or more persons (the principal(s)) engage another person (the agent) to perform some service on their behalf which involves delegating some decision making authority to the agent“ (Jensen/Meckling, 1976, S. 308). In der Theorie wird davon ausgegangen, dass die Handlungen des Agents durch den Principal nicht unmittelbar nachprüfbar sind. Dieser Tatbestand wird zudem dadurch erschwert, dass beide Parteien nicht über den gleichen Zugang zu Informationen und einen identischen Informationsstand verfügen. Per definitionem ist die Information dahingehend asymmetrisch verteilt, dass der Agent gegenüber dem Principal ex ante einen Informationsvorsprung hat (vgl. Schweizer, 1999, S. 27 ff.).

Aufgrund von Informationsasymmetrien zwischen den beiden Vertragspartnern entstehen vielfältige und komplizierte Messprobleme (vgl. Pratt/Zeckhauser, 1985, S. 2 f.). Der Agent verfügt über einen Informationsvorsprung gegenüber dem Principal. Basierend auf der Einteilung der Informationsasymmetrie zwischen den beiden Akteuren nach dem Gegenstand und dem Entstehungszeitpunkt ungleicher Information erfolgt eine Einteilung in Problemtypen (s. Abb. 13): Adverse Selektion (Hidden Characteristics), Moral Hazard (Hidden Information und Hidden Action) sowie Hold up (Hidden Intension) (vgl. Roiger, 2007, S. 12 ff.).

Abbildung 13: Problemtypen der Principal-Agency Theory

	Kombinationen der Problemtypen			
	Adverse Selection	**Moral Hazard**		**Hold up**
Informations-asymmetrie	Hidden Characteristics	Hidden Action	Hidden Information	Hidden Intension
Entstehungs-zeitpunkt	vor Vertragsabschluss	nach Vertragsabschluss		vor oder nach Abschluss
Probleme	Beurteilung der Eigenschaften des Agenten, Anreizgestaltung zur Separation der verschiedenen Agents	Beurteilung des Verhaltens, Anreizgestaltung zur Steigerung des Anstrengungsniveaus	Beurteilung des Informationsstandes, Anreizgestaltung zur wahrheitsgemäßen Berichterstattung	Keine Verifizierbarkeit beziehungsspezifischer Investitionen, Anreizgestaltung zur Vermeidung ineffizienter Investitionen

Quelle: Eigene Darstellung in Anlehnung an Roiger, 2007, S. 13.

Ein weiterer Problembereich, der durch den Principal-Agency Ansatz abgedeckt wird, ist die Suche nach dem passenden Vertragspartner und damit nach den passenden Leistungen und Produkten. Als Lösungsansatz wird die geschickte Gestaltung von Verträgen gesehen. Dies beinhaltet die Vollständigkeit von Verträgen, welche somit alle möglichen Probleme der Beziehung umfassen und entsprechende Lösungsmöglichkeiten aufzeigen. Im Falle von Dissens im Rahmen einer Vertragsbeziehung, die nicht aufzuklären ist, sind bestimmte Handlungsoptionen zumeist von Seiten des Principals denkbar. Als konkrete Lösungen kommen zumeist die beiden Optionen „entlassen" oder „verklagen" zur Anwendung (vgl. Alchian/Demsetz, 1972, S. 777).

Ausgangspunkt der ökonomischen Perspektive der Neuen Institutionenökonomie und somit des Principal-Agency Ansatzes ist das Menschenbild des Homo Oeconomicus (vgl. Erlei et al., 1999, S. 2 ff.). Dieses Menschenbild basiert auf den sechs Prinzipien: Individualprinzip, Problemorientierung, Trennung zwischen Präferenzen und Restriktionen, Rationalität, Nicht-Einzelfall-Betrachtung und dem methodologischem Individualismus (s. Abb. 14).

- Das Individualprinzip geht von einem selbstinteressierten Handeln des Einzelnen aus, der seine eigenen Ziele verfolgt.
- Die Problemorientierung besagt, dass der Homo Oeconomicus die Präferenzen und Alternativen, die für ein Entscheidungsfeld relevant sind, vollständig und richtig abbilden kann.
- Die Trennung zwischen Präferenzen und Restriktionen zeigt den Gegensatz zwischen den inneren Präferenzen eines Individuums und den Restriktionen, die Entscheidungen beeinflussen. Die optimale Handlung entwickelt der Mensch durch die Kombination der Präferenz mit den Restriktionen.

- Durch das Rationalitätsprinzip versucht der Einzelne, die optimale, nutzenmaximierende Entscheidung zwischen mehreren Alternativen auszuwählen.
- Das Prinzip der Nicht-Einzelfall-Betrachtung relativiert die strikte Annahme rationalen Verhaltens. Denn die strikte Rationalität wird nicht von jedem Individuum in jeder sich bietenden Situation erwartet, sondern eher als tendenzielles Verhalten der meisten Akteure gesehen.
- Der methodologische Individualismus fordert, dass alle Eigenschaften, die sozialen Systemen oder Gruppen zugeschrieben werden, auch durch die individuellen Eigenschaften und Verhaltensweisen der beteiligten Individuen erklärt werden können (vgl. Erlei et al., 1999, S. 2 ff.).

Abbildung 14: Homo Oeconomicus

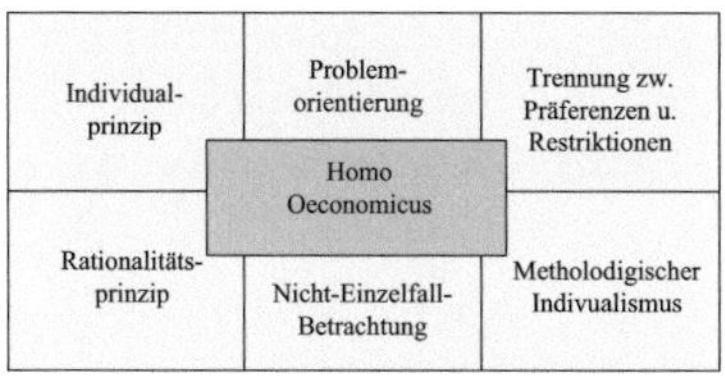

Quelle: Eigene Darstellung.

Menschenbilder versuchen generell, über die Reduktion der menschlichen Komplexität beobachtbares Verhalten zu erklären und künftiges Verhalten vorhersagen zu können. Angewendet werden Menschenbilder auf einzelne Menschen, Menschengruppen (wenn gemeinsame Eigenschaften vermutet werden) oder im Extremfall auf die gesamte Menschheit, wenn Aussagen über die viel beschworene „Natur des Menschen" getroffen werden. Als Kritikpunkte einer derartigen Vereinfachung der menschlichen Eigenschaften werden häufig etwa die Immunisierung gegen Einzelfälle oder die Ausklammerung von wichtigen Teilproblemen angeführt (vgl. Chmielewicz, 1994, S. 120). Dabei ist jedes Menschenbild von der Person abhängig, die es annimmt, da es in gewisser Weise für sich genommen auch ein Vorurteil beinhaltet (vgl. Probst, 1987, S. 22). In diesem Zusammenhang postuliert Kuhn über die menschliche Sicht: „Was ein Mensch sieht, hängt sowohl davon ab, worauf er blickt, wie davon, worauf zu sehen ihn seine visuell-begriffliche Erfahrung gelehrt hat." (Kuhn, 1993, S. 125).

Der Ökonom untersucht und bewertet das menschliche Verhalten mit dem Messinstrument des Geldes, da der Homo Oeconomicus nicht einfach ein Mensch ist, der nach Nutzen strebt, sondern vielmehr als ein Mensch gilt, der an materiellem Wohlstand orientiert ist (vgl. Schanze, 1993, S. 16). Einige Anhänger der Neuen Institutionenökonomie, wie z. B. Wolff/Laezear, betonen, dass der Nutzen, nach dem der Mensch strebt, nicht auf die Erlangung monetärer Vorteile beschränkt ist (vgl.

Wolff/Lazear, 2001, S. 12). Der Nutzen kann demnach auch in familienfreundlichen Arbeitszeiten, Geborgenheit in der Gruppe (vgl. Wolff/Lazear, 2001, S. 13 ff.) oder in einem guten Gewissen bestehen (vgl. Kirchgässner, 1991, S. 59). Diese Ansichten gehen zwar nicht mit der ökonomisch geprägten Sichtweise der reinen Lehre der Neuen Institutionenökonomie konform, sind dennoch als auf das Menschenbild des Homo Oeconomicus basierende Weiterentwicklungen und Anpassungen an die Bedürfnisse der Menschen zu klassifizieren.

Da das Verhalten des Homo Oeconomicus als rationales Wahlverhalten bezeichnet werden kann (vgl. Aufderheide/Backhaus, 1995, S. 45) – er verhält sich also nutzenmaximierend zu seinen gegebenen Präferenzen und ändert bei Restriktionen sein Verhalten –, ist das Verhalten des ökonomischen Menschen beeinflussbar. Die rationalen Gründe der Handlungen dieses Menschentypus sind für den ebenfalls rational handelnden Außenstehenden nachvollziehbar. Somit kann ein anderer Akteur Einfluss auf die Verhaltensweisen des Homo Oeconomicus nehmen, indem er den Nutzen der erwünschten Handlungsweise steigert und gleichermaßen den Nutzen der unerwünschten Handlungsweise verringert (vgl. Wolff/Lazear, 2001, S. 11).

Von der Neuen Institutionenökonomie wird der Opportunismus als die bevorzugte Verhaltensweise eingestuft. Dementsprechend sind Verhaltensweisen zu erwarten, gegen die sich der Principal wehren muss. Unternehmen sind folglich zunächst als „Opportunismusschutzmaßnahmen" zu verstehen und auch in ihrer Struktur entsprechend zu gestalten (vgl. Ghoshal/Moran, 1996, S. 15 ff.). Diese Sichtweise der Neuen Institutionenökonomie wird selbst von eigenen Vertretern als extrem karikaturistisch gesehen (vgl. Milgrom/Roberts, 1992, S. 42). Da auch deren Vertreter erkennen, dass die Transaktionen in soziale Kontexte eingebettet sind (vgl. Granovetter, 1985, S. 490) und exzessive Kontrollen dem Mitarbeiter nicht die Möglichkeit zu vertrauenswürdigem Verhalten bietet, führt das negative Menschenbild der Neuen Institutionenökonomie zu sich selbst bestätigenden Prophezeiungen (vgl. Ghosal/Moran, 1996, S. 39). Der Informationsvorsprung, den der Agent zu Lasten des Principals hat, ist auf die hohe Komplexität der Aufgaben und die begrenzten Informationsmöglichkeiten des Auftraggebers zurückzuführen (vgl. Monsen/Downs, 1965, S. 225). Lösungsansätze, in denen die als bedrohlich gesehene Informationsasymmetrie zwischen Principal und Agent (vgl. Kap. 2.3.2) als positiver Wissensvorsprung des Mitarbeiters betrachtet wird, den es zu nutzen anstatt zu beseitigen gilt (vgl. Göbel, 2002, S. 350), liefert die Neue Institutionenökonomie nicht.

Charakteristisch für die Agency Problematik sind die vier nachfolgenden generellen Prämissen (s. Abb. 15) (vgl. Göbel, 2002, S. 100):

1. Die Handlungen des Agents haben spürbare positive oder negative Auswirkungen auf das Wohlergehen des Principals.

2. Entsprechend des Menschenbildes des Homo Oeconomicus verhalten sich Principal und Agent als Nutzenmaximierer.
3. Aufgrund ihrer unterschiedlichen Verfügungsrechtspositionen haben Principal und Agent unterschiedliche Nutzenvorstellungen.
4. Es herrscht eine Informationsasymmetrie zugunsten des Agents vor. Der Principal kann die Aktionen des Agents weder perfekt noch kostenlos überwachen (vgl. Göbel, 2002, S. 100).

Abbildung 15: Prämissen der Agency Problematik

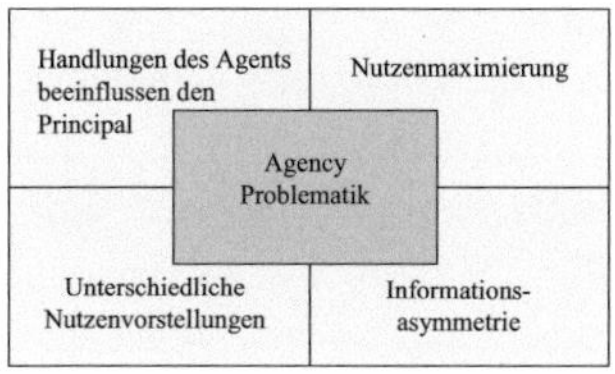

Quelle: Eigene Darstellung.

Durch Zugrundelegung der vorgenannten Prämissen (s. Abb. 15) treten vier Problemvarianten auf, die nachfolgend vorgestellt werden: Vor dem Vertragsabschluss besteht die Gefahr der Adversen Selektion (Hidden Characteristics). Bevor der Principal einen Vertrag mit einem Agent schließt, möchte er über dessen Eigenschaften aufgeklärt sein; diese bleiben allerdings mehr oder weniger verborgen und es besteht die Gefahr der Auswahl schlechter Vertragspartner (vgl. Picot, 1991, S. 152).

Nach Vertragsabschluss im Laufe der Beziehung zwischen Principal und Agent kann es zu Hidden Action Problemen kommen. Diese resultieren aus der Tatsache, dass der Principal die Aktivitäten des Agents nicht lückenlos überwachen kann und somit nicht auf das Anstrengungsniveau des Agents schließen kann. Das ist z. B. der Fall, wenn das Ergebnis schwer messbar ist oder die Leistung von exogenen Faktoren beeinflusst wird. Dann kann der Agent seine wahre Arbeitsleistung verschleiern. Dies wird in diesem Kontext als Shirking bezeichnet. Das Hidden Information Problem tritt ebenfalls nach Vertragsabschluss auf, wenn der Principal die Aktivitäten des Agents zwar beobachten, aber nicht beurteilen kann (vgl. Göbel, 2002, S. 100 ff.). Im Allgemeinen werden die Problemkomplexe aus der Hidden Action und der Hidden Information unter dem Begriff des Moral Hazard (moralisches Risiko) zusammengefasst (vgl. Arrow, 1985, S. 38). Als Ergänzung zu den drei genannten Phänomenen wird teilweise noch der Problemtyp der Hidden Intension (s. Abb. 13 und Abb. 16) genannt. Zum einen wird damit die Situation beschrieben, dass dem Principal vor Vertragsabschluss die wahren Absichten des Agents verborgen bleiben, zum anderen nutzt der Agent die u. U. bestehende Abhängigkeit des Principals von seinen Arbeitsleistungen nach dem Vertragsabschluss aus (vgl. Breid, 1995, S. 824 f.).

Abbildung 16: Risiken im Zeitablauf

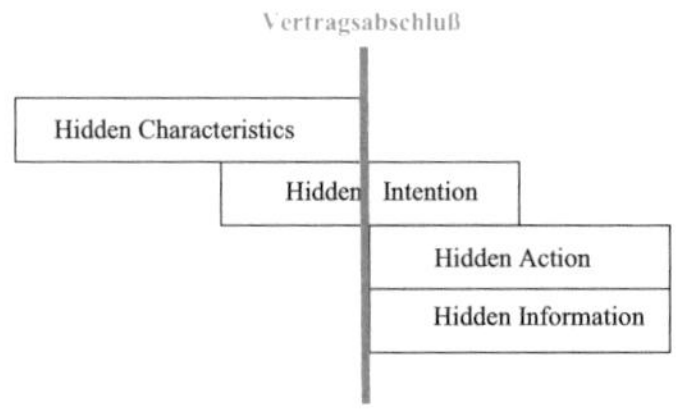

Quelle: Eigene Darstellung.

Zusätzlich können neben den geschilderten „einfachen" Agency Problemen auch komplexere Konstellationen entstehen (s. Abb. 17). Mehrstufige Beziehungen sind insbesondere in großen Unternehmen aufgrund mehrstufiger Hierarchien häufig anzutreffen. Demnach ist der mittlere Manager Agent gegenüber dem Topmanagement und gleichzeitig Principal gegenüber dem unteren Management. In dieser Konstellation gibt es zahlreiche Möglichkeiten, informelle Abkommen zu schließen und sich gegenseitig monetäre und nicht-monetäre Transfers zu verschaffen (vgl. Tirole, 1986, S. 186 ff.). Der Agent hat in dieser Konstellation darüber hinaus ebenfalls mehrere Principals, denen er dienen soll. So kann es für einen Mitarbeiter sinnvoll sein, den Chef des Vorgesetzten zufrieden zu stellen (vgl. Scott-Morgan, 1994, S. 249 ff.). Hieraus entstehen unmittelbar Probleme mit dem direkten Chef, denn dieser muss fürchten, dass seine Position geschwächt werden soll. Ein Multitask-Problem kann unabhängig von der Zahl der Principals auftreten, wenn der Agent seine Arbeitskraft für verschiedene Aufgaben aufteilen soll. Der Principal muss dann dafür Sorge tragen, dass der Agent seine Arbeitskraft dann auch richtig auf die verschiedenen Aufgaben verteilt (vgl. Holmstrom/Milgrom, 1991, S. 25 ff.).

Abbildung 17: Mehrstufige Principal-Agency Problematik

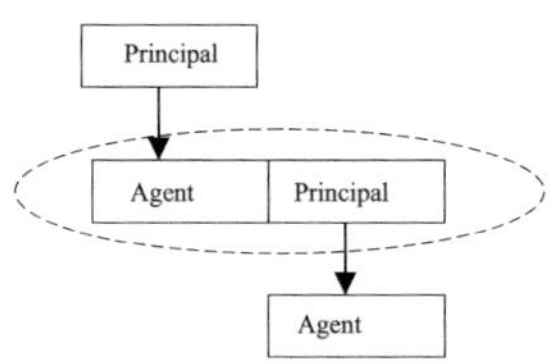

Quelle: Eigene Darstellung.

Darüber hinaus liegt ein Kernproblem der Agency Thematik in der Beschränkung der Rationalität der Vertragspartner. Denn selbst wenn die Vertragsparteien bestrebt sind, optimale Entscheidungen zu treffen, werden sie nur wenige der Informationen besitzen, die erforderlich wären, um einen optimalen Vertrag abzuschließen (vgl. Müller, 1995, S. 72).

Die beschriebenen Problemsituationen können in nahezu jeder Auftraggeber-Auftragnehmer-Beziehung auftreten, so dass deren Bewältigung als eine der zentralen Herausforderungen im modernen Wirtschaftsleben zu sehen ist. Die Agency Theory bietet insbesondere dem Principal bestimmte Handlungsmuster als Lösungsansätze an. In den folgenden Abschnitten sollen diese Handlungsempfehlungen herausgearbeitet werden und einer kritischen Beurteilung unterzogen werden. Aufgrund der sich ergebenden Agency Problematik ist es erforderlich, dass der Principal die Handlungen des Agents in geeigneter Weise überwacht, da der Beauftragte kein Eigeninteresse an der Ausübung der Tätigkeit hat. Durch seine opportunistische Einstellung ist die Motivation des Agents lediglich auf den Entlohnungsanspruch gerichtet. Der Agent hat zudem keinerlei Interesse an der Reduzierung der Ungleichverteilung der Information über die Durchführung der Tätigkeit, denn dies würde eine lückenlose Überprüfung seines Handelns möglich machen (vgl. Abrahamson/Park, 1994, S. 1325 ff.).

Die Informationsasymmetrien entstehen durch die Trennung von Eigentum und Management in modernen Unternehmen (vgl. Berle/Means, 1932, S. 112 ff.). Hieraus resultieren im konkreten wirtschaftlichen Kontext „Agency Costs“. Darunter werden Kosten verstanden, die sich dem Principal aus der Überwachung und Bestellung des Agents ergeben. Ist in diesem Zustand der Informationsasymmetrie ein angestellter Manager bestrebt, seine eigene Macht und sein Prestige auf Kosten der Organisation zu stärken, wird dieser im Wettbewerb zurückfallen und letztlich scheitern (vgl. Walsh/Seward, 1990, S. 444). Den genauen Umfang der Agency Costs definieren Jensen/Meckling (vgl. Jensen/Meckling, 1976, S. 308).

Zur Lösung der Agency Problematik sind drei grundlegende Methoden anzustreben:

- Reduktion der Informationsasymmetrie,
- Auflösung von Zielkonflikten und
- Milderung des eigennützigen Verhaltens des Agents.

Die konkreten Maßnahmen zur Reduktion der Informationsasymmetrie können analog zu den auftretenden Problemen in zeitliche Phasen eingeteilt werden. Die Informationsasymmetrie kann vor Vertragsabschluß durch ein umfassendes Screening des Agents durch den Principal (vgl. Stiglitz, 1975, S. 283 ff.) oder durch Signaling des Agents abgebaut werden. Das gebräuchlichste Mittel zur Reduktion von Informationsasymmetrien nach Vertragsabschluss ist das Monitoring. Hierunter fallen auch eigens eingerichtete Stellen, wie Revision und Aufsichtsrat (vgl. Picot et al., 1999, S. 93).

Zur Auflösung des Zielkonfliktes zwischen Principal und Agent eignet sich die Gestaltung von Anreizverträgen. Richter/Furobotn stellen mit der Anwendung des Share Croppings eine in den Südstaaten der USA weit verbreitete Entlohnungsform für Erntearbeiter vor, in der diese an den Ernteerträgen beteiligt werden (vgl. Richter/Furubotn, 1996, S. 164). Da den Agents häufig eine fixe Entlohnung lieber wäre, muss die leistungsabhängige Vergütung durch eine Risikoprämie erkauft werden (vgl. Erlei et al., 1999, S. 120). Dies resultiert ebenfalls in zusätzlichen Kosten. Der Agent kann hierbei auch ein Signal setzen, indem er sich an den Principal bindet und somit auf Ausweichmöglichkeiten verzichtet. Dies kann über Committments (vgl. Milgrom/Roberts, 1992, S. 133) oder über Bondings (vgl. Milgrom/Roberts, 1992, S. 189) erfolgen. Außerdem lassen sich vertrauensbildende Maßnahmen implementieren, die das eigennützige Verhalten des Agents mindern, womit die reine Principal-Agency Theory allerdings nicht konform geht.

Zusammenfassend können die Möglichkeiten zur Reduzierung von Agency Costs in der Praxis als CG bezeichnet werden, die Neubauer/Lank als ein „System von Strukturen und Prozessen zur Sicherung der wirtschaftlichen Lebensfähigkeit sowie der Rechtmäßigkeit der Unternehmung“ (Neubauer/Lank, 1998, S. 60 ff.) sehen. Die verschiedenen CG Systeme stellen im theoretischen Kontext somit unterschiedliche Formen der Verteilung von Eigentums-, Informations- und Kontrollrechten der Stakeholder dar. Die Ausgestaltung der Systeme hat implizite Auswirkungen auf die unternehmerischen Allokations- und Verteilungsentscheidungen, die wiederum zentral für die Kapitalkosten, die Managementkosten und die Arbeitskosten sowie die Qualität der Unternehmenspolitik sind (vgl. Witt, 2001, S. 85). Die ausgestalteten Systeme finden ihre Berechtigung im Menschenbild und den typischen Handlungsmustern der Individuen der Principal-Agency Theory.

Die gängigsten Ausgestaltungsmethoden der CG sind Überwachungsstrukturen und Anreizmechanismen (vgl. Jensen/Meckling, 1976, S. 308 ff.). Die Studie von Tosi hat in diesem Zusammenhang ergeben, dass sich die Führungskräfte sowohl dann, wenn sie unter starker Überwachung stehen, als auch, wenn sie durch entsprechende Anreizstrukturen motiviert sind, eher konform mit den Interessen der Anteilseigner verhalten als dann, wenn derartige Mechanismen fehlen. Somit stützt die Erhebung die These, dass die Maßnahmen entsprechend der Principal-Agency Theory den Profit der Anteilseigner im Vergleich zu der Vorgehensweise entsprechend anderer Führungstheorien maximieren (vgl. Tosi et al., 2003, S. 2065 ff.). Das Kapitel 2.3.2.1 behandelt deren Ausgestaltungsmethoden detailliert.

2.3.2.1 Corporate Governance i. S. der Agency Theory

Ausgehend von der Principal-Agency Problematik und der Erkenntnis, dass die Interessen der Principals (Eigentümer) und der Agents (Management) häufig divergieren, entsteht ein erhebliches Maß an Unsicherheit, inwieweit die Agents entsprechend den Vorgaben der Principals agieren (vgl. Jensen/Meckling, 1976, S. 305 ff.). Den Principals bieten sich zwei Möglichkeiten, mit der Unsicherheit umzugehen. Sie können den

Agents entweder Vertrauen entgegenbringen oder aber ihnen gegenüber misstrauisch eingestellt sein. Gemäß dem bereits beschriebenen Menschenbild des Homo Oeconomicus (s. Abb. 14) ist es wenig überraschend, dass die Principal-Agency Theory ein nicht vertrauenswürdiges Verhalten als realistisch erachtet.

Diese Annahme bedingt die Notwendigkeit zur Beeinflussung der Handlungsweisen des Agents und die Überwachung durch die Principals (vgl. Behrens, 1998, S. 491 ff.). Das Grundverständnis von CG basiert gemäß den Vorgaben der Agency Theory auf dem – infolge zu hoher Transaktionskosten bedingten – Mangel an vollständigen Verträgen. Diese Tatsache gibt der CG Diskussion erst ihre Berechtigung, da CG nur notwendig ist, wenn keine vollständigen Verträge vorliegen (vgl. Witt, 2003, S. 5) und somit ein Interessensausgleich zwischen den verschiedenen Akteuren mit jeweils unterschiedlichen Informationsständen und Interessen erforderlich wird (vgl. Witt, 2000, S. 159). Somit sind die CG Systeme in der ökonomischen Theorie als **Konstrukt unvollständiger Verträge** zu sehen (vgl. Gerum, 2007, S. 12). Die auf Grosman/Hart zurückgehende Theorie unvollständiger Verträge besagt im Kern, dass auf Interaktion zwischen Vertragsparteien ausgerichtete Vereinbarungen ex ante hinsichtlich der späteren Konsequenzen bewusst unvollständig belassen werden (vgl. Grosman/Hart, 1986, S. 691 ff.). Verstärkt wird dies durch die sog. „free rider" Problematik, die besagt, dass einige Principals die Investition in geeignete Überwachungssysteme meiden, um von den Überwachungsaktionen der anderen Principals zu profitieren (vgl. Teichmann, 2001, S. 645 ff.). Somit erscheint eine Absprache, wer und in welcher Form die residualen Kontrollrechte ausüben darf und sollte, notwendig (vgl. Hart, 1995, S. 679 f.). Dementsprechend bildet bis heute die Principal-Agency Theory das dominante theoretische Paradigma der CG Forschung. Dies ist u. a. begründet in der Einfachheit der Theorie, die Reduktion der Probleme der Unternehmenspraxis auf zwei Parteien (vgl. Daily et al., 2003, S. 372) und im sehr ausgeprägten Praxisbezug (vgl. Shleifer/Vishny, 1997, S. 737).

Übertragen auf die Situation in einem Unternehmen hat die alleinige Konzentration auf die Bedürfnisse der Anteilseigner (Principals) Implikationen auf die gesamte Struktur des Unternehmens. Der Ansatz, wonach sich ein Unternehmen allein auf die Interessen und Befriedigung seiner Anteilseigner konzentrieren muss, wird als Shareholder Value Ansatz bezeichnet (vgl. Rappaport, 1981, S. 139 ff.). Zentrale Aufgabe und Ziel eines Unternehmens ist demnach die Maximierung des Nutzens der Anteilseigner. Dieser Nutzen wird z. B. über Wertsteigerungen des Investments oder Ausschüttungen an die Eigner definiert. Somit richten sich alle Aktivitäten des Unternehmens an der Generierung von stabilen Erträgen sowie der Steigerung des Unternehmenswertes aus. Die Belange der anderen Interessensgruppen sind im Shareholder Value Ansatz nur von untergeordneter Bedeutung. Es ist demnach Aufgabe der CG i. S. des Ansatzes, die Interessen der Eigentümer zu wahren. Zur Wahrung der Interessen der Anteilseigner (Principals) i. S. der Theorie ist Kontrolle und somit CG unabdingbar, da die Interessen der Agents gegenläufig zu den Bestrebungen der Principals sind (s. Kap. 2.3.2). Die Agents haben demnach keine eigene Motivation, um gemäß den Interessen der Principals zu agieren. CG gemäß der Agency Theory ist als ein Konfliktmodell zu beschreiben, welches die gegenläufigen Interessen i. S. der Principals lenken soll (vgl. Albach, 1997, S. 1270).

Zur Erzeugung von Verhalten, das auf die Steigerung der Kapitalzuflüsse ausgerichtet ist, beschäftigen sich die zentralen Aktivitäten der CG mit den Maßnahmen der **Anreizsetzung** und der **Kontrolle (Überwachung)**.

Die Steuerung der Agents kann dabei über entsprechende Entlohnungssysteme als **Anreizmechanismen** erfolgen (vgl. Eisenhardt, 1989, S. 60 ff.). Da die Agents i. S. des Homo Oeconomicus ihren Nutzen steigern wollen und dies sich zumeist in dem Ziel der Steigerung der monetären Erträge äußert, ist dies der erste Ansatzpunkt zur Erzeugung des gewünschten Verhaltens. Als nahe liegende Methode ist die erfolgsabhängige Entlohnung anzuführen (s. Kap. 2.3.2). Eine leicht messbare Durchführung dieser Entlohnungsform kann über eine Beteiligung der Agents am Unternehmensergebnis erfolgen (vgl. Lazear, 2000, S. 410 ff.). Es wird jedoch allgemein als sinnvoll erachtet, die Entlohnung nicht nur am Unternehmensergebnis auszurichten, sondern auch an anderen Indikatoren, die das Verhalten der Agents i. S. der Eigentümer beurteilen (vgl. Blickle, 1987, S. 93 ff.). Die extremste Ausgestaltung eines erfolgsabhängigen Entlohnungssystems ist die Beteiligung des Managements (Agent) am Unternehmen. Das Ziel bei dieser Vorgehensweise ist die Herstellung einer Interessensharmonie und einer gleichgerichteten Denkweise von Managern (Agents) und Anteilseigner (Principal) (vgl. Minow/Bingham, 1995, S. 497). Der Besitz von Anteilen am Unternehmen durch das Management soll die divergierenden Interessen zwischen dem (ursprünglichen) Anteilseigner und dem Management eliminieren (vgl. Walsh/Seward, 1990, S. 434). Allerdings besteht die Gefahr bei der Implementierung herkömmlicher erfolgsabhängiger Entlohnungssysteme, dass die Agents ihr Handeln auf kurzfristige Ziele, z. B. auf den aktuellen Gewinn konzentrieren und die langfristige Ausrichtung des Unternehmens vernachlässigen. Aufgrund dieses Risikos erscheint es sinnvoll, die Entlohnung der Agents nicht nur abhängig vom aktuellen Unternehmensertrag zu gestalten.

Ein anderer Grund, der gegen die alleinige Ausrichtung der Vergütung am Unternehmensergebnis spricht, ist das sonst mögliche Eingehen von hohen Risiken durch die Agents auf Kosten des Unternehmens. Baker hat in diesem Zusammenhang festgestellt, dass die effiziente Bemessungsgrundlage der ergebnisabhängigen Vergütung maßgeblich von den relativen Kosten des Risikos abhängt (vgl. Baker, 2000, S. 417).

Ein weiterer Gefahrenpunkt besteht im sog. „motivation crowding out“, der die Verdrängung der intrinsischen Motivation durch die extrinsische Motivation der variablen

Vergütungskomponenten bezeichnet (vgl. Frey/Oberholz-Gee, 1997, S. 746 ff.). Mitarbeiter, die ihr Handeln vor Einführung der erfolgsabhängigen Vergütung am Wohl des Unternehmens ausgerichtet haben, könnten infolge der flexiblen Entlohnungsform ihr Verhalten jedoch nun ausschließlich an der Vergütung orientieren (vgl. Wolf, 2003, S. 70 f.). D. h. in ihrem individuellen Anreizsystem steht nun nicht mehr das Wohl des Unternehmens im Fokus, sondern die Maximierung der eigenen, monetären Ziele; dies im Zweifel auch gegen den Nutzen des Unternehmens.

Koschube/von Rosenstiel widersprechen dieser Annahme deutlich und negieren die Korrumpierung der intrinsischen Motivation durch die Ausgestaltung extrinsischer Motivationselemente. Vielmehr kann von einer additive Wirkung extrinsischer und intrinsischer Motivationselemente ausgegangen werden (vgl. Koschube/von Rosenstiel, 2000, S. 75 f.).

Es erscheint trotz der möglichen Kombination von intrinsischer und extrinsischer Motivation sehr unwahrscheinlich, dass sich die prognostizierten Konflikte zwischen Principals und Agents lediglich mit der Verwendung von Anreizsystemen lösen lassen. Somit sind weitere CG Maßnahmen erforderlich, die dem Bereich der **Kontrolle** zuzurechnen sind. Die klassische Kontrollform ist die **direkte Kontrolle** der Agents durch die Principals. Hierzu wird, sofern die Eigentümer nicht im Tagesgeschäft des Unternehmens involviert sind, zumeist einmal jährlich eine Versammlung einberufen, in der das Management des Unternehmens Rechenschaft ablegen muss, Vorgaben erhält und im Extremfall abberufen wird. Hierbei findet eine direkte Interaktion zwischen Eigentümern (Principals) und Management (Agents) statt. Die Regularien der Ausübung der Stimmrechte der Eigner differieren zwischen den Rechtskreisen und den einzelnen Rechtsformen der jeweiligen Gesellschaft z. T. beträchtlich. Ergänzend dazu ist es möglich, dass die Gesellschafter (Principals) in regelmäßigen Perioden schriftliche Berichte der Geschäftsleitung über die Situation im Unternehmen erhalten.

In den Fällen, in denen von einer direkten Kontrolle abgewichen werden muss, sind **indirekte Kontrollmechanismen** erforderlich. Eine indirekte Kontrollform stellt etwa der Markt für Unternehmensbeteiligungen dar. Hierüber wird den Principals die Möglichkeit gegeben, sich von ihren Anteilen an Unternehmen zu trennen. Diese Tatsache erzeugt für die Agents die Gefahr, dass ein neuer Principal sie durch andere Agents ersetzt. Empirische Untersuchungen haben gezeigt, dass die Möglichkeit des Principal-Wechsels ein effektives Mittel zur Kontrolle der Agents ist (vgl. Black, 1997, S. 166 f.). Allerdings ist bei dieser Kontrollform einschränkend hinzuzufügen, dass im Rahmen der Übertragung der Unternehmensanteile Transaktionskosten anfallen, die häufig nicht unerheblich sind (vgl. Hommel/Riemer-Hommel, 1998, S. 3 ff.).

Eine Möglichkeit, die Kontrolle in fremde Hände zu geben, erfolgt durch die Finanzierung mit Fremdkapital. Einen signifikanten Verschuldungsgrad vorausgesetzt, erfolgt eine umfassende Kontrolle der Aktivitäten des Managements (Agents) durch die kreditgebenden Banken. Black führt in diesem Kontext allerdings an, dass eine höhere Verschuldung zu einer erhöhten Konkursgefahr und zu einer sinkenden Flexibilität des Unternehmens führt (vgl. Black, 1997, S. 169). Außerdem neigt das Management von Unternehmen mit einer hohen Verschuldung tendenziell eher zu riskanten Verhaltensweisen (vgl. Jensen/Meckling, 1976, S. 334).

Eine andere Form der Übernahme der (indirekten) Kontrollfunktion ist durch die Teilnahme am freien Wettbewerb gegeben. Wird ein vollkommener Wettbewerb unterstellt, so sollten hierüber die Agents diszipliniert werden und von eigennützigem Verhalten abgebracht werden (vgl. Kaplan, 1996, S. 311 f.). Hierzu muss allerdings eingeschränkt werden, dass es einen vollkommen freien Wettbewerb nicht gibt und jeder freie Wettbewerb in irgendeiner Form (Subventionen, Preisabsprachen) beschränkt ist. Die Konkurrenz zwischen den einzelnen Agents, also der Markt für alle tätigen Agents führt ebenfalls zu Kontrolleffekten. Jeder einzelne Agent muss ständig damit rechnen, entlassen zu werden, wenn seine Leistungen den Principal nicht mehr zufrieden stellen. Insbesondere Agents der höchsten Ebene sind diesem abrupten Ende häufig ausgesetzt (vgl. Charkham, 1994, S. 176). Auch diese Kontrollmöglichkeit kann keine absolute Sicherheit bieten, da ein Principal nicht automatisch erkennen kann, welchen Agent er besser austauschen sollte. Auf die Kontrollautomatismen, die sich aufgrund von Publizitätspflichten und Haftungsbedingungen ergeben, soll an dieser Stelle nicht weiter eingegangen werden, da in diesen Fällen erhebliche Varianzen aufgrund von Rechtssystemen und -formen bestehen.

Da die beschriebenen Kontrollformen zweifelsohne zweckmäßig sind, jedoch keine der aufgezeigten Ansätze eine sichere Lösung der Problematik bietet und direkte Kontrolle nicht immer möglich ist, ist ein eigens zu diesem Zweck **eingerichtetes Kontrollorgan** sinnvoll. Die Implementierung eines Aufsichtsorgans als Überwachungsinstrument ist mittlerweile gängig (vgl. Fama/Jensen, 1983, S. 311). Konkret bedeutet dies, dass Anteilseigner (Principals), die sich nicht im Management engagieren, die Verantwortung an Fremdmanager übertragen, auch wenn hiermit wiederum negative Effekte auf die Performance des Unternehmens verbunden sein könnten (vgl. Muth/Donaldson, 1998, S. 5). Im Folgenden wird dieses Kontrollgremium im Agency Kontext behandelt. Da zu Beginn der Forschungsarbeit die Einschränkung auf deutsche Familienunternehmen erfolgt ist, ist es evident, dass in diesem Zusammenhang das Organ als „Beirat“ qualifiziert wird, wenngleich dieses Organ u. U. in manchen Unternehmen anders bezeichnet wird.

2.3.2.2 Der Beirat im Agency Umfeld

Die Aufgabe des Beirats umfasst i. S. der Agency Theory die Überwachung des Agents und nimmt damit eine zentrale Position innerhalb der CG wahr (vgl. Hopt, 2003,

S. 34). Die Notwendigkeit der Überwachung des Agents ist gegeben, da dieser sich ansonsten u. U. eigennutzenmaximierend auf Kosten des Unternehmens persönliche Annehmlichkeiten sichert (vgl. Varga von Kibed, 2001, S. 61 f.). Die Gründe, die einen Principal veranlassen, seine Überwachungsrechte an Dritte zu übertragen, können dabei vielfältig sein. Anzuführen sind hierbei u. a. zeitliche Restriktionen oder mangelndes Fachwissen. Bei einer strukturierten Vertretung der Eigentümerinteressen ist es wichtig, dass diese Interessen durch ein u. a. hierfür geschaffenes Organ gewahrt werden. Aus diesem Grund wird ein entsprechendes **Aufsichtsgremium** bestellt.

Da es weltweit keine einheitliche Struktur der Aufsichtsgremien gibt (vgl. Schneider/Strenger, 2000, S. 107), beschränkt sich die Betrachtung dieser Forschungsarbeit auf die typischerweise in deutschen Familienunternehmen anzutreffenden Aufsichtsstrukturen. Diese sind zumeist in dem Organ des Beirats strukturiert.

Die zentralste Aufgabe des **Beirats** liegt in der Steuerung des Managements (Agents) i. S. der Anteilseigner (Principals). Hierzu genehmigt das Organ die Geschäftspolitik, überwacht deren Umsetzung und zeichnet für die Bestellung und Entlohnung des angestellten Managements verantwortlich. Hung spricht im Zusammenhang mit den angloamerikanischen Aufsichtsorganen von der „control role“ (Hung, 1998, S. 106). Dieser Begriff lässt sich auf die Aufgaben des deutschen Beirats übertragen. Der Beirat und die Geschäftsführung sind im deutschen Rechtssystem im Gegensatz zum angloamerikanischen Board zwei vollkommen voneinander getrennte Gesellschaftsorgane. Im US-amerikanischen one-tier-System werden die Unternehmen geführt und kontrolliert durch ein einziges Organ, dem Board of Directors (vgl. Hopt, 1998, S. 228 ff.). Im Board sind sog. Inside Directors und Outside Directors vertreten. Letztere arbeiten nicht für das Unternehmen und können ihre Kontrollfunktion somit effizient ausüben. Die Inside Directors sind Angestellte des Unternehmens und haben die Aufgabe, ihre eigenen Handlungen zu kontrollieren (vgl. Schneider-Lenné, 1995, S. 30). Alle Mitglieder des Organs werden direkt von den Gesellschaftern gewählt. Das wichtigste Mitglied im Board ist der CEO, der als Vorgesetzter allen operativ tätigen Managern und zugleich dem Board vorsteht. Der CEO hat eine große Autorität innerhalb des Unternehmens: Er steht in großen Unternehmen im Blickpunkt des öffentlichen Interesse und sein Gehalt überschreitet die Bezüge der anderen Boardmitglieder bei weitem (vgl. Witt, 2003, S. 64).

Im Zuge der eindeutigen Aufteilung in Kontroll- und Führungsorgan in der deutschen Rechtssphäre ist eine klare Abgrenzung zwischen Principals und Agents möglich, was die Anwendung der Agency Theory erleichtert. Die Kontrollfunktion des Aufsichtsgremiums wird in der Praxis sogar maximiert, wenn die Mehrheit der Mitglieder dieses Organs nicht mit dem Unternehmen verbunden ist und somit keine eigenen Interessen bezüglich des Unternehmens verfolgt. Idealerweise sollte zudem ein enger Kontakt der Mitglieder des Aufsichtsgremiums zu den Anteilseignern bestehen, um deren Interessen bestmöglich wahrzunehmen (vgl. Minow/Bingham, 1995, S. 498 ff.). Es ist bei diesen Ausführungen anzumerken, dass die zugrunde gelegte Literatur teilweise aus dem angelsächsischen Raum stammt. Im Gegensatz zum Aufsichtsrat verfügt allerdings der Beirat nicht qua legis über Kontrollrechte gegenüber der Geschäftsleitung. Dem Beirat müssen die entsprechenden Vollmachten erst durch die Eigentümer eingeräumt werden (vgl. Wiedemann/Kögel, 2008, S. 23).

Der Beirat ist in diesem Zusammenhang somit eher als ein Kontrollgremium als eine beratende Instanz zu verstehen. Eine Beratung im wörtlichen Sinne sieht die Theorie nicht vor, denn dies würde die klare Abgrenzung zwischen Principals und Agents verwässern. Der Beirat würde u. U. Vorgänge, die er empfohlen hat, nicht mit derselben Härte kontrollieren wie Handlungen, denen er im Vorfeld schon skeptisch gegenüberstand. Zentrale Aufgabe des Gremiums ist eine strukturierte und möglichst lückenlose Überwachung der Aktionen der Geschäftsleitung (vgl. Ruter/Thümmel, 2009, S. 29 ff.). Andererseits lässt sich auch eine Doppelfunktion des Beirats beobachten. Den Anteilseigner sind die Mitglieder des Beirats Agents, während sie gegenüber der Geschäftsführung als Principals fungieren. Böckking et al. haben diese Doppelfunktion im Rahmen des Aufsichtsrats, der Aktionäre und des Vorstandes eines Unternehmens thematisiert (vgl. Böcking et al., 2004, S. 425). Diese Konstellation kann als **mehrstufige Principal-Agent Beziehung** (s. Abb. 17) bezeichnet werden und geht mit den bereits skizzierten Problemen, die die Agency Theory prognostiziert, einher. Sofern Arbeitnehmervertreter in den Beirat entsandt sind – was in Beiräten im Gegensatz zu Aufsichtsräten sehr selten der Fall ist – ist der Beirat gleichermaßen als Agent der Arbeitnehmer zu sehen (vgl. Lenz, 2004, S. 41 f.). Für den typischen Beirat lässt sich jedoch feststellen, dass er sich in seinen Handlungen alleine an den Interessen der Anteilseigner orientiert.

Die **konkreten Überwachungsmöglichkeiten**, die der Beirat innehat, sind durch die Informationen, die ihm zur Verfügung gestellt werden, determiniert. Entscheidend sind in diesem Zusammenhang aber nicht nur die Erlangung von kontrollrelevanten Informationen, sondern vielmehr deren Nutzung durch das Aufsichtsorgan (vgl. Chwolka, 1999, S. 630). Da der Beirat nicht in die aktive Leitung des Unternehmens eingebunden ist, ist es umso mehr erforderlich, dass der Beirat analog zum Aufsichtsrat einer AG mittels Berichten der Geschäftsleitung über die Abläufe informiert ist (vgl. Lutter/Krieger, 2002, S. 77). Dies kann zum einen über formalisierte Berichtsstrukturen erfolgen, zum anderen aber auch durch aktives Nachfragen der Beiratsmitglieder bei der Geschäftsleitung. Neben der genannten Kontrollfunktion ist es i. S. der Agency Theory sogar sinnvoll, weitergehende Gestaltungsinstanzen, wie Zustimmungserfordernisse des Beirats zu bestimmten Geschäftsvorgängen, vertraglich zu etablieren. Durch diese Festlegung erhält der Beirat neben der rückwärts gerichteten Kontrolle auch die Möglichkeit der proaktiven Einflussnahme auf zukünftige Prozesse. Zur Implementierung dieser aktiven Gestaltungskomponente ist das Verständnis der Aufgaben im Unternehmen notwendig. Hierzu ist neben dem grundsätzlichen betriebswirtschaftlichem Verständnis umfassendes Branchenwissen unabdingbar. Dieses Erfordernis besteht umso mehr, da es zur Steuerung eines Unternehmens unbedingt notwendig ist, dass die Entscheidungsträger mit dem Unternehmen, seinen Produkten und dem Wettbewerbsumfeld uneingeschränkt vertraut sind. Ein Beispiel hierfür ist gegeben, wenn der Beirat sich durch die Entwicklungsabteilung über eine Neuentwicklung informieren lässt.

Negativ auf die erfolgreiche Erfüllung der beschriebenen Aufgaben durch den Beirat, insbesondere auf die Durchsetzung der Anteilseignerinteressen gegenüber dem Management, wirken sich u. U. die häufig anzutreffenden geringen materiellen Anreize für das Aufsichtsgremium aus (vgl. Jensen, 1997, S. 33). Darüber hinaus wird die mangelnde Durchsetzung der Eignerinteressen gegenüber dem Management durch den Beirat durch eine häufig anzutreffende persönliche Verflechtung der Beiräte mit den Mitgliedern der Geschäftsleitung zusätzlich begünstigt (vgl. Holzer/Makowski, 1997, S. 689).

Zur Vermeidung derartiger Bündnisse zwischen Beirat und Management und um die Mitglieder des Aufsichtsgremiums im Interesse der Anteilseigner agieren zu lassen, erscheint es i. S. der Theorie angebracht, die Vergütung der Beiratsmitglieder an die Unternehmensentwicklung zu koppeln und bereits bei der Bestellung von Beirat und Geschäftsführung darauf zu achten, dass zumindest zu diesem Zeitpunkt keinerlei persönliche Verflechtungen zwischen den Mitgliedern des Kontrollorgans und dem Management bestehen und bestanden. Als Sonderfall lässt sich die Situation kennzeichnen, wenn Geschäftsführung und Eigentümer identisch sind, und der Beirat mit unternehmensfremden Personen besetzt ist. In diesem Fall ist der Beirat in einer „Sandwichposition“, wodurch eine effektive Kontrolle der Geschäftsführung abhängig von dem oder den Geschäftsführenden Gesellschaftern ist (vgl. Klein, 2010, S. 141 f.). Eine Geschäftsführung, die keine gegenteilige Meinung wünscht, wird sachlogisch dazu neigen, einen Beirat zu installieren, der seine Kontrolle gegenüber der Geschäftsführung eher zurückhaltend und überaus maßvoll durchführt.

Im Rahmen der weiteren Untersuchung werden im Rahmen der empirischen Case Studies acht zentrale Merkmale, die aus den Fragenkomplexen abgeleitet werden, abgefragt, um Rückschlüsse auf die beiden Theorien Principal-Agency Theory und Stewardship Theory als Erklärungsansatz leisten zu können. Diese Parameter werden in den einzelnen Fallstudien der empirischen Untersuchung im Rahmen eines Vorher-Nachher Vergleiches Anwendung finden und stellen die wesentlichen Veränderungen in der CG der zu untersuchenden Fallunternehmen abstrakt dar. Merkmale, die hierbei besondere Beachtung finden werden, sind die Internationalität des Beirats, das Vorherrschen von Konflikten innerhalb des Aufsichtsgremiums wie auch mit anderen

Gruppen des Unternehmens, die Behandlung von Informationen der Geschäftsleitung, die Dauer der Zugehörigkeit der Beiräte zu dem Gremium, die Grenze zwischen Leitung und Kontrolle, die Häufigkeit und Dauer der Sitzungen sowie die geforderten fachlichen Anforderungen an die Mandatsträger. Die beobachtbaren Ausprägungen in Form der Maßzahlen werden dann mit den Ausprägungen der jeweiligen theoretischen Reinform verglichen, um Unterschiede und Gemeinsamkeiten feststellen zu können. Als Skalierung dient eine fünfteilige Likert-Skala, in der „1" (erste Markierung nach dem Mittelpunkt des Kreises) die niedrigste Ausprägung darstellt, während „5" (Markierung auf dem äußeren Kreis) die höchste Ausprägung symbolisiert. Die genannten deskriptiven Maßzahlen sollten gemäß der Reinform der Principal-Agency Theory jeweils den maximal erreichbaren Absolutwert annehmen, um konform mit den Prinzipien der Theorie zu sein. Je höher also der absolute Wert einer Merkmalsausprägung demnach ist, desto eher kann das Merkmal als konform mit der Principal-Agency Theory gesehen werden (s. Abb. 18).

Abbildung 18: Spinnennetzdiagramm Principal-Agency Theory

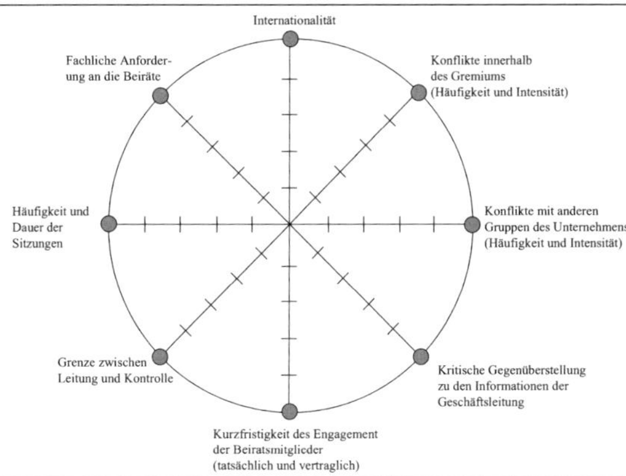

Quelle: Eigene Darstellung.

Zusammenfassend kann vor dem Hintergrund der Agency Theory und ihrem zugrunde liegenden Menschenbild des Homo Oeconomicus der Beirat als probates Kontrollgremium zur Reduktion der Agency Kosten und Führung gemäß der CG beurteilt werden. Somit steht für den Beirat nach der Agency Theory die Kontrollfunktion klar im Fokus seiner Handlungen. Darüber hinaus ist er in diesem Kontext als geeignetes Mittel zu qualifizieren, um diese Kontrollfunktion effektiv auszuüben.

Auch in der Praxis wird zwar häufig von Beratung durch den Beirat als Aufsichtsgremium gesprochen; aber die Realität i. S. der Agency Theory bezeichnet hierunter wohl eher Handlungsanweisungen und Kontrollaufgaben in den Auftraggeber-Auftragnehmer-Beziehungen.

2.3.2.3 Konkretisierung der Agency Theory auf eine Unternehmensbeteiligung

Diese aus der Theorie abgeleiteten Ergebnisse können auf das Szenario einer geplanten Beteiligung eines Dritten an einem Unternehmen übertragen werden. Bei einem Eigentümerwechsel ist anzunehmen, dass das Fremdmanagement eigene Ziele verfolgt, die nicht notwendigerweise mit den Interessen der zukünftigen Anteilseigner übereinstimmen (vgl. Jarrell et al., 1988, S. 58 ff.). Investiert z. B. eine Beteiligungsgesellschaft in ein Familienunternehmen und haben im Zuge der Transaktion der Unternehmer und/oder das Management nicht mehr 100 % der Anteile der Gesellschaft, dann partizipieren sie nicht mehr vollständig am Erfolg des Unternehmens. Mit abnehmenden Partizipationsgrad der verantwortlichen Akteure am Unternehmenserfolg steigt deren Neigung, auf Kosten des Unternehmens die eigenen Interessen zu maximieren (vgl. Elitzur et al., 1998, S. 356). Daraus erwachsen diverse Problemfelder. So hat i. S. der Theorie der Unternehmer oder dessen Management (Agent) die Möglichkeit, in bestimmten Situationen Aktionen auszuführen, die sich zwar mit den eigenen Interessen decken, aber von den Interessen der Private-Equity-Gesellschaft (Principal) abweichen (vgl. Amit et al., 1990, S. 105; vgl. Hartmann-Wendels, 2001, S. 119 ff. und vgl. Kap. 2.3.2). Folglich ist in diesem Fall der Unternehmensübernahme der Unternehmer oder dessen Management als Agent zu qualifizieren, während die Beteiligungsgesellschaft die Rolle der Principals einnimmt. Gemäß der Principal-Agency Theory verhalten sich beide Parteien analog zu den Prämissen der Theorie opportunistisch und handeln begrenzt rational. Hieraus erwachsen ebenfalls Informationsasymmetrien zwischen dem Unternehmer und dem Management (Agent) auf der einen Seite und dem Kapitalgeber (Beteiligungsgesellschaft) andererseits (vgl. Amit et al., 1990b, S. 1233 ff.). Diese Ungleichverteilung der Informationen macht die Agency Theory für das Auftreten von Agency Costs verantwortlich.

Konkret auf die vier bereits vorgestellten Problemvarianten (s. Abb. 13) übertragen, bedeutet dies: Insbesondere **vor dem Investment** bestehen Informationsasymmetrien (Hidden Characteristics) zu Lasten der Beteiligungsgesellschaft. Diese Informationsasymmetrie ist intuitiv nachzuvollziehbar, da der verkaufende Unternehmer bzw. sein Management per se wesentlich detailliertere Informationen über das Unternehmen hat als dies etwaigen anderen Erwerbern möglich ist. Die Interessenten haben, bevor sie ein erstes unverbindliches Angebot abgegeben haben, i. d. R. ein von der Verkäuferseite angefertigtes Informationsmemorandum als ausschließliche Informationsgrundlage zur Verfügung. Erst wenn der Verkäufer auf der Grundlage des ersten Gebotes mit dem potentiellen Käufer in eine weitergehende Verhandlung eintreten möchte, erhält der potenzielle Erwerber detailliertere Informationen. Zur Reduktion dieser ex ante ungleichen Informationsstände wird in der Praxis üblicherweise ein Due Diligence Prozess durchgeführt, mit dessen Hilfe der mögliche Käufer ein unrentables Investment vermeiden will und somit die Agency Costs i. S. der Theorie reduzieren möchte (vgl. Koblenzer, 2002, S. 352). Unter dem genannten Prozess versteht man eine umfassende Prüfung der rechtlichen und wirtschaftlichen Verhältnisse eines Unternehmens. Die Due Diligence, die typischerweise von den Beteiligungsgesellschaften in der Praxis durchgeführt werden, wurde bereits in Kap. 2.2.3 vorgestellt. Im theoretischen Kontext wird dieses Instrument als Screening bezeichnet und als probates Mittel zum Abbau der ex ante vorherrschenden Informationsasymmetrie angesehen. Übersetzt ins deutsche bedeutet der Begriff Due Diligence in etwa „sorgfältige Prüfung". Der Prozess wird meist von einer Expertengruppe, bestehend aus Mitarbeitern des Erwerbers und externen Beratern, durchgeführt (vgl. Rockholtz, 1998, S. 78 f.). Die verschiedenen Aufgaben und Teilbereiche, die in der Due Diligence durchgeführt werden, lassen sich einteilen in die Analyse der (s. Abb. 19):

1. rechtlichen Situation (Legal Due Diligence),
2. steuerlichen Situation (Tax Due Diligence),
3. finanzwirtschaftlichen Situation (Financial Due Diligence),
4. Branchen und Strategie (Commercial Due Diligence),
5. Umweltverträglichkeit (Environmental Due Diligence),
6. Integrationsrisiken (Integration Risk Assessment),
7. Technik (Technical Due Diligence) sowie
8. Mitarbeiter (Human Resources Due Diligence). (Vgl. Kranebitter, 2002, S. 49 ff.)

Abbildung 19: Die Teilbereiche der Due Diligence

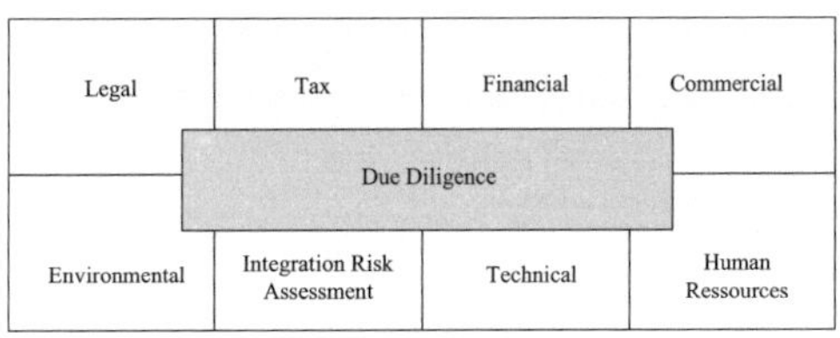

Quelle: Eigene Darstellung.

Die Mehrzahl der potentiellen Gefahren einer Adversen Selektion im Anwendungsfall lassen sich durch einen derartigen Due Diligence Prozess somit bereits vor dem Investment und vor Vertragsabschluss minimieren (vgl. Arthurs/Busenitz, 2003, S. 150). Die Due Diligence wird allerdings insbesondere von mittelständischen Unternehmen sehr negativ gesehen, da diese hierbei ihre kompletten Betriebsgeheimnisse offen legen müssen. Folglich kann ein Due Diligence Prozess für das Familienunternehmen nicht unmittelbar als Signaling interpretiert werden, da das Unternehmen aufgrund des Schutzes der Wettbewerbsvorteile berechtigte Vorbehalte gegen den Abbau der Informationsasymmetrie vor Vertragsabschluss hat. Denn sofern es nicht zum erfolgreichen Abschluss der Transaktion kommt, verfügt aufgrund der umfassenden Offenlegung firmeneigener Informationen im Rahmen der Due Diligence u. U. ein anderer Marktteilnehmer über dieses sensible Detailwissen (vgl. Jungblut, 2003, S. 7). Im Extremfall ist eine Situation denkbar, in der sich eine Beteiligungsgesellschaft einige Unternehmen einer bestimmten Branche anschaut, sich in den jeweiligen Unternehmen firmenspezifisches Detailwissen aneignet und dieses Wissen in dem Unternehmen, für dessen Übernahme sich der Finanzinvestor entschieden hat, letztendlich nutzt.

Das Phänomen der Hidden Intension, wonach die wahren Absichten der Agents den Principals verborgen bleiben, ist allerdings auch mit Hilfe der gebräuchlichen Methoden der Due Diligence nur schwer zu verhindern. Um nicht den falschen Absichten des ausscheidenden Unternehmers ausgeliefert zu sein, empfiehlt sich für den Erwerber die Vereinbarung eines Earn-outs. Demnach richtet sich ein u. U. erheblicher Teil des Kaufpreises nach den zukünftigen Erträgen des Unternehmens (vgl. Baums, 1993, S. 1 ff.). Durch diese vertragliche Regelung ist der Verkäufer – zumindest während der Earn-out Phase – auch zukünftig an hohen Erträgen des Unternehmens interessiert. Allerdings wird zumeist ein Earn-out nur über einen Teil der Kaufsumme vereinbart, so dass der Verkäufer schon einen Teil des Kaufpreises mit dem Eigentumsübertrag erhält (vgl. Meuli, 1996, S. 33 ff.). Somit wird er zwar bestrebt sein, den fixen Teil des Kaufpreises sehr hoch anzusetzen, aber den Käufer nicht grob zu täuschen, da er sonst auf den Earn-out Teil verzichtet muss. Der Käufer strebt eine Maximierung des Anteils des Earn-outs am Gesamtkaufpreis an. Denn neben Finanzierungsvorteilen durch den zunächst geringeren Kapitalbedarf, die sich ihm bei späterer Kaufpreiszahlung bieten, verringert er damit sein Risiko, ein Unternehmen überteuert zu erwerben (vgl. Lechner, 2007, S. 94 f.).

Das Management des erworbenen Unternehmens wird analog dazu durch entsprechende Anreize für Verhaltensweisen motiviert, i. S. der Weiterentwicklung und Steigerung der Kapitalzuflüsse des Unternehmens zu agieren. So werden Managementanreizsysteme implementiert, die sich, verbunden mit Prämienzahlungen, an der weiteren Entwicklung des Unternehmens und dem späteren Verkaufserlös orientieren (vgl. Demougin/Fluet, 2001, S. 1742 f.). Insbesondere bei Unternehmenskäufen durch Private-Equity-Gesellschaften werden entsprechende Anreizsysteme eingeführt, die z. T. mit einer Beteiligung des alten Managements bzw. neuer Führungspersonen einhergehen (vgl. Pinfold, 2003, S. 15 f.). Dies ist vor dem Hintergrund zu sehen, dass Finanzinvestoren, im Gegensatz zu industriellen Erwerbern, kein eigenes Managementteam mit entsprechender Branchenexpertise in das Zielunternehmen einsetzen können und somit auf das Branchenwissen der Geschäftsleitung angewiesen sind. Von einem MBI (Mangement-Buy-In) oder MBO (Management-Buy-Out), d. h. wenn sich das bereits vorher im Unternehmen befundene Management an der von der Private-Equity-Gesellschaft übernommenen Gesellschaft beteiligt, kann erst gesprochen werden, wenn das Management mindestens 5 % der Anteile hält (vgl. Jakoby, 2000, S. 19). In beiden Fällen ist die Gefahr der Hidden Intension aus den oben ausgeführten Gründen zumindest z. T. gebannt.

In den beschriebenen Fällen einer Managementbeteiligung ist eine klare Abgrenzung von Principal (Beteiligungsgesellschaft) und Agent (Management) nicht möglich, da sowohl die Private-Equity-Gesellschaft als auch das Management die Rolle des Principals begleiten (s. Abb. 20). Somit lässt sich das beteiligte Management nicht eindeutig als Agent bezeichnen. Als Agents sind in dieser Konstellation nur die Teile des Managements zu bezeichnen, die nicht am Unternehmen beteiligt sind. Private-Equity-Gesellschaften sind jedoch bestrebt, die für die Entwicklung des Unternehmens wichtigsten Personen über eine Beteiligung an das Unternehmen zu binden. Deshalb sind Beteiligungen des Managements am Unternehmen überdurchschnittlich häufig in den Unternehmen, die Eigenkapital von Finanzinvestoren erhalten haben, anzutreffen (vgl. Sahlman, 1988, S. 31 ff.).

Abbildung 20: Manager als Anteilseigner

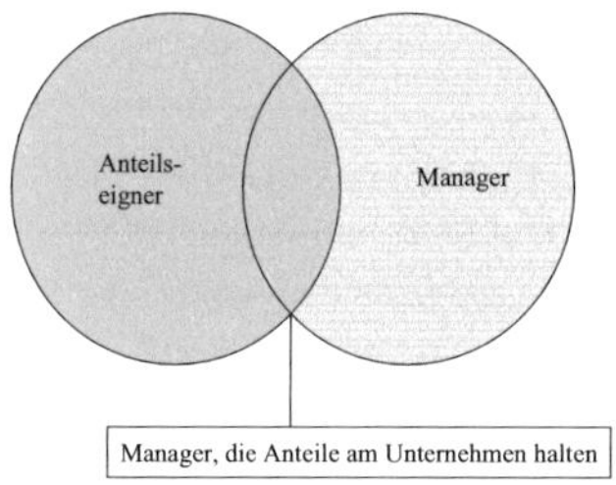

Quelle: Eigene Darstellung.

Nachfolgend werden die aus der Agency Theory bekannten Problemfelder, die **nach Vertragsabschluss** entstehen, auf die Situation der Unternehmensübernahme angewendet. Dabei werden aufgrund der schwierigen Abgrenzbarkeit zwischen Principal und Agent Konstellationen wie MBO und MBI ausgeklammert.

Nach einer erfolgten Beteiligung treten Problemfelder zwischen den involvierten Akteuren auf, die aus dem Mangel an einer vollkommenen Überwachung der Handlungen des Agents (Hidden Action) sowie aus der fehlenden Expertise, die eine Beurteilung der Handlungen des Agents möglich machen (Hidden Information), resultieren. Hieraus erwächst weiterer Handlungsbedarf seitens der Principals. Aufgrund dessen sind gerade nach der Unternehmensbeteiligung Mechanismen analog zu den im Kontext der Theorie angeführten Anreiz- und Überwachungsstrukturen zur Reduktion der Agency Costs notwendig. Anreizstrukturen zugunsten des Managements, die an die weitere Unternehmensentwicklung gekoppelt sind, reduzieren die Wahrscheinlichkeit des

Scheiterns des Unternehmens genauso wie die Überwachung durch die Beteiligungsgesellschaft (vgl. Arthurs/Busenitz, 2003, S. 150).

Als mögliche **Anreizstrukturen** sind z. B. variable Gehaltszahlungen, die sich nach der Entwicklung des Unternehmens richten, zu nennen. Als erfolgsversprechendste Anreizstruktur, um das Management i. S. des Unternehmens agieren zu lassen, ist die bereits dargestellte direkte Beteiligung des Managements am Unternehmen anzuführen (vgl. Poutziouris, 2001, S. 279). Weitere denkbare Anreizinstrumente sind Boni oder Anteile ohne Eigentumsrechte (vgl. Milgrom/Roberts, 1992, S. 425).

Die **Überwachung** (Kontrolle) des Managements kann etwa über bestimmte Berichtsstrukturen (s. Kap. 2.3.2.2), strikte Zielvorgaben (vgl. Arthurs/Busenitz, 2003, S. 149) oder durch die Interessenswahrnehmung der Private-Equity-Gesellschaften im unternehmenseigenen Aufsichtsgremium erfolgen (vgl. Gabrielson/Huse, 2002, S. 127 ff.).

Bei der Agency Theory und den daraus abgeleiteten Ausprägungen der CG nehmen somit die beiden Elemente Anreizstruktur und Überwachung zentrale Positionen ein.

Aus der Kritik an der Principal-Agency Theory und deren inhärenten Prämissen ist die Stewardship Theory als weitere CG Theorie entstanden. Diese ist durch die soziologische und psychologische Theorie geprägt (vgl. Davis et al., 1997, S. 20 ff.) und lehnt das Bild des Managers als Homo Oeconomicus, der opportunistisch handelt und nur die eigenen Interessen verwirklicht, ab. Die Theorie geht von einem Menschenbild, das von gegenseitigem Vertrauen geprägt ist, aus. Folglich mündet sie in Erklärungen des menschlichen Verhaltens und Handlungsempfehlungen, die konträr zu den Ausführungen der Agency Theory sind. Dies hat auch Folgen für die Struktur der CG in Unternehmen.

2.3.3 Stewardship Theory und ihr zugrunde liegendes Menschenbild

Zentraler Aspekt für die Eignung der Stewardship Theory ist das Entgegenbringen von **Vertrauen** durch den Principal zugunsten seiner Untergebenen. Als Vertrauen ist das Risiko zu betrachten, das mit der Unsicherheit einhergeht, dass der andere Akteur seine Fähigkeiten korrekt darstellt und diese auch i. S. des Vertrauensgebers einsetzt (vgl. Rippberger, 1998, S. 40). Somit ist Vertrauen das zentrale Entscheidungskriterium. Rippberger leistet mit seiner Definition eine Begriffspräzisierung: „Vertrauen ist die freiwillige Erbringung einer riskanten Vorleistung unter Verzicht auf explizite vertragliche Sicherungs- und Kontrollmaßnahmen gegen opportunistisches Verhalten in der Erwartung, dass sich der Andere, trotz Fehlens solcher Schutzmaßnahmen, nicht opportunistisch verhalten wird“ (Rippberger, 1998, S. 45). Die allgemeine Bedeutung des Vertrauens in der wirtschaftlichen Realität sieht auch Arrow, indem er feststellt, dass „zu jeder Transaktion (…) ein Element des Vertrauens [gehört]“ (Arrow, 1969, S. 24).

Ist ein derartiges Vertrauensverhältnis nicht gegeben, führt dies unweigerlich zu einer Principal-Agency Konstellation. Diese Entscheidung zwischen den beiden Alternativen „Vertrauen“ und Misstrauen“ sieht Luhmann als Basis der folgenden Handlungen. Er führt an: „Misstrauen ist jedoch nicht nur das Gegenteil von Vertrauen, sondern als solches zugleich ein funktionales Äquivalent für Vertrauen. Nur deshalb kann (und muss) man nämlich zwischen Vertrauen und Misstrauen wählen“ (Luhmann, 1989, S. 78).

Während in der Agency Theory der Principal dem Agent nicht vertraut und deswegen ausgefeilte Kontroll- und Anreizmechanismen installieren muss (s. Kap. 2.3.2), geht die Stewardship Theory annahmegemäß von einer Vertrauensbasis zwischen Principal und Steward aus. Ausgangspunkt ist ein Menschenbild, das sich erheblich von dem Typus des der Agency Theory zugrunde liegenden Homo Oeconomicus unterscheidet.

Eine detaillierte Gegenüberstellung der beiden theorieinhärenten Menschenbilder liefert McGregor. Er separiert die Menschenbilder, indem er die traditionelle Sichtweise, auf der die Principal-Agency Theory basiert, als Theorie X kennzeichnet und deren Fortentwicklung, die auch als Ausgangspunkt der Stewardship Theory dient, als Theorie Y vorstellt. Um diese Fortentwicklung darzustellen, wird zunächst die Sicht McGregors auf die Theorie X beschrieben. Die Darstellung basiert auf drei Kernaussagen:

1. Der Durchschnittsmensch hat eine angeborene Abneigung gegen Arbeit und versucht, ihr aus dem Weg zu gehen.
2. Weil der Mensch durch Arbeitsunlust gekennzeichnet ist, muss er zumeist gezwungen, gelenkt, geführt und mit Strafe bedroht werden, um ihn mit Nachdruck dazu zu bewegen, das vom Unternehmen gesetzte Soll zu erreichen.
3. Der Durchschnittsmensch zieht es vor, an die Hand genommen zu werden, möchte sich vor Verantwortung drücken, besitzt verhältnismäßig wenig Sicherheit und ist v. a. auf Sicherheit aus. (Vgl. McGregor, 1986, S. 27 ff.)

McGregor sieht diese Thesen als Bündel von Vorurteilen und Hirngespinsten und bezeichnet die darauf aufbauenden Motivationsansätze als „Zuckerbrot-und-Peitsche-Theorie“. Diese greift nach seinen Aussagen lediglich solange, bis der Mensch ein angemessenes materielles Auskommen erreicht hat und nicht von höheren Bedürfnissen motiviert wird. Hierzu zählen Selbstachtung, Respekt und Selbsterfüllung. Somit kann eine Darstellung des Menschen nach der Theorie X nur der des „Fabrikarbeiters“ der Vergangenheit entsprechen. Trotzdem findet die Theorie X zahlreiche Anwendungen in der Führung von renommierten modernen Unternehmen (vgl. McGregor, 1986, S. 27 ff.). Dem gegenüber sieht McGregor in der Theory Y das Verschmelzen der individuellen Ziele mit denen des Unternehmens. Eine vereinfachte Gegenüberstellung der Ziele der beiden Auftraggeber zeigt Abb. 21.

Abbildung 21: Ziele der Auftragnehmer

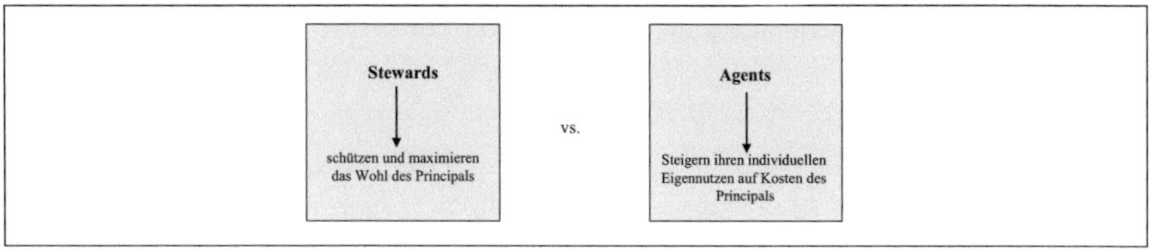

Quelle: Eigene Darstellung.

Zur Gültigkeit der Theorie Y nennt McGregor bestimmte Voraussetzungen:

1. Die Scheu vor Arbeit ist dem Mensch nicht angeboren, die Arbeit kann dem Menschen sogar Befriedigung geben und wird dann folglich freiwillig geleistet.
2. Überwachung ist nicht das einzige Mittel, um jemand dazu zu bewegen, sich für die Ziele des Unternehmens einzusetzen. Menschen unterwerfen sich zugunsten von Zielen, denen sie sich verpflichtet fühlen, der Selbstdisziplin und Selbstkontrolle. Unter geeigneten Bedingungen lernt der Durchschnittsmensch nicht nur Verantwortung zu übernehmen, er sucht sie sogar.
3. Vorstellungskraft, Urteilsvermögen und Erfindungsgabe für die Lösung organisatorischer Probleme sind in weiten Teilen der Bevölkerung anzutreffen. Das Vermögen an Verstandeskraft, über das der Durchschnittsmensch verfügt, wird unter den Bedingungen des industriellen Lebens nur teilweise genutzt. (Vgl. McGregor, 1986, S. 36 f.)

Gemäß der Erfüllung dieser Voraussetzungen ist das zentrale Prinzip der Theorie Y die Schaffung von Bedingungen, die dazu beitragen, dass Mitarbeiter in Organisationen ihre Ziele am Besten erreichen, wenn sie sich um den Unternehmenserfolg bemühen. Somit fordert die Theorie Y eine Integration der persönlichen Ziele in die Organisationsziele. Während in der Theorie X den Wünschen und Bedürfnissen des Einzelnen kein Platz eingeräumt wird, unterstellt die Theorie Y Schaden für das Unternehmen, wenn die Interessen des Einzelnen übergangen werden (vgl. McGregor, 1986, S. 38 ff.). Die Anwendungen der Theorie Y sind im Gegensatz zu den starren Methoden der Organisation und Führung, die aus der Theorie X resultieren, flexibel und innovativ. Die Theorie Y fordert sogar zu Neuerungen und Veränderungen auf, da sie hierüber Verbesserungen in der menschlichen Leistungsfähigkeit erwartet. Dies, obwohl die Theorie Y gleichermaßen überzeugt ist, dass die perfekte Organisation nicht erreichbar ist (vgl. McGregor, 1986, S. 41). Zugleich räumt McGregor ein, dass Führung gemäß der Theorie Y mehr Zeit der Führenden in Anspruch nimmt als die Anwendung herkömmlicher Führungsmethoden (vgl. McGregor, 1986, S. 58). Exemplarisch können die Unterschiede der Theorien an der Vorgehensweise bei Beförderungen aufgezeigt werden. In der Theorie X entspricht die Rolle des Kandidaten der eines „Bauern“, der auf dem organisatorischen Schachbrett kontinuierlich verschoben wird.

Demgegenüber fordert die Theorie Y über das Prinzip der Integration die aktive und verantwortungsvolle Mitwirkung des Kandidaten bei allen ihn betreffenden Entscheidungen.

Allerdings führt McGregor selbst einschränkend an, dass obgleich die Theorie Y und ihr zugrunde liegendes Menschenbild unterstellt wird, in der Realität nicht vollkommen auf die Autorität und ihre Anwendung durch die Führungskräfte des Unternehmens verzichtet werden kann (vgl. McGregor, 1986, S. 77 ff.). Auswirkung hat die Mitwirkung der Mitarbeiter in den wesentlichen Entscheidungsprozessen auch auf das Führungsklima. Denn während die Theorie X Kontrollen sowie entsprechende Strafen und Belohnungen in den Fokus der Führungsbetrachtung rückt, erzeugt die Anwendung der Theorie Y eine Umgebung, in der über den Charakter der gegenseitigen Beziehung ein stärkeres Gefühl der Verpflichtung gegenüber den unternehmerischen Zielen erwächst (vgl. McGregor, 1986, S. 99). Eine Entwicklung, wie sie die Theorie Y demonstriert, ist der sog. Scanlon Plan, der Ansätze wie Kostensenkungs-Beteiligung und ein neuartiges Vorschlagswesen liefert (ausführlich: vgl. Reber, 1969, S. 99 ff.).

Die fundamentalen Erkenntnisse der Theorie Y können als Erklärung für die richtungsweisende anwendungsbezogene **Stewardship Theory**, die als Führungstheorie bezeichnet werden kann, betrachtet werden. Dieses Theoriekonzept wird nachfolgend vorgestellt, um es im Laufe der weiteren Untersuchung auf seine empirische Evidenz zu überprüfen.

Als innovative Entwicklung sieht die Stewardship Theory eine Integration von individuellen Zielen mit Zielen der Organisation vor. Als grundsätzliche Prämisse gilt in diesem Kontext, dass der Mensch von seinem Wesen her bereit ist, im Arbeitsleben Anstrengungen auf sich zu nehmen. Externe Kontrolle und die Androhung von Strafe sind sachlogisch nicht die angemessenen Mittel zur Motivation. Vielmehr lernt der durchschnittliche Mensch nicht nur Verantwortung zu akzeptieren, sondern er strebt nach Verantwortungsbereichen. Außerdem wird in Anlehnung an die Theorie Y unterstellt, dass in der Bevölkerung der Wille vorherrschend sei, komplexe Aufgaben zu bewältigen (vgl. Muth/Donaldson, 1998, S. 5 f.). Auf diesem Verständnis aufbauend, beschreibt die Stewardship Theory eine Reihe nicht-finanzieller Ziele für das Verhalten der Mitarbeiter. Diese beinhalten ein Verlangen nach Zielerreichung und Anerkennung, das intrinsische Streben nach einer erfolgreichen Entwicklung des Unternehmens, den Respekt vor Autoritäten sowie das Vorhandensein einer positiven Arbeitsethik, wie dies die Theorie Y kennt (vgl. Muth/Donaldson, 1998, S. 6). Mitarbeiter, deren Handeln mit den Prinzipien der Stewardship Theory erklärt werden kann, werden in diesem Kontext als Stewards bezeichnet; sie schützen und maximieren das Wohl des Eigners durch ihre Ausrichtung auf das Wohl des Unternehmens. Diese Einstellung ist begründet mit dem Wunsch, in einem erfolgreichen Unternehmen mitzuarbeiten, und zeigt sich in der Praxis durch kollektivistische, proorganisationale und vertrauenswürdige Verhaltensweisen. Die Stewardship Theory geht demnach im Gegensatz zur Principal-Agency Theory und in Übereinstimmung mit der Theorie Y von einer Interessengleichheit von Unternehmern und Stewards aus (vgl. Davis et al., 1997, S. 25 f.).

Führung gemäß der Stewardship Theory kann infolge der hohen intrinsischen Motivation anhand des **Self-Leadership Konzeptes** dargestellt werden. Self-Leadership ist dabei allgemein als Prozess zu verstehen, der verhaltensorientierte Selbstmanagementstrategien umfasst, Selbstregulierung auf einen sehr hohen Kontrollstandard führt und dabei vollständig die Rolle der intrinsischen Motivation anerkennt (vgl. Manz, 1986, S. 595). Dabei erfolgt die Führung gemäß der Self-Leadership Strategien durch die Kontrolle des eigenen Verhaltens und durch den bewussten Einsatz von verhaltenstechnischen und kognitiven Strategien i. S. von Selbstbelohnung oder -bestrafung, eigenen Zielsetzungen und Selbstreflektion (vgl. Neck/Houghton, 2006, S. 270 ff. und vgl. Neck/Manz, 1992, S. 681 ff.). Diese Sichtweise ist damit konform mit den Annahmen der Theorie Y. Die genannte Selbstregulierung ist bei Menschen anzutreffen, die sich bei Abwesenheit von externer Kontrolle keinesfalls in einer Art und Weise verhalten, die für sie zwar angenehmer wäre, aber zu vermindertem Erfolg für das Unternehmen führen würde. Somit ist ihr Engagement unabhängig von externer Kontrolle (vgl. Thoressen/Mahoney, 1974, S. 12).

Bei der Stewardship Theory, die den Eigentümer als Teil der Gemeinschaft sieht, liegt aus Sicht des Stewards im Vergleich der einzelnen Mitglieder der jeweiligen Gruppen eine größere Fairness vor (vgl. Davis et al., 1997, S. 29). Diese Überzeugung führt in besonderer Weise zur Konvergenz von individuellen mit unternehmensbezogenen Zielen. Bei hoher Identifikation mit dem verbundenen Unternehmen ist ein Mitarbeiter motivierter und folglich auch in höherem Maße an der unternehmensinternen Zielsetzung orientiert als bei mangelnder Identifikation, was aus Sicht des Unternehmenseigners positiv ist (vgl. Davis/Donaldson, 1994, S. 7). Als ein Beispiel für Zusammensetzungen, wie sie in diesem Kapitel beschrieben sind, sind Führungsstrukturen in Familienunternehmen anzuführen, die eine enge persönliche Beziehung zwischen Eigentümer und Management begünstigen.

Familienunternehmen sind häufig durch Paternalismus gekennzeichnet. Damit wird eine Herrschaftsordnung beschrieben, die im außerfamiliären Bereich ihre Autorität und Herrschaftslegitimation auf eine vormundschaftliche Beziehung zwischen dem Herrscher und den Herrschaftsunterworfenen begründet (vgl. Koiranen, 2003, S. 243). Dabei misst der Familienunternehmer den Verpflichtungen gegenüber den Angestellten eine sehr hohe Bedeutung bei (vgl. Scase/Goffee, 1982, S. 178). Die Unternehmensstrukturen sind dabei häufig von verwandtschaftlichen Verhältnissen und der langen Dauer der Unternehmenszugehörigkeit geprägt (vgl. Johannisson/Huse, 2000, S. 359). Zwischen Parteien, die sich gegenseitig als sympathisch ansehen, dieselben Interessen verfolgen und zudem einen gleichen Sinn für Solidarität haben, ist eine Kooperation leicht umsetzbar (vgl. Pruitt/Kimmel, 1977, S. 380 ff.), so dass die Entwicklung einer Eigentümer-Steward-Beziehung in diesem Umfeld begünstigt wird. Eine Gegenüberstellung der Ausprägungen der zentralen Kriterien der Stewardship Theory im Vergleich zur Principal-Agency Theory liefert Abb. 42 in Anhang I.

Die aus der Stewardship Theory gewonnenen Erkenntnisse im Hinblick auf Führung und Kontrolle sollen in einem nächsten Schritt auf die CG eines Unternehmens übertragen werden, dessen Akteure das Menschenbild der Theorie Y anwenden. Es ist davon auszugehen, dass Führung und Kontrolle in einer Unternehmenssituation, deren Beteiligte nicht rational nach den Prinzipien des Homo Oeconomicus handeln, deutlich anders strukturiert und gestaltet sein sollten, als dies in einem rein auf Rationalität und Eigennutzenmaximierung ausgerichteten Wirtschaftsunternehmen angebracht ist. In der theoretischen Reinform der Stewardship Theory ist Kontrolle per definitionem bei ordnungsgemäßem Verhalten der handelnden Personen nicht nötig und nicht zielführend. Es ist davon auszugehen, dass aufgrund der divergierenden Annahmen, v. a. im Hinblick auf die angenommene Existenz von Vertrauen, andere Instrumentarien angewendet werden müssen. Trotz des Vorhandenseins von Vertrauen und intrinsischer Motivation der handelnden Personen kann nicht automatisch davon ausgegangen werden, dass alle Personen theoriekonform agieren. Folglich ist u. U. auch in diesem Setup Kontrolle notwendig, wenngleich sie auch anders ausgestaltet ist als in einem Agency Theory geprägtem Umfeld. Die zu erwartenden theoretisch abgeleiteten Unterschiede in der Ausgestaltung der Kontroll- und Führungsmechanismen werden in der folgenden Beschreibung der auf der Stewardship Theory basierenden CG Ansätze verdeutlicht.

2.3.3.1 Corporate Governance i. S. der Stewardship Theory

Zentrales Element der Strukturen im Unternehmen unter Berücksichtigung der Stewardship Theory ist annahmegemäß die Existenz von Vertrauen zwischen Principal und Agent. Aufgrund dieser Vertrauensbasis wird der Ausübung von Kontrolle und somit den Kontroll- und Überwachungsmerkmalen der CG eine weniger bedeutende Rolle als in der Agency Theory zugebilligt. Der intrinsisch motivierte Steward orientiert sein Verhalten am Wohl des Unternehmens, so dass eine Anreizsetzung über z. B. erfolgsabhängige Entlohnungssysteme nicht zielführend erscheint. Extrinsische Kontroll- und Anreizsysteme sind demnach zu vermeiden, da sie das pro-soziale Verhalten der Stewards einschränken.

CG ist in diesem Zusammenhang eher als ein moderierendes Element in der Führungsstruktur des Unternehmens zu verstehen. Die Führung erfolgt idealtypisch für die Stewardship Theory i. S. des bereits vorgestellten Self-Leadership Konzeptes. Die Aufgabe der CG besteht nicht nur in dem Schutz der Interessen der Shareholder. Vielmehr ist CG gemäß der Stewardship Theory an den Bedürfnissen aller Stakeholder orientiert. Die nachfolgenden Abschnitte widmen sich der Darstellung der damit verbundenen Ansätze und Ausgestaltungen, wobei einschränkend anzufügen ist, dass sich mit zunehmender Zeitorientierung die Unterschiede in der Zielorientierung zwischen Shareholder und Stakeholder verringern. Die Definition des Stakeholders im Rahmen der Dissertation orientiert sich an der Sichtweise von Freeman, der den Begriff wie folgt definierte: „A Stakeholder in an organization is any group or individual who can affect by the achievement of the organization´s objectives“ (Freeman, 1983, S. 46). Die einzelnen Stakeholdergruppen teilt er dabei in zwei Kategorien ein: Stakeholder im engeren Sinne sind demnach Gruppen oder Einzelpersonen, von denen der Fortbestand des Unternehmens zumindest teilweise abhängig ist (z. B. Mitarbeiter, Lieferanten, etc.). Stakeholder im weiteren Sinne sind Individuen oder Gruppen, die die Ziele des Unternehmens beeinflussen können oder auf die Zielerreichung des Unternehmens unmittelbaren Einfluss haben (z. B. Gemeinde, Gewerkschaften) (vgl. Freeman/Reed, 1983, S. 91).

Neben anderen Forschern zeigt Eberhardt drei Ansätze auf, die zur Berücksichtigung der Interessen aller Stakeholder führen:

1. **Nicht institutionalisierter Stakeholder Value-Ansatz:**
   Dieser Ansatz umfasst die unverbindliche Verpflichtung der Unternehmensleitung, die Interessen aller Anspruchsgruppen, soweit es unternehmerisch möglich ist, zu berücksichtigen.
2. **Schwach institutionalisierter Stakeholder Value-Ansatz:**
   Inhalt dieses Ansatzes ist die Bildung eines Gremiums ohne Entscheidungsbefugnisse, in dem alle Interessensgruppen vertreten sind. Das Gremium hat die Möglichkeit, die Unternehmenspolitik mit der Geschäftsleitung zu erörtern.
3. **Institutionalisierter Stakeholder Value-Ansatz**:
   Die Vertreter der einzelnen Stakeholder haben Mitsprache- und Entscheidungsrechte in den Leitungs- und Kontrollgremien des Unternehmens. (Vgl. Eberhardt, 1998, S. 283)

Nachfolgend werden die drei Stakeholder Value-Ansätze kritisch diskutiert: Unter der Annahme, dass alle beteiligten Stakeholder, also auch die Unternehmenseigner und die Unternehmensleitung, ihr Verhalten vollständig an der Stewardship Theory orientieren, wäre ein nicht institutionalisierter Stakeholder Value-Ansatz die optimale Lösung. Dies liegt in der Tatsache begründet, dass die Geschäftsführung in diesem Ansatz die geringste Kontrollmotivation hat und umgekehrt die geringsten institutionalisierten Verpflichtungen hat. Gemäß der Stewardship Theory handeln alle Akteure i. S. des Unternehmens. Somit sind Vorgaben nicht nötig, sondern schaden dem Unternehmen sogar. Der institutionalisierte Stakeholder Value-Ansatz wäre jedoch ebenso denkbar, da alle Stakeholder in ihrem Verhalten am Wohl des Unternehmens orientiert sind und somit von ihrem Mitsprache- und Entscheidungsrecht nur im Interesse des Unternehmens Gebrauch machen werden. Jedoch können in der Realität in den beiden skizzierten Extremvarianten Problemfelder auftreten. Der nicht institutionalisierte Stakeholder Value-Ansatz bietet der Unternehmensleitung und/oder den Stakeholdern, die im Kontrollgremium vertreten sind (zumeist die Unternehmenseigentümer), die Möglichkeit, ihre Interessen auf Kosten der anderen Stakeholder durchzusetzen. Der institutionalisierte Stakeholder Value-Ansatz hingegen kann zu einer Umsetzung der Interessen der Anspruchsgruppen auf Kosten des Unternehmens führen, so dass letztlich das Unternehmen in seiner Existenz gefährdet ist. Somit erscheinen die beiden Extreme nicht zielführend, so dass der Mittelweg zu präferieren ist. Jedoch ist kritisch anzumerken, dass ein teilweise institutionalisierter Ansatz nicht in vollem Umfang den Anforderungen der Stewardship Theory entspricht. Gemäß der reinen Lehre wird der kollektiven Zielerreichung von allen handelnden Personen die höchste Bedeutung beigemessen. Somit fehlen Interessenskonflikte und es besteht keine Notwendigkeit, die Interessen einzelner Gruppen gegeneinander oder gegenüber der Gesellschaft zu regeln (vgl. Nippa, 2002, S. 17).

In einem Umfeld, in dem jeder bestrebt ist, uneingeschränkt die Interessen des Unternehmens zu verfolgen, ist Führung als kooperatives Element zu verstehen. Der hohen Eigenverantwortlichkeit der Mitarbeiter wird durch Anwendung des Self-Leadership Konzeptes Rechnung getragen. Somit ist Kontrolle zwar in der Reinform der Theorie nicht erforderlich, jedoch u. U. angebracht, sofern nicht allen Mitgliedern des Unternehmens vertraut werden kann. Hiermit sind v. a. Menschen gemeint, die in den unteren Ebenen des Unternehmens angesiedelt sind, die zumeist keine Verantwortung suchen und deren Fähigkeiten im organisatorischen Bereich sehr stark eingeschränkt sind. Hierauf aufbauend spricht sich die Stewardship Theory sachlogisch für eine Verlagerung der Kontrolle der Eignerinteressen von den Eigentümern (Principals) hin zum Management (Stewards) aus, da die Manager die Komplexität des Unternehmens eher überschauen können. Dies wird durch die Fülle ihres Detailwissens, ihrem Zugang zu tagesaktuellen Informationen, ihrem technischen Fachwissen und ihrer hohen Bindung zum Unternehmen begründet. Externe Individuen haben das beschriebene Detailwissen, zumindest bezüglich des Tagesgeschäftes, nicht und haben außerdem ein geringeres Interesse am Unternehmen als die in das Unternehmen involvierten Stewards. Die Theorie verneint weiterhin strikt die Möglichkeit der Koalitionsbildung von Kontrollierenden (Stewards) und den durch sie Kontrollierten, die als Agents zu bezeichnen sind. Die Stewards als ausübende Kräfte würden bei einer solchen Koalition den Interessen des Unternehmens nicht entsprechen. Diese Interessen zu wahren ist jedoch das oberste Ziel der Stewards. Die Kontrolle wird am effektivsten durch sie ausgeübt, da bei ihnen neben dem Willen i. S. des Unternehmens zu agieren auch das entsprechende Detailwissen, das für eine zielführende Kontrolle erforderlich ist, existent ist. Aus Sicht der Eigentümer des Unternehmens (Principals) kann somit durch die Kontrollverlagerung zum Steward gleichermaßen eine Maximierung ihrer Gewinne erwarten werden (vgl. Muth/Donaldson, 1998, S. 6). Das Management (Stewards) sollte sogar in die eigene Kontrolle miteinbezogen werden, da vom Management unabhängige Aufsichtsgremien i. d. R. sowohl zu einem geringeren Wachstum als auch zu einer geringeren Rentabilität des Unternehmens führen (vgl. Muth/Donaldson, 1998, S. 18). Die Kontrolle im Stewardship Theory Kontext erfolgt üblicherweise weniger mittels klar strukturierter Abläufe, sondern in einem eher informellen Rahmen. Diese Unterschiede sind zu erwarten, obschon sie bis dato keinerlei Aussagen über die Qualität und Wirkungsweise der CG zulassen. Es lassen sich jedoch die folgenden Argumente für eine wirkungsvolle CG auf informellem Weg anführen: Die Erkenntnisse auf informellem Weg sind schneller zugänglich und damit u. U. aktueller, detaillierter und authentischer als Informationen, die auf formellem Weg in einem rigiden Prozess i. S. der CG nach Agency Gesichtspunkten angefordert werden. Denn in der Praxis führen offizielle Anfragen zu weniger aussagekräftigen und zu stark selektierten Informationen als ein informeller Austausch. Analog zu den Ausprägungen der CG i. S. der Stewardship Theory ist auch die Struktur und Funktionsweise des Aufsichtsorgans in Form des Beirats als dem klassischen Aufsichtsorgan geprägt. Diesem Organ widmet sich das nachfolgende Unterkapitel.

2.3.3.2 Der Beirat im Stewardship Umfeld

Die nachfolgende theoretische Herleitung konzentriert sich auf den Beirat. Dabei widmet sich die Untersuchung vorrangig der **Struktur** und dem **Aufgabenspektrum** des Aufsichtsgremiums i. S. der Stewardship Theory. Neben der Orientierung an einer der beiden Theorien, Principal-Agent oder Stewardship, beeinflussen die Ausgestaltung des Beirats auch die Konstellation der Gesellschafter, die Spezifika der Branche, das Alter des Unternehmens sowie solche Parameter, die auf kulturellen und rechtlichen Rahmenbedingungen basieren (vgl. Klein, 2005, S. 204). Werden die Ansätze und Vorgaben der Stewardship Theory strikt ausgelegt, so sind Kontrolle und somit auch ein Kontrollorgan zumindest in der Reinform der Theorie nicht nötig. Ein solches Organ hat auf die Entwicklung des Unternehmens sogar negative Auswirkungen, denn die hierfür eingesetzten Ressourcen stehen anderweitig nicht mehr zur Verfügung und werden für die nicht notwendige Kontrolle verschwendet (vgl. Böcking et al., 2004, S. 425 f.). Dies trifft insbesondere dann zu, wenn das primäre Ziel des Gremiums in der Überwachung der Geschäftsleitung liegt. Dies vorausgesetzt, ist die Überwachung sogar kontraproduktiv und führt im Extremfall zu einer verminderten intrinsischen Motivation der Unternehmensführung. Sollte das Unternehmen sich trotzdem zu einer Einrichtung eines solchen Organs entschließen, in mittelständischen Familienunternehmen zumeist als Beirat firmierend (vgl. Kap. 2.1.3.2), so ist aus Gründen der angenommenen Motivation der Stewards und deren spezifischen Charaktereigenschaften darauf zu achten, dass hiermit keine Verlagerung der Kontrolle weg von der Geschäftsleitung einhergeht. Vielmehr sollte es sachlogisch die Aufgabe des Beirats sein, der Geschäftsleitung, die als Stewards agiert, den nötigen Handlungsspielraum zu gewährleisten, um ihr optimale Rahmenbedingungen zu schaffen, so dass die Stewards zum Wohle des Unternehmens und somit aller Stakeholder agieren können (vgl. Ong/Lee, 2000, S. 9 f.); denn bezüglich der Fristigkeit sind Stewards und Agents i. S. der Theorie sehr verschieden: Während die Stewards per definitionem an der langfristigen Entwicklung des Unternehmens interessiert sind, ist die Orientierung der Agents eher als kurzfristig zu bezeichnen (vgl. Klein, 2005, S. 196). Vor dem Hintergrund der Stewardship Theory ist die Arbeit des Beirats eher langfristig ausgerichtet.

Aufbauend auf den beschriebenen Rahmenbedingungen entwickeln sich die strukturellen Anforderungen an den Beirat wie folgt: Die **Struktur** eines solchen Gremiums, das ohne Kontrollfunktion ausgestattet sein sollte, unterscheidet sich demnach auch erheblich von der Struktur eines Beirats, der i. S. der Agency Theory handelt. Als sinnvoll sprechen sich in der anglo-amerikanischen Rechtssphäre einige Forscher für eine sog. CEO Duality gemäß Abb. 22 aus, d. h., dass übertragen auf ein deutsches Familienunternehmen der Vorsitzende der Geschäftsleitung gleichzeitig auch den Vorsitz des Beirats übernehmen sollte (vgl. Donaldson/Hilmer, 1998, S. 14 f.). Die beschriebene Konzentration auf eine Person, die sowohl die Leitung des Kontrollorgans als auch die Leitung des Führungsorgans ausübt, birgt einige Risiken. Die Kontrollfunktion des CEOs ist durch seine Funktion als Vorsitzender des Führungsgremiums beeinträchtigt, da er sich letztlich selbst kontrollieren müsste.

Abbildung 22: Doppelfunktion in der CEO Duality

Quelle: Eigene Darstellung.

Ong/Wan zeigen zahlreiche empirische Untersuchungen auf, die die Vor- und Nachteile der CEO Duality thematisieren. Den positiven Einfluss der CEO Duality auf die Rentabilität des Eigenkapitals der betroffenen Unternehmen hat Donaldson/Davis in einer empirischen Untersuchung nachgewiesen (vgl. Donaldson/Davis, 1991, S. 54 ff.). In diesem Zusammenhang stellt sich die Frage nach Endogenität und umgekehrter Kausalität. Der CEO könnte dazu neigen, möglichst viel Macht zu vereinnahmen. Dies würde ihm auch nicht verwehrt werden, wenn es dem Unternehmen wirtschaftlich gut geht. Vice versa dürfte ein CEO eher bereit sein oder dazu gezwungen werden können, einen Teil seiner Macht abzugeben, wenn das Unternehmen in einer schwierigeren wirtschaftlichen Situation ist. In einer Untersuchung, die sich auf börsennotierte, amerikanische durch Familien dominierte Unternehmen konzentriert hat, konnte nachgewiesen werden, dass die CEO Duality per se keinen Einfluss auf die Unternehmensentwicklung hat. Allerdings hat sich die Separation von CEO und Sitz im Board positiv in den Unternehmen ausgewirkt, in denen der Anteilsbesitz der Familie am Unternehmen tendenziell gering war (vgl. Braun/Sharma, 2007, S. 122). Zusammenfassend führen Ong/Wan als die zentralen Merkmale der CEO Duality niedrigere Leistungsanreize, geringeres Wissensniveau, weniger kognitive, affektive und prozessuale Konflikte und höhere Bindungskräfte innerhalb des Unternehmens an (vgl. Ong/Wan, 2001, S. 12).

Auf ein deutsches Familienunternehmen übertragen bedeutet diese empirische Evidenz, dass der Unternehmensleiter den Vorsitz des Beirats einnehmen sollte. Demnach würde der so ausgestattete Verantwortliche die besten Ergebnisse für das Unternehmen und zugleich auch für deren Inhaber erzielen. Auch wenn diese Besetzung des Vorsitzes durch den Eigentümer auf den ersten Blick allgemeingültig zu Interessensharmonie führt, sind doch bestimmte Fallkonstellationen denkbar, in denen diese Wahl suboptimal für das Unternehmen erscheint. In dem häufig anzutreffenden Fall, dass Eigner und Geschäftsführung identisch sind, würde der Eigner neben der Geschäftsleitungsfunktion in der beschriebenen Konstellation auch die Funktion des Beiratsvorsitzenden ausüben. U. U. würden in dieser speziellen Situation die weiteren Mitglieder des Beirats aus dem Kreis von nahe stehenden oder befreundeten Personen des Eigentümers gewählt. Damit wäre allerdings die Gefahr verbunden, dass ein Beirat geschaffen würde, der keinen Widerspruch einbringt und somit konstruktive Kritik an der Unternehmensleitung unterlässt. Die eigentliche Funktion als Aufsichtsgremium ist nicht erfüllt.

Die Besetzung des Beirats ist zum einen ein wichtiger Indikator für die strukturelle Arbeit des Gremiums. Auf der anderen Seite ist in diesem Kontext auch das **Aufgabenspektrum** des Organs in seiner Umsetzung maßgeblich. Der Beirat soll gemäß der Stewardship Theory eine unterstützende und beratende Aufgabe ausführen. Denn in einem Umfeld, in dem Eigentum und Leitung identisch sind, ist Beiratsarbeit nur i. S. einer Beratung möglich. Diese Beratung kann auch nur in dem Maße möglich sein, in dem der Eigentümer dies zulässt (vgl. Klein, 2005, S. 197). Konkrete Maßnahmen sind in diesem Zusammenhang die frühzeitige und detaillierte Diskussion mit der Unternehmensleitung über die Strategie des Unternehmens und deren Umsetzung (vgl. Hung, 1998, S. 106). Dem Verständnis nach kommt dem Beirat die Rolle eines Sparringspartners zu, mit dem die Unternehmensleitung die Strategien bespricht und der Einwände und Denkanstöße zu den strategischen Entscheidungen gibt, bevor die gewählte Vorgehensweise am Markt bestehen muss. Dabei ist dem Beirat geboten, sowohl die Sicht der Eigentümer als auch die Ansätze der Geschäftsleitung zu prüfen und i. S. des Unternehmens in die Diskussion einzubringen (vgl. Carlock/Ward, 2001, S. 227). Die Beratungsaufgabe des Beirats wird über die Stewardship Theory begründet, die einen Interessenkonflikt zwischen Eigentümern und Stewards negiert, aber unterschiedliche Zeit- und Risikopräferenzen durchaus zulässt. Somit kann die Leistung des Beirats in einer Annäherung der Vorstellungen der beiden Präferenzgruppen liegen. Die vielfach verbreitete Meinung, dass die Mitglieder in einem Beirat mit Beratungsfunktion eine geringere Sachkenntnis haben müssten als Mitglieder eines Beirats mit expliziten Kontrollaufgaben, ist demnach nicht evident. Denn eine effektive Beratung sollte mit ebenso umfangreichem Fachwissen gepaart sein wie die Kontrolle der Geschäftsleitung. Neben der aktiven Beratung ist die Arbeit des Beirats i. S. der Stewardship Theory auch durch eine ausgeprägte passive Komponente geprägt. Der Beirat stellt den Stewards den nötigen Handlungsspielraum zur Verfügung, damit die Geschäftsführung zum Wohle des Unternehmens agieren kann. Dieser Handlungsspielraum führt zu einer geringen Zahl zustimmungspflichtiger Geschäfte durch den Beirat. In der Praxis ist die Vereinbarung eines Kataloges zustimmungspflichtiger Geschäfte gemäß Kap. 2.2.4.1.2 üblich. Eine empirische Überprüfung der vergleichsweise niedrigen Zahl an diesen Vorgaben im Stewardship Umfeld im Vergleich zu anderen Umgebungen ist bislang noch nicht erfolgt.

Ergänzend zur Ausgestaltung seines Aufgabenkatalog sind Repräsentationsaufgaben zu nennen, die insbesondere in Familienunternehmen, in denen die Familie nicht aktiv ist, gemeinsam vom Management und dem Beirat geleistet werden. Ein weiteres Unterscheidungsmerkmal von Familienunternehmen, deren CG durch die Stewardship Theory erklärt werden kann im Vergleich zu den Familienunternehmen, die durch die Agency Theory erklärt werden können, ist die Häufigkeit der Zusammenkünfte.

Für die Motivation der Beiratsmitglieder ist die Vergütung den Prämissen der Stewardship Theory folgend von geringer Bedeutung. Vielmehr sind nicht-monetäre Ziele ausschlaggebend. Anerkennung und Ansehen haben demnach eine wesentlich höhere Bedeutung für die Motivation der Beiratsmitglieder (vgl. Helm, 2003, S. 2719).

Abbildung 23: Spinnennetzdiagramm Stewardship Theory

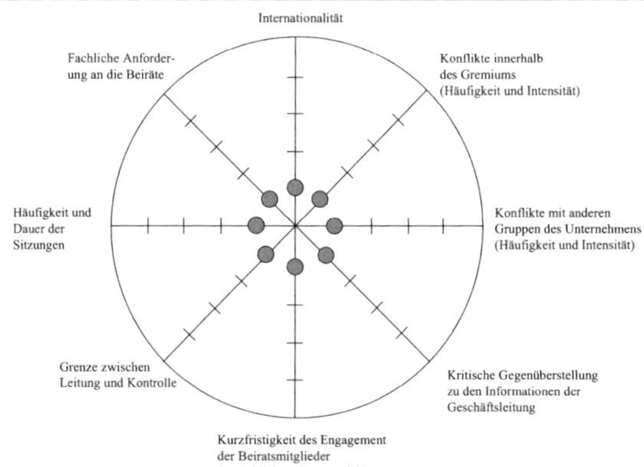

Quelle: Eigene Darstellung. Als Skalierung dient die fünfteilige Skala, in der „1“ (erste Markierung nach dem Mittelpunkt des Kreises) die niedrigste Ausprägung darstellt, während „5“ (Markierung auf dem äußeren Kreis) die höchste Ausprägung symbolisiert.

Analog zu der Vorgehensweise in Kap. 2.3.2.2 (vgl. Abb. 18) werden nachfolgend die acht zentralen Merkmale auf die Reinform der Stewardship Theory übertragen, die im Rahmen der empirischen Untersuchung für die einzelnen Case Studies erhoben werden. Die genannten deskriptiven Maßzahlen sollten gemäß der Reinform der Stewardship Theory jeweils den minimal erreichbaren Absolultwert annehmen, um konform mit den Prinzipien der Theorie zu sein. Je niedriger also der absolute Wert einer Merkmalsausprägung demnach ist, desto eher kann das Merkmal als konform mit der Stewardship Theory gesehen werden (s. Abb. 23).

Den Wandel, der in einem Beirat stattfinden wird, dessen theoretische Grundlage sich verändert, erscheint somit gravierend zu sein und bietet demnach hinsichtlich aller Beteiligten ein interessantes und zugleich spannungsgeladenes Forschungsfeld. Die potenziellen Veränderungen, die sich in Kenntnis der beiden gegensätzlichen Theorien und ihren jeweiligen zugrunde liegenden Menschenbildern ergeben, werden in dem folgenden Teil der Forschungsarbeit analysiert. Aus den gewonnenen Erkenntnissen und Prognosen werden relevante Fragestellungen entwickelt, die dann die Basis für den sich anschließenden empirischen Teil der Dissertation bilden.

2.3.3.3 Konkretisierung der Stewardship Theory auf eine Unternehmensbeteiligung

Das kennzeichnende Element der Stewardship Theory ist die Existenz von Vertrauen als Grundlage menschlichen Handelns (vgl. Kap. 2.3.3). Die Übertragung dieser theoriebasierenden Annahme auf die konkrete Situation einer Unternehmensbeteiligung erscheint allerdings sehr schwierig. Im Rahmen einer derartigen, primär gewinnorientierten Transaktion stehen sich zumeist zwei Personen oder Personengruppen mit gegenläufigen Interessen gegenüber. Obgleich die Ziele der beiden Akteure sehr vielfältig sind und auch sehr verschieden sein können, sind häufig innerhalb der beiden Lager ähnliche Handlungsweisen anzutreffen. Der Verkäufer orientiert sein Verhalten an der Erlangung eines hohen Verkaufspreises und dem Ziel, möglichst viele dem Unternehmen inhärente Risiken in die Sphäre des Käufers zu übertragen. I. S. der Theorie findet mit dem Verkauf ein Wechsel der Principals statt, wobei der bisherige Principal einen Wissensvorsprung gegenüber dem zukünftigen Principal hat. Die Risiken gehen im Zuge der Transaktion auf den neuen Principal über. In der Darstellung des Unternehmens durch den bisherigen Principal sind somit die mit dem Unternehmen verbundenen Risiken von untergeordneter Bedeutung. Stattdessen zeigt der Verkäufer potenzielle Chancen in besonderem Maße auf. Demgegenüber steht der potenzielle Erwerber mit dem Ziel, einen möglichst geringen Kaufpreis für das Unternehmen zahlen zu müssen und gleichzeitig einen hohen Anteil der Risiken des zu erwerbenden Unternehmens auf der Seite des Verkäufers zu belassen. Die Chancen, die der Käufer nach der Transaktion für sich vereinnahmen möchte, wird er im Rahmen der Kaufpreisfindung als eher gering bewerten. Die in der Praxis vom Käufer eingesetzten Maßnahmen zur Reduktion des Risikos, etwa mit Hilfe der Durchführung der Due Diligence, wurden in Kap. 2.3.2.3 vorgestellt.

Im Kontext dieser Konstellation wird im Allgemeinen dem Element Vertrauen keine zentrale Bedeutung beigemessen. Es gibt allerdings einzelne Unternehmensübergaben, in denen die Existenz von Vertrauen von großer Bedeutung ist. Diese besonderen Rahmenbedingungen werden in der Praxis allerdings nur in solchen Situationen anzutreffen sein, in denen zwischen den beiden Parteien schon vor der Transaktion ein entsprechendes Vertrauensverhältnis bestand. Abgesehen von Nachfolgelösungen innerhalb einer Familie, z. B. von dem Vater auf den Sohn, sind nur wenige Konstellationen denkbar, in denen Vertrauen eine zentrale Komponente der Transaktion darstellt. Dies ist bedingt durch den Mangel an persönlichen Beziehungen der handelnden Personen in den meisten Transaktionen. Die Akteure haben zumeist nicht die zeitlichen Möglichkeiten, gegenseitiges Vertrauen aufzubauen. Außerdem sind Rahmenbedingungen, in denen Vertrauen ein zentraler Bestandteil der Transaktion bildet, gemäß der Stewardship Theory auch im Rahmen eines MBOs denkbar, indem ein oder mehrere Manager eines Unternehmens vom bisherigen Eigentümer des Unternehmens die Gesellschafterrolle übernehmen. Häufig ist eine solche Nachfolgeregelung ebenfalls über einen längeren Zeitraum geplant worden. Der Alt-Gesellschafter hat idealtypischerweise keinen geeigneten Nachfolger im familiären Umfeld und baute sich seinen Nachfolger über einen größeren Zeitraum auf. Der Neu-Gesellschafter ist seit längerer Zeit im Unternehmen und zwischen Verkäufer und Käufer hat sich über die Jahre ein Vertrauensverhältnis entwickelt. Der Verkäufer möchte sein Lebenswerk, die Unabhängigkeit des Unternehmens und damit die Identität sowie die Werte des Unternehmens erhalten wissen (vgl. Howorth/Westhead, 2002, S. 1 ff. und vgl. Goossens et al., 2008, S. 31) und sieht in dem Erwerber den geeigneten Nachfolger zur Erhaltung seines Lebenswerkes.

Der Käufer ist dem Unternehmen gleichermaßen seit längerer Zeit verbunden und sieht nun die Chance, selbst unternehmerisch tätig zu werden. Aufgrund der langen Zusammenarbeit von Verkäufer und Käufer ist annahmegemäß Vertrauen zwischen den beiden Akteuren entstanden und in der beschriebenen Konstellation von zentraler Bedeutung. Somit werden beide Seiten von gegenseitiger Prüfung, z. B. im Rahmen einer Due Diligence, absehen und sich auf die Aussagen des jeweils Anderen verlassen; zumal dem Käufer das Unternehmen durch seine bisherige Tätigkeit bestens vertraut ist. Der Neu-Gesellschafter wird in den meisten Fällen einen Großteil seiner finanziellen Mittel in das Unternehmen investieren. Häufig muss er darüber hinaus weiteres Eigenkapital über einen Investor (z. B. Private-Equity-Gesellschaft) für den Unternehmenserwerb generieren. Dieser Eigenkapitalgeber ist demgegenüber allerdings in den wenigsten Konstellationen über ein Vertrauensverhältnis mit dem Verkäufer verbunden. Üblicherweise wird er somit dem Verkäufer mit Misstrauen gegenüberstehen und deswegen auf eine ausführliche Prüfung der Transaktion zur Abwägung der eigenen Risikoposition bestehen.

Abgesehen von den geschilderten Sonderfällen lässt sich jedoch feststellen, dass Vertrauen als Grundlage eines Gesellschafterwechsels nur in sehr speziellen Konstellationen anzutreffen sein wird und nur unter diesen Umständen die Stewardship Theory als Grundlage der Handlungen der Akteure betrachtet werden kann. Aufgrund der sich zumeist diametral gegenüberstehenden Interessen des Verkäufers und des Käufers ist nicht anzunehmen, dass die beiden Akteure sich gegenseitig Vertrauen entgegenbringen. Zumal der Verlust, der durch Ausnutzen des entgegengebrachten Vertrauens durch die Gegenseite entsteht, für viele Akteure existenzgefährdend ist. Dies wird zusätzlich verstärkt durch die Tatsache, dass sich in den meisten Fällen Käufer und Verkäufer sich erst im Rahmen der Transaktion näher kennen lernen. Im Allgemeinen ist somit davon auszugehen, dass das klassische Verhaltensmuster bei Unternehmensbeteiligungen eher den Grundsätzen der Principal-Agency Theory folgt.

3. Besonderer empirischer Teil

3.1 Der Wandel des Beirats durch Veränderung des Umfelds

Aufgrund der fundamentalen Unterschiede der beiden gegensätzlichen Theoriekomplexe Principal-Agency Theory und Stewardship Theory erscheint es evident, dass es bei einem Zusammenstoß der beiden Theorien zwangsläufig zu Komplikationen kommen kann bzw. wird. So sind Konstellationen von großer wissenschaftlicher und zugleich praktischer Brisanz, in denen Akteure, die von der jeweilig anderen Theorie geprägt sind, aufeinanderprallen. Dies kann u. U. einhergehen mit divergierenden Erwartungshaltungen der Individuen bezüglich des Verhaltens des Kontrahenten. Im Kontext der wirtschaftlichen Praxis bedeutet es, dass einer der beiden Akteure sich i. S. der Principal-Agency Theory verhält, während der andere Akteur sich an den Prämissen der Stewardship Theory orientiert. Verhält sich der Principal gemäß der Stewardship Theory, basieren die Aktionen des Agents auf der Principal-Agency Theory. Vice versa führen Verhaltensweisen des Principals gemäß der Principal-Agency Theory einhergehend mit der Orientierung des Agents nach den Vorgaben der Stewardship Theory ebenso zu Konfliktsituationen (s. Abb. 24). Diese Konfliktsituationen können mit dem Prisoners Dilemma verglichen werden, das im Folgenden erläutert werden wird.

Abbildung 24: Übertragung des Prisoners Dilemmas auf die konkrete Situation

Verhalten des Managers \ Verhalten des Principals	**Principal-Agency**	**Stewardship**
Principal-Agency	Verlässlichkeit gemäß Principal-Agency Theory	Konflikt
Steward-ship	Konflikt	Verlässlichkeit gemäß Stewardship Theory

Quelle: Eigene Darstellung.

Übertragen auf die Zusammenarbeit in den Kontroll- und Führungsgremien sind die beschriebenen Konfliktkonstellationen ebenfalls denkbar. Im Ergebnis führt die Übertragung zu einem Spannungsfeld innerhalb des Unternehmens und explizit in seinen Organen, womit unweigerlich Reibungsverluste verbunden sind. Aus einer theoretischen Perspektive ist zu erwarten, dass das Zusammentreffen unterschiedlicher Menschenbilder und damit einhergehend der gegensätzlichen Führungs- und Kontrollmethoden (CG) per Saldo mit negativen Implikationen für das Unternehmen als Ganzes verbunden sein wird.

Vor diesem Hintergrund lassen sich die folgenden, auf die Unternehmenssituation zugeschnittenen Konstellationen konstruieren. Beginnend wird dabei die Situation in einem Unternehmen, das gemäß der Principal-Agency Theory ausgerichtet ist, dargestellt. Anschließend folgt die Analyse des Eintritts eines Stewards in diese homogene Atmosphäre. Danach folgt die Betrachtung eines reinen Stewardship Umfelds, bevor die analoge Mischform thematisiert wird. Es kann grundsätzlich davon ausgegangen werden, dass eine Unternehmenskultur, die im Wesentlichen durch rationales Denken und Handeln i. S. der **Principal-Agency Theory** geprägt ist, für beide Parteien eine hohe Sicherheit zu bieten vermag. Die Beteiligten finden in diesem homogenen Umfeld eine Basis vor, die durch klare Regelungen in Form von Verträgen und Vorgaben gekennzeichnet ist. Dieses klar definierte Rahmenwerk ist dabei ex ante vereinbart worden. I. S. der Principal-Agency Theory wird der Principal versuchen, den Agent möglichst konsequent zu kontrollieren und ihm kein Vertrauen entgegenbringen. Das Entgegenbringen von Vertrauen wäre nicht gerechtfertigt, da der Agent (i. S. der Agency Theory) nur an der Maximierung seines eigenen Nutzens opportunistisch interessiert ist.

Ein Steward, der nach den Prämissen der **Stewardship Theory** handelt, wird sich annahmegemäß in dieser Umgebung nicht wohl fühlen, da ihm die wechselseitige Vertrauensbasis fehlt. Ihn verletzt das mangelnde Vertrauen, das gegenüber seinem Verhalten und seiner Person herrscht. Das nicht gerechtfertigte Misstrauen führt bei ihm zu einer erhöhten Frustration, die darin münden kann, dass er sich entweder zumindest emotional distanziert oder sogar offiziell kündigt. Für den Principal wird die sich verringernde Motivation des Stewards, den er wie einen Agent gemäß der Agency Theory behandelt hat, nicht nachvollziehbar sein. Vice versa wird in der Principal-Agency geprägten Unternehmenssituation ein Principal mit Verhaltensweisen, die auf der Stewardship Theory beruhen, einen Schaden für sein Unternehmen erzeugen. Das dem Agent vonseiten des Principals entgegengebrachte Vertrauen, der den Agent wie einen Steward behandelt, wird dieser gemäß der Principal-Agent Theorie missbrauchen und seinen Nutzen konsequent auf Kosten des Unternehmens und zu Lasten des Principals maximieren. Im Extremfall wird der Agent das Unternehmen so lange zu seinem Nutzen schädigen, bis das Unternehmen keine Existenzgrundlage mehr hat. Diese Verhaltensweise wird häufig mit den Verhaltensweisen von „Füchsen im Hennenhaus" gleichgesetzt (vgl. Davis et al., 1997, S. 39).

Die Konstellationen, die sich in einem von der **Stewardship Theory** geprägtem Umfeld ergeben können, sind ebenfalls problematisch. So kann diese durch einen großen Vertrauensvorschuss durch die Eigentümer (Principals) gekennzeichnete Situation im Unternehmen zu Nachteilen für das Unternehmen führen. Das Unternehmen wird keinen Schaden nehmen, solange der Manager sich wie ein Steward verhält. Diese Situation wird erst dann gestört, wenn ein Beteiligter abweichendes Verhalten zeigt. Der Manager kann seine Verhaltensweise ändern und sich nicht mehr wie ein Steward verhalten, sondern wie ein Agent (als Homo Oeconomicus). Er wird sich zu Lasten des Unternehmens bereichern und seinen individuellen Nutzen maximieren, analog zu der bereits beschriebenen Situation des Fuchses im Hennenhaus. Das durch die Stewardship Theory geprägte Umfeld wird diese Situation u. U. nicht sofort richtig einschätzen können. Folglich kann der Agent zumindest eine bestimmte Zeitperiode ungestört agieren. In der umgekehrten Situation ändert der Principal seine Verhaltensweisen, indem er i. S. der Principal-Agency Theory agiert. Diese Änderung der Verhaltensweise auf Seiten des Principals führt zu Frustration des Managers (Steward), der entweder innerlich kündigen wird oder den Arbeitgeber wechseln wird (vgl. Davis et al., 1997, S. 39). Somit entsteht für die Beteiligten eine Situation, die mit dem „Gefangenen-Dilemma" vergleichbar ist (vgl. Poundstone, 1992, S. 371 ff. und vgl. Schüßler, 1997, S. 98 ff.). Die zentrale Aussage des Prisoners Dilemmas besagt, dass sich alle Parteien besser stellen, wenn sie kooperieren (s. Abb. 24). Das mögliche Agieren eines Stewards/Agents entgegen der eigenen Einstellung, um entsprechend zu kooperieren, ist für ihn häufig nicht zufrieden stellend (vgl. Kirchkamp/Nagel, 2001, S. 319 ff.). Dadurch ist es wenig verwunderlich, dass häufig nach einem Eigentümerwechsel das Management aufgrund des Handelns gegen die eigene Überzeugung frustriert ist. Dies lässt sich mit der erhöhten Fluktuation der Führungskräfte nach einer Veränderung im Eigentümerkreis belegen (vgl. v. Hoyningen-Huene, 2004, S. 189 f.).

Analog zu den Situationen der Führungskräfte ist auch im Kontrollgremium des Unternehmens mit Konflikten zu rechnen. So entsteht für einen Beirat, der gemäß der Principal-Agency Theory arbeitet und folglich den Schwerpunkt seiner Arbeit auf die Kontrollfunktion legt, eine neue Konstellation, wenn nach einem Eigentümerwechsel die neuen Gesellschafter (Principals) eine an der Stewardship Theory orientierte Handlungsweise einfordern. Auch hier ist eine Konfrontation der beiden konträren Verhaltens- und Denkweisen zu erwarten. Der Eigentümerwechsel beinhaltet in dem beschriebenen Szenario die Vorgabe einer kooperativen Zusammenarbeit mit der Geschäftsleitung. Der Beirat war es aber bis dato gewohnt, ein eher distanziertes und von Misstrauen geprägtes Zusammenwirken mit der Geschäftsführung auszuführen. In der veränderten Situation ist davon auszugehen, dass der neue Eigentümer in seiner Funktion eine tendenziell kooperative Zusammenarbeit des Beirats mit der Geschäftsführung verlangt. Die geforderte Zusammenarbeit entspricht aus Sicht des Gesellschafters der Rolle eines Sparringspartners. Eine derartig vertrauensvolle Kooperation mit dem ausführenden Organ können die Vertreter des Beirats i. S. der Agency Theory allerdings nur schwer erfüllen.

Ähnliche Komplikationen können sich in einem an der Stewardship Theory ausgerichteten Beirat ergeben, wenn es zu einem Wechsel im Gesellschafterkreis kommt und die neuen Gesellschafter ihre Vorgaben an der Principal-Agency Theory orientieren. Die oftmals langjährige vertrauensvolle Kooperation mit der Geschäftsleitung, die von gegenseitigem Respekt, informeller Zusammenarbeit und gemeinsamer Orientierung geprägt war, soll aufgegeben werden, um die Kontrollfunktion in den Vordergrund der Gremienarbeit zu rücken. Es ist zu erwarten, dass diese gravierenden Änderungen den Mitgliedern eines solchen Gremiums mitunter sehr schwer fallen werden. In Anbetracht dessen ist es für den neuen Eigentümer ratsam, genau zu prüfen, ob für ihn ein personeller Wechsel im Aufsichtsgremium sinnvoll sein kann.

Die aus den Veränderungen des Umfelds resultierenden aufgezeigten Problemfelder in der Sphäre des Beirats basieren auf den beiden Dilemmata, die Klein im Rahmen der Abstimmung von Beiratstätigkeit und Unternehmenskultur dargelegt hat. Nach Klein wird ein Beirat, der sich i. S. der Stewardship Theory als beratendes Gremium versteht, durch das Fremdmanagement (als Agent agierend) nicht gehört. Die ausgesprochenen Ratschläge werden zwangsläufig ignoriert. Dies führt zu Frustration der Mitglieder des Beirats, die sogar zu einer Auflösung des Gremiums führen kann. Demgegenüber wird ein Beirat, der als Kontrollgremium fungiert und somit seine Arbeitsweise an der Principal-Agency Theory orientiert, die Vertrauensbasis zerstören, die das Management, das i. S. der Stewardship Theory agiert, ihm entgegenbringt. Letztlich führt die Kontrolle durch den Beirat in dieser Konstellation somit zu einer Veränderung der Unternehmenskultur (vgl. Klein, 2005, S. 198 ff.). Der beschriebene Culture Clash, der beim Aufeinanderprallen der beiden Menschenbilder und der damit verbundenen Formen der Zusammenarbeit im Beirat und in Bezug auf die CG eines bisher i. S. der Stewardship Theory geleiteten Familienunternehmen entsteht, ist bislang noch nicht im Rahmen der wissenschaftlichen Forschung untersucht worden. Er verspricht aber interessante Ergebnisse und erscheint daher als Ziel empirischer Forschung vielseitig lohnend. Im folgenden Unterkapitel 3.2 wird die Methodik, anhand derer die empirische Untersuchung abgeleitet aus der theoretischen Herleitung aufgebaut wird, vorgestellt.

3.2 Methodik der Untersuchung

Die Beantwortung der entwickelten Fragenkomplexe über die Veränderungen im Unternehmen und speziell im Beirat wird im Rahmen der qualitativen Forschung mit Hilfe von Case Studies geleistet. Die methodische Vorgehensweise der Fallstudienuntersuchung orientiert sich nach Eisenhardt an sechs Schritten. Diese fordert Eisenhardt, um wissenschaftliche Erkenntnisse mit Hilfe von Fallstudien zu generieren (vgl. Eisenhardt, 1989b, S. 532 ff.). Im Vorfeld der empirischen Untersuchung wird in einem ersten Schritt die forschungsleitende Fragestellung formuliert, die im ersten Kapitel der vorliegenden Arbeit auf eine untersuchungsleitende Forschungsfrage fokussiert wurde. Der zweite Schritt – die Auswahl der Fallstudien – wird hier im 3. Kapitel dargestellt. Als Fallbeispiele werden Familienunternehmen ausgewählt, die sich durch die Hereinnahme von Beteiligungskapital finanziert haben. Die konkreten Auswahlkriterien, die zum Sample der empirischen Untersuchung führen, werden in Kap. 3.5 ausführlich erörtert. Die für die empirische Untersuchung ausgewählten Unternehmen

(Sample) werden über verschiedene Wege (schriftliche Ansprache, telefonische Kontaktaufnahme und persönliche Ansprache auf Tagungen) zur Teilnahme an der Erhebung gebeten. Als Interviewpartner kommen grundsätzlich Beiratsmitglieder oder Personen, die mit der Beiratsarbeit im Unternehmen vertraut sind, in Frage.

Der dritte Schritt der Untersuchungsmethodik ist die Datensammlung, die mit Hilfe einer Triangulation mehrerer Methoden erfolgen wird. Als Definition von Triangulation, die zugleich deren Zielsetzung widerspiegelt, wird im sozialwissenschaftlichen Kontext häufig die nachfolgende Definition von Denzin verwendet: „Tringulation, or the use of multiple methods, is a plan of action that will raise sociologists above the personalistic biases that stem from single methodologies. By combining methods and investigators in the same study, observers can partially overcome the deficiencies that flow from one investigator and/or method. Sociology as a science is based on the observations as an act of symbolic interaction, the link between observations and theories will remain incomplete. In this respect triangulation of method, investigator, theory, and data remains the soundest strategy of theory construction" (Denzin, 1970, S. 300). Demnach ist diese Methodik der Triangulation im Speziellen für die vorliegende Forschungsarbeit zu überlegen, da durch den Methodenmix die Schwächen der einzelnen Methoden abgemildert werden und so zu validen Gesamtergebnissen führen.

Die Anwendung der Triangulation lässt sich generell in vier wesentliche Teilgebiete unterteilen:

1. Daten-Triangulation,
2. Investigator-Triangulation,
3. Theorien-Triangulation und
4. Methoden-Triangulation. (Vgl. Denzin, 1970, S. 301 ff.)

Die Daten-Tringulation verwendet unterschiedliche Datenquellen zur Generierung der Daten, während die Investigator-Triangulation sich auf die Person des Interviewers/Beobachters fokussiert. Durch den Einsatz verschiedener Forscher sollen so Verzerrungen minimiert bzw. aufgedeckt werden. In Untersuchungsgebieten, die durch ein geringes Maß an theoretischer Kohärenz geprägt sind, erfolgt ein Rückgriff auf Theorien, so dass die gesammelten Daten entweder durch eine Theorie oder eine alternative Theorie bestätigt werden können. Die Überwindung der Schwachpunkte der einzelnen Methoden durch den Einbezug egalisierender Methoden ist das vierte und in der Forschungsgemeinschaft am meisten beachtetet Teilgebiet der Tringulation. Im Rahmen dieser Methoden-Triangulation wird zwischen der Triangulation innerhalb einer Methode („within-method") und zwischen der Triangulation mehrerer Methoden unterschieden („between-method") (vgl. Denzin, 1970, S. 301 ff. und vgl. Flick, 2008, S. 13 ff.).

Im Rahmen der vorliegenden Dissertation wird die Daten-Triangulation angewendet. Zentraler Ausgangspunkt sind hierbei Interviews mit Personen, die unmittelbar mit der Arbeit in den Beiräten der Unternehmen, die in den Case Studies dargestellt werden, betraut sind. Die Befragungen lassen sich als offene, teilstrukturierte und problemzentrierte Interviews qualifizieren. Die Basis bildet ein Leitfaden, der im Rahmen von teilstrukturierten Interviews anzuwenden ist. Bei der Überprüfung der Vorgehensweise erfolgt eine Orientierung an den Gütekriterien für qualitative Forschung von Mayring, die neben der Triangulation die kommunikative Validierung, die Nähe zum Gegenstand, die Regelgeleitetheit, die argumentative Interpretationsabsicherung sowie die Verfahrensdokumentation beinhaltet (vgl. Mayring, 2002, S. 140 ff.). Die Triangulation innerhalb der Case Studies wird geleistet durch die Analyse von Finanzkennzahlen sowie von Sekundärquellen, die im Zeitlauf über die Situation in den Unternehmen erschienen sind. Global werden zur Abschätzung der generellen Untersuchungssituation Gespräche mit Experten in diesem Themengebiet genutzt, um Erkenntnisse, die unabhängig von der Situation in den einzelnen näher betrachteten Unternehmen anzusiedeln sind, in die Betrachtung mit einzubeziehen. Als Experten sind hierunter Vertreter von Banken, Beratungsgesellschaften, Rechtsanwälte etc. zu sehen, die im Rahmen ihrer beruflichen Tätigkeit mit der Untersuchungssituation konfrontiert waren.

Die Analyse der gewonnenen Daten soll mit Hilfe eines Auswertungsverfahrens, das ähnlich der „Grounded Theory", die auf Becker et al. zurückgeht, erfolgen, bei dem schon während der Erhebung Konzepte und Theorien entwickelt werden (vgl. Becker et al., 1961, S. 18). Das mit der Anwendung der Grounded Theory (auch bekannt als Gegenstandsbezogene Theorie) verfolgte Ziel ist die Minderung der Diskrepanz zwischen Theorie und Praxis, indem Erkenntnisse für die Theorie aus den gesammelten Daten gewonnen werden (vgl. Strauss/Corbin, 1996, S. 32 ff.). Das menschliche Verhalten soll durch diese Theorien erklärt und Verhaltensmuster veranschaulicht werden (vgl. Charmaz, 2000, S. 510). Dabei können bestehende Theorien als Basis genutzt werden und im Zuge der Forschung für den speziellen Fall modifiziert werden. Somit überschneiden sich Datenerhebung und Auswertung im Gegensatz zum Ideal des **Kritischen Rationalismus**, der sich auf eine Überprüfung von vorab formulierten Hypothesen konzentriert. Die Grounded Theory eignet sich insbesondere, wenn der Gegenstandsbereich noch nicht im Blickpunkt der Forschung liegt und die Untersuchung der Feldforschung zuzurechnen ist (vgl. Mayring, 2002, S. 103 ff.). Diese Voraussetzungen sind für die vorliegende Untersuchung zumindest teilweise gegeben. Jedoch ist die Form der Auswertung in diesem Kontext nicht als Grounded Theory zu klassifizieren. Die Unterschiede zeigt Suddaby auf (vgl. Suddaby, 2006, S. 633 ff.).

Die gemäß der qualitativen Forschung gewonnenen Ergebnisse der einzelnen Fallstudien werden dann mit dem literaturbasierten theoretischen Vorwissen verglichen. Hierüber wird ein Erkenntnisgewinn für die allgemeine Untersuchungssituation angestrebt, der in einer modellhaften Darstellung der Ist-Situation sowohl im Einzelfall als auch aggregiert zu allgemeineren Aussagen führen soll. Es soll ein Schema in Form eines Spinnennetzdiagramms erarbeitet werden, das die jeweils idealtypischen Ausprägungen anhand zu erarbeitender Parameter der im Rahmen der durchgeführten Case Studies abgefragten Items veranschaulicht. Diese Erkenntnisse sollen dann, wie schon erwähnt, neben dem theoretischen Erkenntnisgewinn (Lehren für die Wissenschaft) in einem Ratgeber für die Praxis (Lehren für die Praxis) münden. Kernpunkt der Empirie ist das Interview, das auf einem Interviewleitfaden basiert. Die Entwicklung der Fragestellungen, die im Leitfaden berücksichtigt werden, wird im folgenden Unterkapitel dargestellt.

3.3 Konzeption des Fragebogens

Aufbauend auf den vorangegangenen theoretischen Ausführungen werden nachfolgend Fragenkomplexe erarbeitet. Diese bilden die Grundlage der empirischen Betrachtung, die im Rahmen von Fallstudienanalysen (Case Studies) durchgeführt wird. Die Basis der empirischen Umsetzung der Forschungsarbeit ist ein Fragebogen, der die als relevant erachteten Ausprägungen in den ausgewählten Unternehmen beobachtbar machen soll. Bei der Erstellung des Interviewleitfadens wurden ebenso wie bei der Auswertung der Befragung die Erkenntnisse aus der Theorie berücksichtigt. Somit wurde den Forderung Yin´s nach „(...) continous interaction between the theoretical issues being studied and the data being collected“ (Yin, 1989, S. 62) entsprochen.

Die Befragung ist als teilstrukturiertes und problemzentriertes Interview zu qualifizieren. Der Fragebogen dient, wie später in der Vorgehensweise im Kapitel 3.4 ausführlich dargestellt werden wird, dem Interviewer als Interviewleitfaden, den er aber ausbauen kann, um Detailfragen zu stellen oder um weitere Aspekte anzusprechen, die ihm im Kontext bedeutsam erscheinen. Dementsprechend ist er nicht als statisches Gebilde zu verstehen, sondern kann individuell angepasst werden und erfolgt über offene Fragen. Er dient dazu, dem Interview eine gewisse Struktur zu geben und strukturiert durch das Experteninterview zu führen. Andererseits gibt er dem Befragten weitestgehend Freiheit, seine Ansichten und Erfahrungen zu äußern (vgl. Schnell et al., 2005, S. 322). Die inhaltlichen Anforderungen erfüllt der Fragebogen durch eine Einteilung in sieben inhaltliche Themenkomplexe. Die Themenkomplexe selbst gestalten sich heterogen: Sie sind sowohl in ihrem Umfang als auch in ihrer Wichtigkeit unterschiedlich relevant für die Beantwortung der gestellten Forschungsfrage. Einschränkend muss allerdings hinzugefügt werden, dass aufgrund des beobachtbaren Umfangs der Fragengebiete keinerlei Rückschlüsse auf deren Relevanz gezogen werden können. Die Merkmale Umfang und Wichtigkeit sind in dieser Hinsicht nicht korreliert. Die nachfolgenden Ausführungen stellen die einzelnen Themengebiete vor und betten diese in ihren jeweiligen Hintergrund ein.

Zum besseren Verständnis der Situationen der Unternehmen und der kontextbezogenen Darstellung der Untersuchung im Rahmen der geplanten Fallstudien werden zunächst zwölf **einleitende Fragen** eingesetzt. Im Rahmen dieser einleitenden Fragen erscheint es zunächst opportun, auf die Eigentümerstruktur des betrachteten Unternehmens einzugehen. Dabei zielen die Fragen sowohl auf den Gesellschafterkreis vor sowie nach der Beteiligung durch einen Finanzinvestor ab. Da die Veränderung der Eigentümerstruktur wesentlich ist und als Grundlage der empirischen Untersuchung fungiert, wird sie bereits in dem einleitenden Block eruiert. Zum besseren Verständnis der Situation im Unternehmen, insbesondere vor der Beteiligung, sollen die Gründe, die zur Hereinnahme des Finanzinvestors führten, kurz diskutiert werden. Die weitere Befragung kann durch den Interviewleitfaden und durch die mögliche Interaktion von Interviewer und Befragtem individuell angepasst werden.

Ein Teil der Fragen an dieser Stelle konzentriert sich auf die **Geschäftsführung** des Unternehmens. Zwar sind es die Aufsichtsgremien und nicht die Geschäftsleitungen der Unternehmen, welche grundsätzlich Gegenstand der Untersuchung sein sollen. Jedoch wirken Führungsorgan und Kontrollorgan häufig zusammen und sollten infolgedessen auch nicht isoliert betrachtet werden. Des Weiteren ist zu berücksichtigen, dass Veränderungen in einem Organ auch starke Auswirkungen auf das jeweils andere Organ haben können, weswegen es durchaus opportun erscheint, auch diesem Gremium einige Fragen im Rahmen des Interviews einzuräumen.

Der sich an den Einleitungsblock anschließende Fragenkomplex rückt das **Aufsichtsorgan** explizit in den Blickpunkt der Betrachtung. Den Ausgangspunkt bildet dabei zunächst die personelle Zusammensetzung des Gremiums. Ziel dieses Fragenkomplexes ist die Herausarbeitung struktureller Veränderungen in der Auswahl und Berufung von Beiratsmitgliedern. Zunächst wird dabei die Existenz eines Beirats in der Zeit vor der Beteiligung als auch im Nachgang der Beteiligung abgefragt. Eine mögliche Nicht-Existenz eines Aufsichtsgremiums in einer der beiden Stadien lässt Schlüsse und Aussagen über die Bedeutung von Kontrolle in dieser Phase zu. Hieran anschließend findet die quantitative Besetzung des Organs, der fachliche Hintergrund, die familiären Beziehungen zwischen den Mitgliedern der einzelnen Organe des Unternehmens und die Internationalität der Mandatsträger Berücksichtigung. Ein weiteres Merkmal, das im Rahmen der Befragung untersucht wird, ist das Alter der Mitglieder des Gremiums. Dies ermöglicht gemeinsam mit den Erkenntnissen über den Ausbildungshintergrund eine Aussage über die Werte, die im jeweiligen Kontext für eine Berufung stehen. So kann ein hohes durchschnittliches Alter der Mitglieder bspw. für die Wertschätzung von Erfahrung (vgl. Klaus, 1988, S. 156) stehen und ein hoher Ausbildungshintergrund für den Anspruch, der mit einer Aufgabe verbunden ist (vgl. Allanson, 1985, S. 106 ff.). Hierüber sollen Aussagen über die Aufgaben des Gremiums und die Ausrichtung des Unternehmens und der Gesellschafter erfolgen. Erkenntnisse über die zeitliche Orientierung der Gesellschafter in Bezug zum Unternehmen als solches als auch zur Strategie und der Kontinuität stehen ebenfalls im Blickpunkt dieses Fragenkomplexes. Abschließend wird in diesem Abschnitt die Vertretung der Mitarbeiter im Gremium beleuchtet. Deren mögliche Berücksichtigung lässt Aussagen darüber zu, inwieweit die Eigentümer die Mitarbeiter des Unternehmens in Entscheidungsprozesse einbeziehen oder deren Meinung zumindest anhören. Die **Vergütung** der Mandatsträger steht im Zentrum der nachfolgenden Fragen. Hierunter wird die Gesamtvergütung der Beiratsmitglieder, die Messbarkeit und Honorierung der Leistungen des Beirats subsumiert.

Die **Arbeitsweise** des Kontrollgremiums ist ein weiterer zentraler Bestandteil der Untersuchung. Ziel ist dabei, die Veränderungen, die in der konkreten Umsetzung der Beiratsarbeit zu beobachten sind, herauszustellen. Untersucht werden in diesem Zusammenhang die Interessensgruppen, auf deren Bedürfnisse die Arbeit und die Ziele des Beirats ausgerichtet sind und die Regeln innerhalb des Beirats. Die Häufigkeit der Sitzungen des Gremiums ermöglicht zumindest einen zeitlichen Eindruck über die Intensität der Tätigkeit. Die Sitzungshäufigkeit der Beiräte weist einen Zusammenhang mit den Aufgaben des Organs auf. So tagen Kontrollbeiräte, also Gremien, die i. S. der Agency Theory agieren, im Schnitt häufiger als Beratungsbeiräte, die gemäß der Stewardship Theory agieren (vgl. Brose, 2006, S. 48 f.). Als Grund kann zum einen die höhere Arbeitsintensität durch die Kontrolle angeführt werden, zum anderen aber auch die größere Häufigkeit an informellen Kontakten zwischen Geschäftsleitung und Beirat im Stewardship Umfeld, durch die der Bedarf einer große Zahl an Sitzungen vermieden wird. Die Verkehrssprache im Gremium wird vor dem Hintergrund einer möglichen Internationalisierung untersucht. Die Fragen nach der Effizienz, der typischen Dauer der Sitzungen und der Protokollierung haben zum Ziel, die Professionalität und die strukturelle Basis des Gremiums zu untersuchen. Abschließend für diesen Bereich sollen mögliche Konflikte innerhalb des betrachteten Gremiums erfasst werden. Sowohl die Häufigkeit als auch die Intensität der Konflikte ermöglichen in der Auswertung Aussagen über die Zusammenarbeit und die Arbeitskultur des Aufsichtsgremiums; wobei die Unterscheidung in emotionale und sachliche Konflikte von großer Bedeutung ist. Hierüber kann eine Indikation der Arbeitskultur und des Umgangs der Mitglieder innerhalb des Aufsichtsgremiums gegeben werden.

Die **Entwicklungsmöglichkeiten**, die sich den Mitgliedern des Aufsichtsgremiums bieten, werden im Rahmen von sechs Fragen beleuchtet. Schwerpunkte bilden hierbei die Abprüfung der Anforderungen an die Mitglieder des Aufsichtsorgans, die tatsächliche Weiterbildung der Beiratsmitglieder, das Angebot an Weiterbildungsmöglichkeiten für die Mandatsträger sowie die Verpflichtung zur Teilnahme an Weiterbildungsveranstaltungen. Hierüber sollen Erkenntnisse über die von den Eigentümern gesuchten Qualifikationen und Persönlichkeitsmerkmale gewonnen werden.

Der nachfolgende Fragenkomplex thematisiert in 21 Fragen das **Zusammenwirken des Beirats mit den anderen Akteuren im Unternehmen**. Zentral sind in diesem Zusammenhang die Herausarbeitung der Kontrollfunktion und/oder Beratungsfunktion des Gremiums sowie die Grenze zwischen der Leitung und der Kontrollfunktion im Beirat. Mit der Befragung soll u. a. herausgefunden werden, ob die Gesellschafter den Beirat nutzen, um die strategischen Entscheidungen des Unternehmens zu steuern. Demnach würde das Gremium als gestalterisches Element durch die Eigentümer genutzt. In ähnlicher Weise soll untersucht werden, wie kritisch das Aufsichtsgremium der Geschäftsleitung gegenübersteht. Dieses Verhältnis kann durch Vertrauen, aber auch durch Misstrauen geprägt sein und ermöglicht eine Aussage über das den Akteuren zugrunde liegende Menschenbild (vgl. Kap. 2.3.2 und vgl. Kap. 2.3.3). Die Teilnahme der Beiratsmitglieder an den Sitzungen der Geschäftsleitungen in den beiden Phasen wird in diesem Zusammenhang ebenfalls abgefragt, um Aussagen über das Zusammenspiel mit der Geschäftsleitung zu treffen. Zum Abschluss dieses Themengebietes werden die Konflikte, die das Gremium mit anderen Organen des Unternehmens hat, abgefragt. Sowohl die Intensität als auch die Häufigkeit stehen dabei im Zentrum der Befragung.

Den Abschluss des Leitfadens bilden vier Fragen, die das Interview abrunden, indem sie übergreifend die **Unternehmenssituation** aufgreifen. Drei Fragen beschäftigen sich mit der wirtschaftlichen Situation des Unternehmens in der Chronologie: a) vor der Beteiligung, b) nach der Beteiligung und c) zum gegenwärtigen Zeitpunkt. Die Abschlussfrage lässt dem Interviewten Raum, alles was ihm im Rahmen der Beteiligung aufgefallen ist und was er an weiteren Anmerkungen äußern möchte, anzuführen.

Der Interviewleitfaden, der vollständig im Anhang beigefügt ist, dient als Basis der Befragung (s. Anhang II). Die jeweilige Befragung richtet sich immer nach der Situation im jeweiligen Unternehmen. Gleichzeitig berücksichtigt sie auch die einzelne Befragungssituation und den Interviewten. Zur vollständigen Dokumentation des Fragebogens sei auf den Anhang II verwiesen.

Nachdem nun die Konzeption des Fragebogens als Ausgangspunkt der Befragung beschrieben worden ist, rückt im nächsten Unterkapitel die empirische Untersuchung in den Mittelpunkt der Ausführungen.

3.4 Vorgehensweise

Die eigentliche empirische Untersuchung, die die Erkenntnisse aus der Theorie mit der Praxis in Bezug setzt, wird im Folgenden dargestellt. In diesem Kontext wird zunächst die Vorgehensweise i. S. der gewählten Methodik umfassend beschrieben, indem die Herangehensweise und die konkrete praktische Umsetzung thematisiert werden. Hieran anschließend wird das gewählte Sample beleuchtet und eine detaillierte Deskription der Untersuchungssituation geleistet.

Die exemplarisch untersuchten Fallunternehmen, ihre Rahmenbedingungen sowie die Ergebnisse der Befragungen werden dargestellt und miteinander verknüpft. Die Ergebnisse der Fallstudien werden abschließend zusammengefasst und diskutiert. In diesem Unterkapitel wird zunächst die Herangehensweise vorgestellt. Hierbei teilt sich die Darstellung in das Kapitel 3.4.1, das die Ziele der Untersuchung beschreibt, und in das Kapitel 3.4.2, das sich mit der praktischen Umsetzung der Empirie beschäftigt.

3.4.1 Ziel der empirischen Untersuchung

Im Rahmen der empirischen Untersuchung werden die Veränderungen durch die Beteiligung einer Private-Equity-Gesellschaft in den Beiräten der ausgewählten Fallunternehmen dargestellt und untersucht. Es muss dabei angeführt werden, dass auch Fallunternehmen untersucht worden sind, in denen vor der Beteiligung kein Aufsichtsorgan installiert war. Somit wird die im zweiten Kapitel erarbeitete Theorie mit der Praxis in Bezug gesetzt. Basis hierfür sind Interviews, die mit Hilfe des hergeleiteten Interviewleitfadens geführt wurden und qualitativ im Rahmen von Fallstudien ausgewertet werden. Interviewpartner waren jeweils Personen, die sowohl die Situation im Unternehmen vor der Beteiligung als auch nach der Beteiligung einschätzen konnten. Die zentrale Frage, die sich als Forschungsfrage aus der Untersuchung ableitet (s. Kap. 1.2) und sich in den exemplarische Fallstudien stellt, thematisiert den Wandel der CG, im Speziellen im Beirat eines Familienunternehmens, durch den Eintritt eines Finanzinvestors. Aufbauend auf dieser Fragestellung werden die ausgewählten Fallstudien unterteilt und thematisch gegenübergestellt. Bei den Familienunternehmen, bei denen Veränderungen in der CG festgestellt werden können, werden diese im Rahmen der empirischen Untersuchung herausgearbeitet und genauer untersucht. Hierzu wird geprüft, in welchen Gebieten, speziell in der Beiratsarbeit, Veränderungen zu beobachten sind und welche statisch geblieben sind.

Da die einzelnen Unternehmen aufgrund ihrer jeweiligen Spezifika jedoch nicht ohne weiteres miteinander vergleichbar sind, erscheint es wichtig, die einzelnen Ausprägungen der CG in ihrem jeweiligen Kontext vorzustellen. Somit können Besonderheiten, die in den Unternehmen eine Rolle spielen, entsprechend berücksichtigt werden. Es ist dabei anzuführen, dass die ausgewählten Fallunternehmen nicht repräsentativ für die Grundgesamtheit sind. Dem Vorwurf, dass Fallstudien keine Theorie generalisieren können, wenn die Fälle nicht repräsentativ sind, kann allerdings begegnet werden mit der Aussage, dass die Forschung im konkreten Fall darin besteht, eine Theorie zu entwickeln und nicht, diese zu testen (vgl. Eisenhardt/Graebner, 2007, S. 27). Außerdem steht die Erarbeitung der Theorie aufgrund der Untersuchung von sechs Fallstudien auf einem breiten Fundament. Denn Theorien, die auf mehreren Fallstudien basieren, können als besser begründet, genauer und eher generalisierbar bezeichnet werden als jene Theorien, die auf einer einzelnen Fallstudie beruhen. Somit steigen mit zunehmender Fallzahl die Qualität und die Übertragbarkeit der Ergebnisse der aus den Case Studies generierten Theorie. Allerdings ist bei der Auswahl der Fallstudien darauf zu achten, dass weniger die Besonderheiten des Falles zentral sind. Vielmehr ist der Beitrag zur Erarbeitung der Theorie von zentraler Bedeutung (vgl. Eisenhardt/Graebner, 2007, S. 27). Die Einzigartigkeit der Fälle bezeichnen Bettenhausen/Murnighan als besten Schutz gegen systematische Manipulation (vgl. Bettenhausen/Murnighan, 1986, S. 352). Es ist sogar ratsam, extreme Situationen und gegenpolige Untersuchungsfälle auszuwählen, da dadurch die Ergebnisse per se transparenter werden (vgl. Eisenhardt, 1989b, S. 537). Im Rahmen der Vorstellung der Fallstudien wird deutlich werden, dass sich die ausgewählten Fallunternehmen z. T. sehr stark unterscheiden (vgl. Kap. 3.7.2). Der Ansatz, eine breitere Sichtweise auf den Untersuchungsgegenstand zu erhalten, indem aktuelle und vergangene Situationen betrachtet werden (vgl. Leonhard-Barton, 1990, 4 ff.), wurde durch den Einbezug von Fällen, in denen der Finanzinvestor die Gesellschafterebene bereits verlassen hat, und solchen Konstellationen, in denen er noch im Unternehmen engagiert ist, gewährleistet. Die Auswahl der erhobenen Daten konzentriert sich weitestgehend auf Parameter, die zur Bildung der Theorie erforderlich sind. Dies bezeichnet Suddaby als „theoretical sampling“ (vgl. Suddaby, 2006, S. 634 ff.). Mintzberg fasst die Vorgehensweise zusammen, indem er als wesentlich zur Generierung von spezifischen Daten den präzisen Fokus sieht (vgl. Mintzberg, 1979, S. 585). Um den Interviewpartnern die Möglichkeit zu geben, situationsbezogen auf die Spezifika im Unternehmen einzugehen, werden teilstrukturierte, problemzentrierte Leitfadeninterviews verwendet (s. Kap. 3.2). Dabei dienen die vorher erarbeiteten Fragestellungen der verschiedenen Themenkomplexe lediglich als Leitfaden, um dem Interviewten die Möglichkeit zu geben, eigene Schwerpunkte zu setzen. Die den Fallstudien zugrunde liegenden Auswahlkriterien werden im Unterkapitel 3.5 dargelegt, während die praktische Umsetzung der Durchführung nachfolgend vorgestellt wird.

3.4.2 Praktische Umsetzung

Ausgangspunkt der Datensammlung bilden Experteninterviews mit Personen, die mit den jeweiligen Unternehmen vertraut sind. Essentiell ist in diesem Kontext das Wissen über den Beirat in der Zeit nach dem Gesellschafterwechsel und ggf. auch vorher. Hierbei muss eingeschränkt werden, dass es auch Untersuchungssituationen gibt, in denen vor dem Eintritt des Finanzinvestors kein Beirat installiert war. Dies ist wichtig, da die beiden Situationen im Beirat als zentralem Aufsichtsorgan i. S. der CG miteinander verglichen werden. Basis der Befragung war der offene Interviewleitfaden, der den Befragten nicht vorab zur Verfügung gestellt wurde. Dies sollte verhindern, dass der Befragte zu sozial erwünschten Antworten neigen könnte, indem er sich vorher intensiv mit den Fragen auseinander setzen würde. Der Befragte soll unvoreingenommen und ohne Einarbeitung in die Thematik befragt werden. Ihm wird dabei explizit die Möglichkeit geboten, eigene Akzente zu setzen, so dass die Befragung teilweise narrative Züge annimmt. Das Ziel eines narrativen Interviews ist es, zu den subjektiven Bedeutungsstrukturen des Interviewten zu gelangen. Diese Strukturen würden sich durch systematisches Abfragen nicht erschließen lassen (vgl. Mayring, 2002, S. 72 f.).

Die Durchführung der Interviews fand zumeist in den beruflichen oder privaten Räumlichkeiten der Experten, die sich alle in Deutschland befunden haben, statt. Die Gespräche, die zwischen Oktober und Dezember 2008 in deutscher Sprache geführt wurden, dauerten durchschnittlich eine Stunde. Die Kontaktaufnahme zu den relevanten Personen erfolgte persönlich durch gezielte Ansprache, so dass auch sämtliche Interviews von dem Verfasser alleine und in persona durchgeführt wurden, um Verzerrungen zu vermeiden. Allen Befragungssituationen gemein ist außerdem das Eins-zu-Eins Verhältnis zwischen Interviewtem und Interviewer. Somit haben alle Interviews, soweit dies möglich ist, eine konforme und einheitliche Untersuchungssituation.

Damit darüber hinaus in allen Interviews weitestgehend die gleichen Themengebiete abgefragt werden konnten, orientieren sich die Befragungen in ihrer grundsätzlichen Struktur an dem Interviewleitfaden. Die Fragenkomplexe, die im Interviewleitfaden die verschiedenen Themengebiete abbilden, sind bereits im Kapitel 3.3 detailliert vorgestellt worden. Die geführten Experteninterviews wurden dabei vollständig aufgezeichnet und in vollem Umfang transkribiert. Interviews, in denen die Interviewpartner die Aufzeichnung verweigerten, haben zwar zu einem Erkenntnisgewinn geführt, konnten allerdings nicht weiter verwendet werden. Aufgrund der hohen Brisanz der Thematik und ihrer Verschwiegenheitspflicht gegenüber dem Unternehmen und den Unternehmenseignern gaben alle Befragten die Interviews nur unter der Zusage der eigenen Anonymität wie auch der Wahrung der Anonymität für das Unternehmen. Somit werden die dargestellten Unternehmen in die Fälle A bis F überführt. Ergänzt wurden die Inhalte der Interviews durch Sekundärmaterial, das in Form von Presseartikeln, Internetauftritten, Datenbanken und Fachbeiträgen von anderen Unternehmensinsidern gewonnen werden konnte. Somit wird ein differenziertes Bild von der Situation im Fallunternehmen erzeugt. Die hierbei zugrunde gelegte Daten-Triangulation ist im Kapitel 3.2 detailliert vorgestellt worden.

3.5 Sample

Zentrales Kriterium für die Auswahl der Case Studies ist ein Gesellschafterwechsel im Unternehmen. Das jeweilige Unternehmen sollte sich dabei vor den Veränderungen in der Eigentümerstruktur in der Einflusssphäre einer Familie befunden haben und nach dem Gesellschafterwechsel zumindest zur Mehrheit im Besitz einer Private-Equity-Gesellschaft sein. Zur Quantifizierung des Familieneinflusses auf das Fallunternehmen wird eine an der F-PEC Skala angelehnte Beurteilung verwendet. Die F-PEC Skala berücksichtigt zur Ermittlung des Familieneinflusses drei Komponenten (vgl. Klein et al., 2005, S. 323 ff.):

1. Macht, gemessen durch die Besitzverhältnisse, die Kontrolle über das Unternehmen und die Besetzung des Managements,
2. Erfahrung, bewertet durch die Anzahl der mit dem Unternehmen verbundenen Generationen und Familienmitgliedern und
3. Kultur, dargestellt durch die im Unternehmen verankerten Werte.

Da es im Rahmen der Befragungen nicht in ausreichendem Maße möglich war, die Kultur (vgl. Klein et al., 2005, S. 323 ff.), die in den untersuchten Unternehmen herrschte, zu identifizieren, finden nur die Kriterien Macht und Erfahrung ihre Berücksichtigung in der Beurteilung. Außerdem werden keine Werte für die einzelnen Parameter ermittelt; vielmehr werden die Fragen, die üblicherweise den F-PEC bestimmen, im Rahmen des Unternehmensportraits beantwortet. Während die Komponente Erfahrung bei Unternehmen idealtypisch i. S. der F-PEC Skala positiv korreliert ist, d. h. das Kriterium bei steigender Erfahrung einen höheren Wert auf weist, ist hier auf eine Umkehr hinzuweisen. Da in der vorliegenden Untersuchung vorrangig Gründerunternehmen (vgl. Exkurs in Kap. 2.1.1) als Forschungsobjekte herangezogen werden und die Erfahrung gemäß der F-PEC Skala sich an der gemeinsamen Historie von Unternehmen und Familie orientiert, ist dieses Kriterium sachlogisch nur sehr gering ausgeprägt. Somit findet die Komponente Erfahrung grundsätzlich Beachtung, jedoch ist die Wertigkeit nicht konform zu dem ursprünglichen Maßstab der F-PEC Skala.

Die Grundgesamtheit der Unternehmen, die für die Untersuchung grundsätzlich in Frage kommt, beträgt mehr als 1.500. Diese Zahl entspricht gerundet den deutschen Unternehmen mit Familienbezug, an denen sich in der Zeit zwischen 1999 und 2009 Finanzinvestoren beteiligt haben. Dieser Wert gilt als Mindestanzahl, da die Abschätzung nur die Transaktionen beinhaltet, die der Verfasser aufgrund von Datenbankrecherchen ermitteln konnte. Es ist sehr wahrscheinlich, dass nicht alle tatsächlich stattgefundenen Transaktionen durch die Datenbanken erfasst worden sind. Allerdings ist auch anzuführen, dass sowohl auf Seiten der Erwerber die Übergänge zwischen klassischen Finanzinvestoren, Family Offices und strategischen Erwerbern zum Teil fließend sind als auch auf Seiten der Zielunternehmen keine eindeutige Abgrenzung zwischen Familienunternehmen und Nicht-Familienunternehmen geleistet werden konnte.

Für die Auswahl der Fallstudien aus der Grundgesamtheit ist es nicht maßgeblich, dass der Familieneinfluss bei dem Unternehmen vor der Hereinnahme des Finanzinvestors möglichst hoch war. Vielmehr ist entscheidend, dass der Einfluss vor dem Gesellschafterwechsel höher als nach der Beteiligung war. Für die Auswahl ist außerdem nicht maßgeblich, ob in beiden Zeitpunkten ein Beirat existierte. So können bspw. auch die Gründe, die einen Finanzinvestor dazu bewegen, einen Beirat abzuschaffen, interessant für die Untersuchung sein. Ferner spielen die Branche, in der die Gesellschaft tätig ist, als auch die jeweilige Unternehmensgröße bei der Auswahl der Fallstudien keine Rolle. Die Unternehmensgröße wird allerdings dahin gehend limitiert, als dass Finanzinvestoren sich üblicherweise erst mit Unternehmen, die eine Umsatzgröße von mindestens 10 Mio. € aufweisen, beschäftigen. Das entscheidende Kriterium ist somit der eigentliche Wechsel auf der Ebene der Gesellschafter. Nachdem nun die Voraussetzungen für die Aufnahme eines Unternehmens in die Auswahl dargelegt sind, erfolgt im folgenden Unterkapitel die Beschreibung der Auswertung des Fragebogens. Zentral ist in diesem Kontext, dass jede Fallstudie als eine analytische Einheit betrachtet und untersucht werden kann (vgl. Eisenhardt/Graebner, 2007, S. 25).

3.6 Auswertung des Fragebogens

Die geführten Interviews wurden mit Erlaubnis der Befragten vollständig aufgezeichnet und transkribiert (vgl. Kap. 3.4.2). Durch die gewählte Vorgehensweise wird somit eine vollständige Textfassung des erhobenen Materials erzeugt. Dies ist die unabdingbare Basis für die ausführliche Auswertung der Befragungen. Hierzu werden die aufgezeichneten Gespräche in die deutsche Schriftsprache übertragen. Dialekte und Satzbaufehler werden bereinigt, da sie für die Untersuchung keine große Bedeutung haben. Bei dieser Übertragung ist es wichtig, die Aussage nicht zu verfälschen. Im Rahmen der Bearbeitung der Interviews wird somit nur die inhaltlich-thematische Ebene betrachtet. Die angeschlossene Auswertung der Protokolle erfolgt mit Hilfe einer qualitativen Inhaltsanalyse (vgl. Mayring, 2002, S. 114 ff.). Das Material wird dementsprechend in inhaltliche Einheiten zerlegt, die dann nacheinander bearbeitet werden. Die Einheiten werden dann zu Case Studies zusammengeführt. Durch die Reduktion des Materials auf die wesentlichen Inhalte wird jeweils ein überschaubarer Textkörper geschaffen, der jedoch ein adäquates Abbild des Gesamtmaterials zu bilden vermag. Somit sind die Case Studies ein in sich geschlossenes System. Die einzelnen Fälle, separiert gemäß der Ausprägung der CG, werden dann miteinander verglichen, um Gemeinsamkeiten und Unterschiede sowohl zwischen den einzelnen Fällen als auch in Bezug zur Theorie herauszuarbeiten.

Das Ziel der Fallbearbeitung ist letztlich die Beantwortung der Forschungsfrage. Hierzu werden analog einer typologischen Analyse Idealkonstellationen i. S. der Theorie,

Extremfälle, häufige und seltene Fälle herausgestellt und untersucht, um hierüber allgemeine Aussagen über die Untersuchungssituation zu generieren. Zunächst werden im folgenden Unterkapitel 3.7 die Case Studies einzeln dargestellt.

3.7 Case Studies

Das Kapitel 3.7 stellt die Case Studies dar. Zunächst wird im ersten Unterkapitel der Aufbau der Fallstudien erläutert, um die gewählte Struktur leichter nachvollziehbar zu machen. Das zweite Unterkapitel widmet sich den konkreten Fallstudien. In den beiden abschließenden Unterkapiteln werden zunächst die gewonnenen empirischen Ergebnisse diskutiert, bevor abschließend die Grenzen ihrer Aussagekraft aufgezeigt werden.

3.7.1 Struktur der Case Studies

In den folgenden sechs Case Studies wird zunächst das jeweils untersuchte Unternehmen vorgestellt. Dabei werden in die Tätigkeit, die wirtschaftliche Situation im Zeitablauf, die Unternehmenshistorie und die geographische Lage des Untersuchungsobjektes eingeführt. Zentrale Bedeutung hat im Rahmen dieser Einführung die Beschreibung der Umstände, die zu einem Gesellschafterwechsel von der Familie zu einer Private-Equity-Gesellschaft geführt haben. Einen Kurzeinblick in die Eigentums-, Management- und Beiratssituation gewährt die Darstellung der Macht- und Erfahrungsebene, die von jedem Unternehmen erstellt werden wird. Daran anschließend erfolgt eine grundsätzliche Erläuterung der Entwicklung der Beiratssituation im Unternehmen.

Zentrale Fragestellungen in diesem Abschnitt der empirischen Untersuchung sind:

- Gab es in allen Phasen einen Beirat?
- Wie war der Beirat zusammengesetzt?
- Welchen Einfluss hatte die Familie auf die Besetzung des Beirats?

Der folgende Teilbereich befasst sich mit der Entwicklung der Vergütung der Beiräte, bevor die Arbeitsweise der Gremien analysiert wird. Merkmale, die hierbei Beachtung finden, sind der Teilnehmerkreis der Sitzungen, die Protokollierung, die Sitzungssprache, die Sitzungsdauer und die Konflikte innerhalb des Gremiums. Eine Voraussetzung zur Abschätzung der Möglichkeit der Aufgabenerfüllung der Beiratsmitglieder ist die fachliche Eignung. Dieser Untersuchungsbereich, der einen stark internen Bezugsrahmen hat, leitet über in die Darstellung der Zusammenarbeit mit anderen Akteuren des Unternehmens. Abschließend werden weitere Veränderungen im Unternehmen, die nicht der Sphäre des Beirats zuzuordnen sind und im Zeitablauf zu beobachten waren, beleuchtet. Somit geben die aus der Konzeption des Fragebogens (s. Kap. 3.3) abgeleiteten Themenblöcke die Struktur der Case Studies vor und werden sachlogisch einem identischen Ablauf folgend vorgestellt und ausgewertet (s. Kap. 3.7.2).

3.7.2 Darstellung der gewonnen Ergebnisse in Form von Case Studies

Im Folgenden werden die Case Studies vorgestellt. Obwohl die ausgewählten Fallunternehmen sehr verschieden sind, z. B. aufgrund ihrer Größe, ihres Tätigkeitsschwerpunktes und den Gründen des Verkaufs haben die Unternehmen eine gemeinsame theoretische Basis. Alle dargestellten Unternehmen waren vor dem Eigentümerübergang als Familienunternehmen zu qualifizieren. Fünf der untersuchten Unternehmen sind zudem Gründerunternehmen. Lediglich das Handelsunternehmen aus dem B2B Bereich (Case Studie D) ist ein Familienunternehmen in der zweiten Generation. In allen Fallunternehmen ist der Beirat als ein Organ der Gesellschaft, das im Gesellschaftsvertrag verankert ist und somit in die gesellschaftsrechtliche Organisation des Unternehmens eingegliedert ist, zu verstehen (vgl. Kap. 2.1.3.2). Somit versprechen die Case Studies nicht nur für sich genommen interessante Ergebnisse, sondern auch i. S. des Vergleichs der einzelnen Fallstudien miteinander einen Erkenntnisgewinn.

3.7.2.1 Mittelständisches Unternehmen der Bauzulieferbranche

Die Basis der ersten Fallstudie, die ein mittelständisches Unternehmen der Bauzulieferbranche untersucht, bildet ein Interview mit einem ehemaligen Beiratsmitglied der zweiten Beteiligungsphase, der das Gremium Ende 2007 verlassen hat, ein Fachbeitrag des Geschäftsführers des Unternehmens, die Analyse von Presseartikel sowie die Recherche in Datenbanken. Das interviewte Beiratmitglied war drei Jahre Mitglied des Gremiums gewesen, da es von einem Finanzinvestor in den Beirat entsandt wurde, schied es mit dem Austritt des Investors aus. Die Aktivitäten des betrachteten Unternehmens A konzentrieren sich auf die Produktion von Rollläden und Toren. Gegründet wurde die Gesellschaft 1974 durch den bis zum Jahr 2002 tätigen Unternehmer. Der Umsatz des Unternehmens liegt aktuell bei ca. 70 Mio. €. Geographisch ist das Unternehmen in Bayern angesiedelt und beschäftigt vornehmlich dort rund 360 Mitarbeiter.

Darstellung der Verkaufssituation

Der Unternehmer, der als einzigen Nachkommen eine Tochter hat, die das Unternehmen jedoch nicht übernehmen wollte, erkannte frühzeitig die drohende Nachfolgeproblematik. Das Unternehmen erwirtschaftete zu dieser Zeit einen Umsatz von knapp unter 50 Mio. € und war sehr profitabel. Der Kontakt zu einem Finanzinvestor wurde durch den Steuerberater des Unternehmens hergestellt, der bereits in Kooperation mit dem Investor eine positive Verkaufstransaktion begleitet hatte. Die folgende persönliche Zusammenarbeit wie auch die Einigung über den Kaufpreis in der Investment-Phase (vgl. Abb. 11), der teilweise über ein Earn-out Modell beglichen wurde, verliefen zufrieden stellend. Im Zuge der Beteiligung durch den Finanzinvestor konnte sich ein an dem Unternehmen interessierter Manager eines Wettbewerbers im Rahmen eines MBIs am Unternehmen beteiligen. Der Finanzinvestor erwarb mehr als 75,1 % der

Anteile am Unternehmen. Die verbleibenden Anteile teilten sich auf den ehemaligen Unternehmer und den neuen Geschäftsführer auf, so dass der frühere Unternehmer dem Unternehmen im Zuge der Transaktion sowohl als Minderheitsgesellschafter als auch als Mitglied im neu gegründeten Beirat verbunden blieb. Zwei Jahre später, nachdem das Unternehmen den Umsatz – bei gleich bleibender prozentualer Profitabilität – um jeweils zweistellige Prozentsätze steigern konnte, entschied sich der Finanzinvestor zu einer Veräußerung. Gleichzeitig erwarb dann ein neuer Finanzinvestor die Anteile am Unternehmen. Der Gründer des Unternehmens trennte sich von seiner Beteiligung, während der Manager seine Beteiligung auf ca. 10 % aufstockte. Die verbleibenden Anteile hielt der neu hinzugekommene Investor (s. Abb. 25). Auf die wirtschaftliche Situation des Unternehmens A wirkte sich auch diese Änderung der Besitzverhältnisse positiv aus: In der Folgezeit konnte die Gesellschaft ihren Umsatz auf 71 Mio. € erhöhen und die Profitabilität deutlich steigern. Diese Entwicklung ist u. a. auf die Internationalisierung des Unternehmens zurückzuführen, die durch die Bearbeitung der osteuropäischen Märkte und der USA erreicht wurde. Ende 2007 trennte sich die Beteiligungsgesellschaft nach drei Jahren von ihrem Investment und verkaufte ihre Anteile an einen dritten Finanzinvestor. Die Beteiligung des Managements blieb davon unberührt. Eine Darstellung der grundlegende Parameter der Macht- und Erfahrungsebenen in den jeweiligen Phasen des Unternehmens leistet die Abb. 25.

Abbildung 25: Kurzportrait des Unternehmens A

	Phase vor der ersten Beteiligung	1. Beteiligung	2. Beteiligung
Besitzverhältnisse	100 % Familieneigentum (1 Person)	75,1 % Finanzinvestor 1 20 % Altgesellschafter 4,9 % Manager	90 % Finanzinvestor 2 10 % Manager (gleiche wie bei 1. Beteiligung)
Aufsichtsorgan	Nein	Ja	Ja
Zahl der Mitglieder	0	5	3
davon Familie	0	1	0
durch Familie nominiert	0	1	0
Geschäftsführer	1	1	2
davon Familie	1	0	0
durch Familie nominiert	1	0	0
Welche Generation ist am UN beteiligt?	1. Generation	1. Generation	keine
Welche Generation ist in der GL vertreten?	1. Generation	keine	keine
Welche Generation ist im AG vertreten?	kein Aufsichtsgremium	1. Generation	keine

Quelle: Eigene Darstellung.

Die Datenerhebung zur Auswertung im Rahmen der Fallstudie A konzentriert sich auf die Veränderungen zwischen der Zeit vor der ersten Beteiligung und der Zeit der zweiten Beteiligung (Alteigentümer hatte keine Beteiligung mehr und war auch nicht mehr im Beirat vertreten). Somit werden in diesem Kontext drei Phasen (s. Abb. 25) dargestellt. Ein Schwerpunkt liegt jedoch auf den letzten beiden Phasen, da vor der ersten Beteiligung das Unternehmen A über keinen Beirat verfügte, so dass ein Vergleich mit der Beiratsarbeit vorher nicht möglich war. Die Einrichtung des Beirats ist als Maßnahme des ersten Private Equity-Investors zu bezeichnen.

Zusammensetzung des Beirats

Im Zuge der Beteiligung des ersten Finanzinvestors am Unternehmen A wurde der Beirat als Aufsichts- und Kontrollgremium eingerichtet. Das Gremium bestand in dieser Phase aus fünf Personen (s. Abb. 25). Ein Beiratsmitglied war der ehemalige Alleineigentümer, der seine Detailkenntnisse über das Unternehmen mit in das Organ einbrachte. Weitere Mitglieder waren darüber hinaus ein Vertreter des Finanzinvestors sowie drei weitere Personen, die als unabhängig eingestuft werden können. Aufgrund der individuellen fachlichen Hintergründe brachte jeweils ein Mitglied spezielle juristische bzw. kaufmännische Kenntnisse in die Beiratsarbeit ein.

Während der zweijährigen Haltedauer des ersten Finanzinvestors gab es mehrere Wechsel der Beiratsmitglieder, wohingegen jedoch die Zugehörigkeit des ehemaligen Unternehmers wie auch des Vertreters des Private Equity Fonds konstant blieb. Als Motiv für die Reduzierung des Beirats von fünf auf drei Mitglieder wurde eine damit einhergehende Steigerung der Effizienz genannt. Somit kann sowohl die Größe des Beirats vor als auch nach der Beteiligung im Rahmen der typischen Ausprägung von deutschen Familienunternehmen gesehen werden (vgl. Kap. 2.1.3.2.1). Neben der Anzahl der Mitglieder spielt ebenfalls die Beziehung der Mitglieder des Gremiums zueinander eine wesentliche Rolle.

Im Zuge der Übernahme durch den zweiten Finanzinvestor schieden sämtliche Mitglieder des Gremiums aus und wurden durch drei neue Beiräte ersetzt. Zwei der neuen Mitglieder waren Vertreter des neuen Finanzinvestors. Das dritte Mitglied, das zugleich den Vorsitz des Gremiums innehatte, war ein Industrieexperte, der mit dem Private Equity Unternehmen in der Vergangenheit schon in mehreren Beteiligungssituationen zusammengearbeitet hatte. Letztgenannter blieb dem Unternehmen über die Beteiligung des zweiten Finanzinvestors hinaus verbunden und ist auch aktuell noch Vorsitzender des Beirats des Fallunternehmens.

Familiäre Beziehungen zwischen den Mitgliedern des Beirats gab es weder in der ersten noch in der zweiten Beiratsphase. Eine Vertretung der Mitarbeiter gab es zu keiner

Zeit im Kontrollgremium. Die Vertragslaufzeit der Beiratsmitglieder war in beiden Phasen unbegrenzt. Sie endete jedoch bis auf die eine bereits angeführte Ausnahme mit den Gesellschafterwechseln. Während das durchschnittliche Alter der Beiratsmitglieder in der ersten Phase bei etwas über 50 Jahren lag, ist es während der zweiten Phase auf ein Durchschnittsalter von 45 Jahren gesunken. Ein Grund für die Verjüngung stellte das Ausscheiden des Altgesellschafters dar, der mit über 60 Jahren den Altersdurchschnitt entsprechend beeinflusst hat. Daneben konnte eine zunehmende Internationalität im Zuge der zweiten Beteiligung beobachtet werden: Während sie vorher auf einer Likert-Skala von 1 bis 5 (wobei 1 sehr lokal und 5 sehr international ist), auf „2“ lag, veränderte sich dieses Kriterium deutlich auf „4“. Diese Veränderung ging auch einher mit der Internationalisierung des Unternehmens und der strategischen Expansion nach Osteuropa und in die USA. Nachdem die Zusammensetzung hinreichend thematisiert wurde, rückt im folgenden Abschnitt die Entlohnung in den Blickpunkt.

Vergütung der Beiratsmitglieder

In der Zeit des fünfköpfigen Beirats wurden die vier Beiratsmitglieder, die nicht mit dem Private Equity-Unternehmen verbunden waren, für ihre Tätigkeit vergütet. Der Vorsitzende erhielt eine höhere Entlohnung, die in etwa dem Doppelten der Zahlung an ein normales Mitglied entsprach. In dem dreiköpfigen Beirat, der später durch den zweiten Finanzinvestor installiert wurde, wurde nur der Vorsitzende entlohnt, da er im Gegensatz zu den beiden anderen Beiräten nicht mit dem Hauptgesellschafter verbunden war. Er erhielt pauschal ein jährliches Fixum in Höhe von 25.000 €. Seine Bezahlung war damit nicht nur geringer als die Vergütung des Vorsitzenden in der ersten Phase, sondern auch geringer als das Salär eines einfachen Mitgliedes im fünfköpfigen Beirat. Sitzungsgelder gab es in beiden Phasen nur dann, wenn mehr als vier Sitzungen im Jahr stattfanden. Dieses Sitzungsgeld entsprach allerdings im Wesentlichen einer Aufwandsentschädigung, die in Relation zur pauschalen Vergütung keinerlei Relevanz hatte. Die konkrete Gegenleistung der Beiratsmitglieder für ihre beschriebene Vergütung zeigt der nächste Abschnitt.

Arbeitsweise des Aufsichtsgremiums

In beiden Beteiligungsphasen war die Sitzungssprache deutsch, während die Sitzungen einmal pro Quartal stattfanden. Die Herangehensweise des Aufsichtsgremiums an seine Aufgabe sieht der Interviewte in beiden Phasen wie folgt:

„Im Wesentlichen war die Aufgabe die Weiterentwicklung des Unternehmens. Nicht die Führung, sondern die Begleitung der Führung des Unternehmens. Das ist ja eigentlich immer die Hauptaufgabe des Beirats. Da sollten keine Rücksichtsnahmen auf spezifische Gruppen des Unternehmens gehalten werden.“

Als Gruppe, deren Belange immer eine sehr zentrale Rolle der Arbeit im Gremium eingenommen hat, wurden die Gesellschafter zusammengefasst.

Grundlage der Beiratsarbeit war die Geschäftsordnung. Der zweite Beirat passte diese an die Vorgaben des Finanzinvestors an. Die Entscheidungssituation wurde geändert: Während zwar alle Stimmen gleich zählten, so dass es eine eindeutige Mehrheit geben konnte, konnten später im Streitfall die Vertreter des Hauptgesellschafters entscheiden. Somit kam den beiden Nicht-Vorsitzenden, da sie den Gesellschafter vertraten, eine höhere Entscheidungsmacht als dem Vorsitzenden zu. Zudem wurde in der zweiten Phase die Gesellschafterversammlung gestärkt. Hierzu merkt der Befragte an:

„Es gab ja auch noch eine Gesellschafterversammlung. Diese Gesellschafterversammlung hat die entscheidenden Beschlüsse getroffen, so dass manche Beschlüsse im Beirat und andere in der Gesellschafterversammlung getroffen worden sind. So sind z. B. besondere Beschlüsse, die z. B. Verkauf von Assets betreffen, in der Gesellschafterversammlung behandelt worden. Somit hatte der Beirat eine schwächere Position."

Der Charakter der Beiratsarbeit (vgl. Kap. 2.1.3.2 respektive Kap. 2.2.4.1.2) hat sich im Zuge des Gesellschafterwechsels verändert. Die Sitzungen wurden von dem zweiten Finanzinvestor sowohl zeitlich als auch inhaltlich deutlich ausgeweitet, während sie vorher eher als reine Informationsveranstaltungen zu sehen waren, wurden in der zweiten Phase die Angelegenheiten, die wichtig für das Unternehmen waren, in dem Gremium diskutiert und nicht nur vorgestellt. In diesem Kontext wurde auch der Teilnehmerkreis der Sitzungen deutlich erweitert. Während vorher nur die Beiräte und der Geschäftsführer an den Sitzungen teilnahmen, partizipierte in der zweiten Phase immer die zweite Führungsebene und fallweise weitere Kompetenzträger aus dem Unternehmen. Diese Entwicklung erklärt der Vertreter des Investors mit den veränderten Erfordernissen des Unternehmens:

„Das war notwendig geworden aufgrund der Expansion des Unternehmens bis hin zu der Idee, verschiedene Unternehmen zu übernehmen, und auch aufgrund der geschäftlichen Entwicklung des Unternehmens."

Somit entwickelte sich das Gremium von einem klassischen Beirat deutscher Ausprägungen hin zu einem eher angloamerikanisch geprägten „Board of Directors".

Obwohl die Effizienz in der zweiten Phase deutlich zunahm, dauerten die Sitzungen im allgemeinen jeweils zwei Tage und damit deutlich länger als in der ersten Phase, in der eine Sitzung durchschnittlich einen ¾ Tag dauerte. Die Sitzungen wurden in beiden Phasen protokolliert. In der ersten Phase erstellte der Geschäftsführer ein Ergebnisprotokoll; in der zweiten Phase war der Leiter Rechnungswesen (zweite Führungsebene) für die Erstellung des Protokolls verantwortlich. Hierbei wurde er unterstützt durch den Vorsitzenden des Beirats, der seine Anmerkungen vor der endgültigen Versendung des Protokolls machte. Außerdem änderte sich die Protokollform, indem nun auch der Verlauf der Diskussion berücksichtigt wurde. Gegen Ende der Beteiligung, als der Ausstieg des Private Equity-Unternehmens näher rückte, übernahm ein Vertreter des Finanzinvestors die Führung des Protokolls. Die Häufigkeit und Intensität von Konflikten innerhalb des Aufsichtsgremiums und mit anderen Organen vor und nach der Beteiligung zeigen die nachfolgenden beiden Abbildungen (vgl. Abb. 26 und vgl. Abb. 27).

Abbildung 26: Konflikte innerhalb des Aufsichtsgremiums

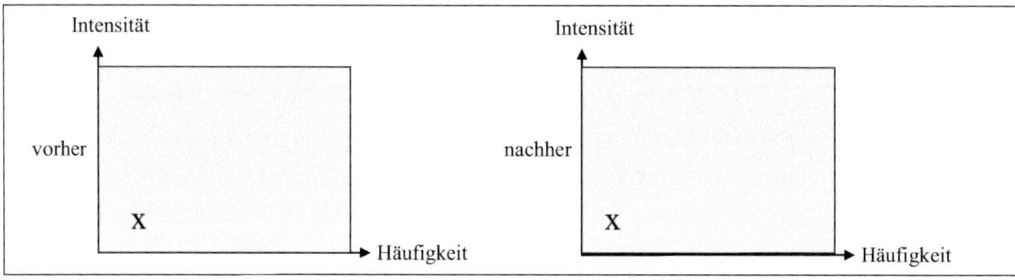

Quelle: Eigene Darstellung.

Abbildung 27: Konflikte mit anderen Organen des Unternehmens

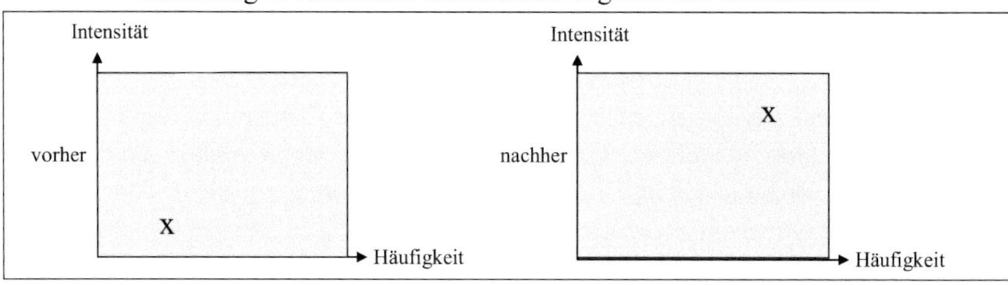

Quelle: Eigene Darstellung.

Wie aus Abb. 26 hervorgeht, hat sich sowohl die Intensität als auch die Häufigkeit der Konflikte innerhalb des Aufsichtsgremiums nach der Beteiligung nicht verändert, während die Intensität und Häufigkeit der Konflikte mit anderen Organen des Unternehmens (s. Abb. 27) nach der Beteiligung deutlich zunahm. Einhergehend mit der Veränderung der Intensität und Häufigkeit der auftretenden Konflikte vollzog sich auch die Entwicklung des Unternehmens: So charakterisiert der Befragte die Situation in den beiden Beiräten anhand ihrer Aufgaben:

„So war der erste Beirat der Beirat, der das Unternehmen hin zum Fremdgeschäftsführer führte. Unsere Aufgabe war dann im Wesentlichen das Voranbringen des Unternehmens. Das geschah über das Wachstums des Unternehmens (...) z. B. die Hinführung zu einem industriell geführten Unternehmen, die Einführung der zweiten kaufmännischen Ebene und der Vertriebsorganisation, so dass wir einen Wachstumspfad einschlagen konnten."

Die Personalentscheidungen in beiden Phasen hatten somit eine enorme Tragweite. Vorangetrieben durch den Beirat, verliefen diese zumeist nicht konfliktfrei und zeigen das operative Engagement des Aufsichtsorgans. Weitere erwähnenswerte Konflikte v.

a. zwischen den Vertretern des Finanzinvestors und der Geschäftsführung waren in der zweiten Phase insbesondere Preiserhöhungen, Kostenthemen, Investitionsentscheidungen und Expansion in neue Märkte (i. S. von Prioritäten). Sehr wichtige Themen in diesem Zusammenhang und Auslöser verschiedener Dispute waren dabei im Rahmen der Beiratsarbeit das Berichtswesen sowie die Thematik, welche Kapazitäten im Unternehmen für die Informationsrechte des Hauptgesellschafters gebunden werden konnten. Nach der Darstellung der Aufgabengebiete des Beirats stellt sich die Frage nach den Merkmalen und Fähigkeiten, die ein Beiratsmitglied mitbringen musste.

Fachliche Anforderungen an die Mitglieder des Beirats

Als zentrale Anforderungen an die Mitglieder des Gremiums wurden in beiden Phasen Management-, Führungs- und Branchenerfahrung gesehen. Als maßgeblich wird für ein Unternehmen der beschriebenen Größenordnung beurteilt, dass bestimmtes Know how nicht im Unternehmen vorhanden ist, sondern zugekauft werden muss. Diese Erfahrungen können demnach auch über den Beirat abgedeckt werden. Weiterhin gilt die Fähigkeit als wesentlich, ein mittelständisches Unternehmen zu führen.

Zusammenwirken des Beirats mit anderen Akteuren des Unternehmens

Die Grenze zwischen Leitung und Kontrolle, die klassischen Aufgaben der CG, war in beiden Phasen der Beiratsarbeit deutlich. Es gab zu keiner Zeit Situationen, in denen das Kontrollorgan faktisch die Leitung des Unternehmens übernommen hätte. Die Geschäftsleitung hat in jeder Phase an allen Sitzungen des Beirats teilgenommen. Umgekehrt haben Beiratsmitglieder jedoch zu keiner Zeit an den Sitzungen der Geschäftsleitung partizipiert. Mitglieder des Beirats haben nie eine „Quasi-Geschäftsführung" ausgeübt. Die Entscheidungen des Tagesgeschäftes wurden zu jeder Zeit allein durch die Mitglieder der Geschäftsleitung getroffen. Der Beirat nahm darauf keinen Einfluss.

Im Zuge des Eigentümerwechsels gab es allerdings strukturelle Veränderungen in der Zusammenarbeit zwischen Geschäftsleitung und Beirat. Zum einen haben sich die Qualität und die Tiefe der Informationen, die durch den Beirat von den Geschäftsführern gefordert wurden, in der zweiten Phase deutlich erhöht; zum anderen haben sich die Themen, die in den Sitzungen behandelt worden sind, signifikant erweitert. Jedoch wurde dabei nicht stärker in die Umsetzung eingegriffen, sondern vielmehr hat die Kontrolle deutlich zugenommen. Somit lässt sich das Gremium i. S. der CG eher als Kontrollgremium denn als Führungsorgan bezeichnen. Darüber hinaus hat sich der Beirat in der Phase 2 mehr als Sparringspartner verstanden, der seine Aufgabe, gemeinsam mit der Geschäftsleitung, in der Erarbeitung der strategischen Leitlinien des Unternehmens hatte. Die Umsetzung oblag aber der Geschäftsleitung. Kernelement der Beiratsarbeit war die rege fachliche Diskussion mit dem Management.

Der Befragte beschreibt die Zusammenarbeit in der zweiten Phase mit dem Statement:

„Sie müssen da mehr auf den Dialog eingehen. Das kann man nicht trennen. Das ist schwierig zu trennen. Konstruktive Vorschläge würde ich immer sagen ja. Vorgaben würde ich sagen nein, weil es war immer wichtig, gemeinsame Entscheidungen zu treffen. Es ist eher das Einbringen von langjährigen Erfahrungen und die Vorschläge des Managements ergeben die Mischung."

Der Beirat hat sich nicht als derjenige gesehen, der das Unternehmen führt, sondern als das Organ, das den mittel- und langfristigen Horizont entwickelt. In der Konsequenz hat sich die Partizipation des Aufsichtsgremiums an der Entwicklung des Unternehmens zwischen den beiden Phasen signifikant erhöht; während in beiden Phasen die Teilnahme mehr in konstruktiven Vorschlägen als in Vorgaben bestand. Als Aufgabe wurde eher das Einbringen von langjährigen Erfahrungen gesehen, so dass sich gemeinsam mit den Vorschlägen des Managements eine als konstruktiv zu beurteilende Mischung ergab.

Die kritische Beurteilung der Informationen, die das Management den Beiräten zur Verfügung gestellt hat, nahm im Laufe des Wechsels von Phase 1 in die Phase 2 deutlich zu. Auch die Fülle an Informationen, die vom Management eingefordert wurden, nahm im Zeitablauf hin zur zweiten Beiratsphase zu. Dies begründet der Interviewpartner mit folgender Aussage:

„Man hat vielmehr mehr Informationen angefordert, um die Entscheidung zu treffen. Insbesondere auch, weil die geschäftliche Entwicklung, begründet mit dem Wachstum, auch mehr Gefahren in sich geborgen hat."

Auch die vom Management gelieferten Informationen haben sich in ihrer Qualität im Zeitablauf gesteigert, was auch auf die gewachsenen Anforderungen des Beirats zurückzuführen ist. Eine Teilnahme der Beiratsmitglieder an den Sitzungen der Geschäftsleitungen fand zu keiner Zeit statt, so dass dort keine Einflussnahme erfolgen konnte. Der Jahresabschluss wurde in beiden Phasen der Beiratsarbeit in gleicher Weise hinterfragt, jedoch fand in der zweiten Phase eine wesentlich intensivere Begleitung der Erstellung des Jahresabschlusses durch die Mitglieder des Beirats statt. Aufgrund der Informationen, die die Beiratsmitglieder im Zuge dieser Begleitung erhielten, musste die Hinterfragung des fertigen Jahresabschlusses nicht mehr so intensiv erfolgen, verglichen mit der Nichtteilnahme der Mitglieder an der Erstellung des Berichts.

Die Kommunikation mit der internen Revision konnte erst in der zweiten Phase erfolgen, da erst zu diesem Zeitpunkt, auf Drängen der Gesellschafter, eine interne Revision geschaffen wurde. Hierzu merkt der Befragte an:

„Eine interne Revision wurde erst durch uns geschaffen, da wir dann erst Abläufe intern hinterfragt haben und sich daraus eine interne Revision entwickelt hat, so dass in diesem Zusammenhang erst durch die Beteiligung Zuständigkeiten geschaffen worden sind. Als externe Revision sehe ich die Wirtschaftsprüfer. Wir haben im Zuge der Beteiligung weitere intensivere Prüfungen eingeführt. Das war vorher auch nicht so stark ausgeprägt."

Weitere Veränderungen im Unternehmen

Durch die zweite Beteiligung ist eine Professionalisierung, Neuaufstellung und Positionierung sowie eine Implementierung einer zweiten Führungsebene mit echten Zuständigkeiten erreicht worden. Die Orientierung des Unternehmens A von einem nationalen zu einem internationalen Player durch den Eintritt in neue Märkte ist nach außen der sichtbarste Teil des Wandels.

Im Zuge der Veränderungen zwischen den Phasen der ersten und der zweiten Beteiligung ist die Zusammenarbeit zwischen Management und Aufsichtsgremium intensiviert worden. Auf diese Veränderung weist der Interviewte zum Abschluss des Interviews gesondert hin, indem er ausführt:

„Es wurde eine deutlich engere Zusammenarbeit gelebt, v. a. auch, weil wir als Beirat uns auch mehr als Sparringspartner verstanden haben und uns als Begleiter verstanden haben, der geliefert hat, aber auch das Management abgeholt hat. Da das Management auch dazu bereit war, ergab sich eine fruchtbarere und intensivere Zusammenarbeit als vorher. Innerhalb des Beirats wurde sehr konstruktiv und sehr intensiv mit dem Unternehmen, nicht nur mit dem Management, gearbeitet. Da das Unternehmen uns und unsere Expertise in seinem Wachstum benötigt hat, haben wir als Beirat uns sehr intensiv mit dem Unternehmen und dem relevanten Markt beschäftigt. Es war eine intensivere Auseinandersetzung mit dem Unternehmen als vorher, die v. a. ständig stattfand und nicht nur punktuell."

Die Präsenz vor Ort war in der zweiten Beteiligungsphase sehr hoch. Die Beiratsmitglieder waren persönlich in der Anfangszeit mindestens alle zwei Wochen am Unternehmensstandort präsent. Zugleich nahmen die Vertreter des Finanzinvestors im Beirat ihre Rolle als aktive Gesellschafter sehr ausgeprägt wahr. Der Beiratsvorsitzende stellte dem Unternehmen zudem sein persönliches Know how zur Verfügung. Diese beiden Motive gepaart mit dem Ziel, das Unternehmen schnell weiterzuentwickeln und entsprechende Veränderungsprozesse einzuleiten, führten in der Anfangszeit der Beteiligung zu der sehr hohen Anteilnahme am Unternehmensgeschehen.

In der ersten Phase war die persönliche Präsenz, mit Ausnahme des Alteigentümers, der nicht mehr in der Geschäftsführung war, aber im Ort lebte und des Weiteren noch ein Büro im Unternehmen hatte, nicht so stark ausgeprägt. Es hatte in dieser Phase 1 auch einen sehr intensiven Know how-Transfer zwischen Management und Alteigentümer gegeben. Dieser Austausch lässt sich aber eher i. S. eines Transformationsprozesses zwischen Altgeschäftsführer und neuem Management verstehen.

Abschließend werden Ergebnisse der Fallstudie A in der nachfolgenden Abb. 28 veranschaulicht. Die acht Merkmale, die für die Reinformen der Theorien in den Kapiteln 2.3.2.2 und 2.3.3.2 dargestellt wurden, werden im empirischen Kontext aufgegriffen und in ihrer Ausprägungen im Praxisfall dargestellt. Hierbei wird die Situation in den beiden Hauptuntersuchungszeitpunkten verglichen. Als Skalierung dient die bereits in den Darstellungen der Reinformen verwendete fünfteilige Skala, in der „1" (erste

Markierung nach dem Mittelpunkt des Kreises) die niedrigste Ausprägung darstellt, während „5“ (Markierung auf dem äußeren Kreis) die höchste Ausprägung symbolisiert. Die dargestellten Werte wurden teilweise direkt von den Gesprächspartnern genannt, z. T. wurden sie auch durch die Erkenntnisse aus den Interviews entsprechend fixiert. Von zentraler Bedeutung ist sowohl der Vergleich der beiden Untersuchungssituationen miteinander als auch der jeweilige Vergleich mit den Ausprägungen der theoretischen Reinformen (s. Abb. 18 und s. Abb. 23). Die Situation vor der Übernahme durch den zweiten Finanzinvestor war geprägt durch eine geringe Internationalität im Beirat sowie seltene Konflikten sowohl innerhalb des Gremiums als auch mit anderen Gruppen des Unternehmens. Die wenig ausgeprägte kritische Auseinandersetzung mit Informationen, die die Geschäftsleitung zur Verfügung stellte, ging einher mit einer kurzen Dauer der Sitzungen und einer geringen Sitzungshäufigkeit. Während die fachlichen Anforderungen an die Beiratsmitglieder als durchschnittlich zu bezeichnen sind, war die Grenze zwischen Leitung und Kontrolle ausgeprägt. Bemerkenswert für die Untersuchung war die ausgesprochene Kurzfristigkeit des Engagements der Beiratsmitglieder. Festgestellt werden konnte im Vergleich vor und nach dem Gesellschafterwechsel ein eindeutiger Trend bei den Veränderungen. Während die Internationalität, die Konflikte mit anderen Gruppen des Unternehmens, die kritische Gegenüberstellung zu den Informationen der Geschäftsleitung, die Häufigkeit und Dauer der Sitzungen sowie die fachlichen Anforderungen an die Mitglieder des Beirats stieg, verringerte sich die Kurzfristigkeit des Engagements der Beiratsmitglieder (s. Abb. 28). Die dunkelgrauen Punkte zeigen die Ausprägungen vor der Beteiligung. Die hellgrauen Punkte in den nachfolgenden Abbildungen zeigen dabei die Merkmalsausprägungen nachher. Im Falle, dass beide Ausprägungen gleich sind, erscheint der Punkt gestreift.

Abbildung 28: Beirat im Unternehmen A – Vorher-Nachher Vergleich

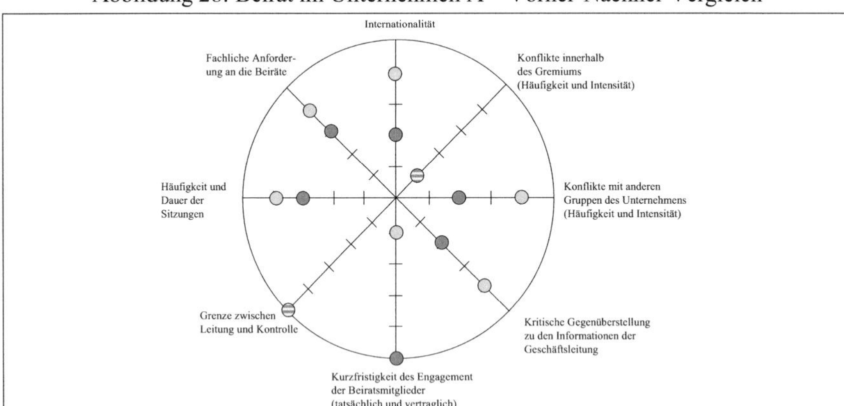

Quelle: Eigene Darstellung. Bei der „1“ (erste Markierung nach dem Mittelpunkt des Kreises) die niedrigste Ausprägung darstellt, während „5“ (Markierung auf dem äußeren Kreis) die höchste Ausprägung symbolisiert.

Abschließend lässt sich auf Basis der acht Merkmale feststellen, dass sich zwischen den beiden Untersuchungssituationen ein eindeutiger Befund hin zu Verhaltensweisen des Beirats, die mit der Principal-Agency Theory erklärt werden können, beobachten lässt. So haben sich fünf der dargestellten Merkmale in Richtung der Principal-Agency Theory und lediglich ein Merkmal in die umgekehrte Richtung entwickelt. Folglich kann daraus eine grundsätzliche Tendenz sichtbar gemacht werden. Der erste Beirat zeichnete sich durch eine geringe Kontrollausprägung aus, was das Gremium i. S. der Stewardship Theory erscheinen lässt (vgl. Kap. 2.3.3.2). Wenngleich die Kurzfristigkeit des Engagements der Beiratsmitglieder und die starke monetäre Incentivierung eher der Principal-Agency Theory entspricht (vgl. Kap. 2.3.2.2). Demgegenüber ist im Gremium nach dem Eigentümerwechsel die Kontrollfunktion i. S. von Hung (Hung, 1998, S. 106) wesentlich stärker ausgeprägt und der Beirat ist als Aufsichtsorgan i. S. der Principal-Agency Theory (vgl. Kap. 2.3.2.2) zu klassifizieren.

3.7.2.2 Börsennotiertes Familienunternehmen aus dem Bereich der Informationstechnologie

Die zweite Fallstudie wird im Folgenden vorgestellt. Untersuchungsobjekt ist ein mittelständisches, börsennotiertes Unternehmen aus dem IT-Bereich, das als Unternehmen B bezeichnet wird. Die 1975 gegründete Gesellschaft konzentriert ihre Tätigkeit auf die drei Geschäftsfelder IT Outsourcing, IT Consulting und HR Services. Das Unternehmen ist insbesondere in den ersten 25 Jahren nach seiner Gründung sehr stark gewachsen. So haben einige Akquisitionen im In- und Ausland zu einer starken Expansion beigetragen. Seit der Jahrtausendwende stagniert der Umsatz der Gesellschaft jedoch weitestgehend. Aktuell erzielen die rund 1.000 Mitarbeiter einen Umsatz von knapp 110 Mio. €. Beheimatet ist das Unternehmen B in Baden-Württemberg.

Das Gespräch mit einem Mitglied des Aufsichtsgremiums, der von dem ehemaligen Unternehmer in das Gremium berufen worden ist, bildet die Basis für diese Fallstudie. Ergänzt wird die Datenerhebung aus dem Interview um die Analyse der Geschäftsberichte des Unternehmens sowie um zahlreiche Presseartikel und Publikationen der beteiligten Private-Equity-Gesellschaft. Der Interviewpartner gehörte dem Aufsichtsrat seit 1998, dem Jahr des Börsengangs, an. Er blieb in diesem Gremium bis der Unternehmer ab dem Jahr 2000 sukzessive Anteile am Unternehmen verkaufte. In diesem Zuge hielt der Finanzinvestor schließlich mehr als 75,1 % der Unternehmensanteile. Im Dezember 2006 schied der Interviewte jedoch aus dem Aufsichtsrat aus, als ein asiatischer Elekronikkonzern mehr als 80 % der Aktien des Unternehmens erwarb.

Darstellung der Verkaufssituation

Aufgrund der bereits erwähnten Börsennotierung und der damit einhergehenden sukzessiven Übertragung der Anteile auf den Finanzinvestor ist die Darstellung der Verkaufssituation durch eine enorme Komplexität geprägt.

Im Zuge der allgemeinen Euphorie am Neuen Markt und aufgrund der Überlegungen hin zu alternativen Finanzierungsmethoden des Unternehmens erfolgte im Jahr 1998 der Börsengang des Unternehmens. Der Unternehmer wollte über diesen Weg nicht seine Nachfolge regeln – er war damals erst fünfzig Jahre alt –, sondern er beabsichtigte, seinem Unternehmen Eigenkapital zur weiteren Finanzierung des Wachstums beschaffen. Im Zuge des IPO behielt der Alteigentümer 13,7 % der Anteile. Knapp 20 % erwarb der neu hinzugekommene Finanzinvestor. Drei mit der Gesellschaft in einer Kunden- bzw. Lieferantenbeziehung stehende Unternehmen beteiligten sich mit insgesamt 32,5 % an der Gesellschaft. Die beiden neu in den Vorstand berufenen Manager hielten insgesamt 2,7 % des Aktienkapitals. Die restlichen Mitarbeiter besaßen zusammen 5,1 % der Aktien. Die verbleibenden Anteile (26 %) befanden sich in breitem Streubesitz.

Der Alteigentümer und bisherige Geschäftsführer wurde im Zuge des Börsengangs Vorstandsvorsitzender der Gesellschaft und wurde unterstützt durch zwei branchenerfahrene Manager, die in den Vorstand des Unternehmens berufen wurden. In der folgenden Zeit startete die Gesellschaft eine Akquisitionstour und erwarb zahlreiche kleinere Unternehmen aus der gleichen Branche. Teilweise wurden die Unternehmenskäufe mit Aktien bezahlt, so dass die Verkäufer nun auch Aktionäre des Unternehmens wurden und sich der prozentuale Anteil der übrigen Gesellschafter am Unternehmen entsprechend verringerte.

Zu Beginn des Jahres 2000 wurde ein unternehmensfremdes, neues Mitglied in den nun vierköpfigen Vorstand berufen. Auf der Hauptversammlung des Unternehmens, im gleichen Jahr, löste das neue Vorstandsmitglied den ehemaligen Alleineigentümer als Vorstandsvorsitzenden ab. Der Gründer des Unternehmens verließ den Vorstand und nahm einen Sitz im Aufsichtsrat ein. Dieser Wechsel ging von dem Unternehmensgründer aus, der allerdings auch weiterhin operativ für die Bereiche Investors Relations und Public Relations verantwortlich zeichnete.

Im August des Jahres 2000 musste die Gesellschaft einen dramatischen Ergebnisrückgang mitteilen, der dafür verantwortlich war, dass das Unternehmen sich von seinen Aktivitäten in Nord- und Südamerika trennen musste. Der Börsenkurs sank in dieser Zeit dramatisch und die Marktkapitalisierung des Unternehmens lag weit unter dem Wert zur Zeit des Börsengangs. Im Jahr 2003 verkauften mehrere Aktionäre, u. a. auch der Alteigentümer, ihre Anteile komplett an den Finanzinvestor, so dass dieser daraufhin mehr als 71 % der Anteile hielt. Im Zuge eines allgemeinen Übernahmeangebots an die restlichen Aktionäre konnte die Private-Equity-Gesellschaft mehr als 75,1 % der Anteile am Unternehmen erlangen.

Gemeinsam mit einem neuen Vorstandsvorsitzenden konzentrierte sich der Hauptgesellschafter strategisch auf wenige, ausgesuchte Geschäftsfelder. Unrentable Bereiche wurden geschlossen oder im Zuge von MBOs veräußert. Im Gegenzug erwarb die Gesellschaft in ihren verbleibenden Bereichen auch weiterhin einige kleinere Wettbewerber. Zur Finanzierung der Akquisitionen führte das Unternehmen zwei Kapitalerhöhungen durch, an denen sich die Private-Equity-Gesellschaft voll beteiligte.

Im Jahr 2006 trennte sich der Finanzinvestor von seiner Beteiligung und verkaufte das komplette Aktienpaket an einen asiatischen Elektronikkonzern. Dieser erwarb ein weiteres Aktienpaket von weiteren Aktionären, so dass er bis heute knapp 80 % am Unternehmen hält. Die folgende Abb. 29 zeigt - stark vereinfacht - die Parameter der Macht- und Erfahrungsebenen in den beiden Phasen des Unternehmens B.

Abbildung 29: Kurzportrait Unternehmen B

	Phase vor der Beteiligung	Phase nach der Beteiligung
Besitzverhältnisse	100 % Familieneigentum (1 Person)	siehe Darstellung im Text
Aufsichtsorgan	Ja	Ja
Zahl der Mitglieder	6	6
davon Familie	0	1
durch Familie nominiert	6	5
Geschäftsführer	1	3
davon Familie	1	0
durch Familie nominiert	1	0
Welche Generation ist am UN beteiligt?	1. Generation	1. Generation
Welche Generation ist in der GL vertreten?	1. Generation	keine
Welche Generation ist im AG vertreten?	keine	1. Generation

Quelle: Eigene Darstellung.

Zusammensetzung des Beirats

Das Unternehmen verfügte schon vor dem Börsengang über einen Beirat als Aufsichtsgremium. Im Zuge des Börsengangs firmierte das Gremium zu einem Aufsichtsrat, jedoch blieb die personelle Zusammensetzung davon unberührt. Der Interviewpartner, der in dieses Gremium von dem damaligen Alleineigentümer berufen worden ist, beschreibt die Zusammensetzung wie folgt:

„Der ganze Aufsichtsrat bestand nur aus IT-Leuten. Das war z. B. ein früherer Deutschland- Chef von einem sehr großen amerikanischen Computerkonzern, ein CFO eines anderen IT-Konzerns und der Vorstandssprecher eines der größten deutschen Systemhäuser. Also es waren alles Profis. Und ich war der Profi von der HR-Seite."

Damals war der Interviewte HR-Vorstand einer im Deutschen Aktienindex (DAX) vertretenen deutschen Bank und verfügte somit auf diesem Gebiet über eine große Expertise. Vorsitzender des Gremiums war der schon angesprochene ehemalige Deutschland-Verantwortliche des amerikanischen Konzerns. Dieser wurde ebenso wie alle anderen Mitglied des Gremiums nicht aufgrund persönlicher Verbindungen zum Eigentümer, sondern aufgrund seiner Position in das Gremium berufen. Der Befragte erklärt die Auswahl der Mitglieder des Aufsichtsgremiums folgendermaßen:

„Ein Großteil der Aufsichtsratsmitglieder wurde nach Kundenkontakten ausgewählt, um daraus Akquisitionsmöglichkeiten, Kunden-Akquisitionsmöglichkeiten, zu haben. Also die Vernetzung innerhalb der Branche war wichtig. Deswegen waren sie ja auch alle aus dem IT-Umfeld.“

Das durchschnittliche Alter der Aufsichtsräte betrug vor der Beteiligung „Anfang 60“. Obgleich der Interviewpartner die internationale Erfahrung der Mitglieder des Gremiums mit „3 bis 4“ (wobei „1“ sehr lokal ist und „5“ sehr international ist) subjektiv bewertet, ist dieses Kriterium aufgrund der Analyse der einzelnen Lebensläufe im Kontext mit den anderen Fallbeispielen etwa eine Notenstufe internationaler als die Aussage des Interviewten, also mit „4 bis 5“ zu beurteilen. Im Zuge der Beteiligung durch den Finanzinvestor schied ein Mitglied des Gremiums aus und wurde durch den für Deutschland verantwortlichen Managing Partner der amerikanischen Private-Equity-Gesellschaft ersetzt. Dieser nahm auch die Position des Vorsitzenden des Gremiums ein. Von seinem beruflichen Hintergrund her war der neue Aufsichtsratsvorsitzende ein ehemaliger Vorstandsvorsitzender eines DAX Unternehmens, das im Zuge einer feindlichen Übernahme von einem Konkurrenten übernommen worden war. Nach Vollzug der Übernahme zog er sich aus dem Unternehmen zurück und wurde von dem an Unternehmen B beteiligten Finanzinvestor als Managing Partner engagiert. Alle anderen Mitglieder des Aufsichtsgremiums (bis auf jene Person, die durch den neuen Vorsitzenden des Gremiums ersetzt wurde) verblieben in dem Gremium. Der bisherige Vorsitzende des Aufsichtsrates wurde im Zuge der neuen Konstellation stellvertretender Vorsitzender des Aufsichtsorgans.Durch den neuen Vorsitzenden wurde das durchschnittliche Alter der Mitglieder des Gremiums nicht wesentlich verändert. Die Vertragslaufzeit der einzelnen Mitglieder betrug sowohl vor als auch nach der Beteiligung fünf Jahre. Durch den Beitritt des neuen Vorsitzenden, der international sehr erfahren ist, wurde die Internationalität des Aufsichtsrates noch ausgeprägter, so dass sie schließlich mit der höchsten Ausprägung „5“ zu beurteilen ist.

Etwa anderthalb Jahre nach dem Börsengang und der damit einhergehenden Beteiligung des Finanzinvestors verließ der ehemalige Alleineigentümer den Vorstand des Unternehmens und wechselte in den Aufsichtsrat. Dafür schied ein anderes Mitglied aus dem Aufsichtsrat aus. Von Mitte 2000 bis zum Verkauf der Anteile des Finanzinvestors im Jahr 2006 gab es keine personelle Veränderungen im Gremium, obwohl der Finanzinvestor seine Beteiligung sukzessive ausgebaut hat und das Gremium nach eigenem Gutdünken im Rahmen der Hauptversammlung hätte umbauen können.

Vergütung der Beiratsmitglieder

Die Vergütung der einzelnen Mitglieder des Gremiums betrug jährlich jeweils 20.000 €. Der Aufsichtsratsvorsitzende erhielt 10.000 € zusätzlich. Außerdem bekamen Mitglieder, die einem Ausschuss angehörten, weitere Zuschläge. Sitzungsgelder oder ähnliche Vergütungen wurden nicht gezahlt. Der Finanzinvestor ließ die Regelungen zur Vergütung unangetastet.

Arbeitsweise des Aufsichtsgremiums

Die Arbeitsweise des Gremiums, die im Folgenden thematisiert wird, basiert auf der Geschäftsordnung des Aufsichtsorgans, die durch den Finanzinvestor nicht verändert wurde. Sowohl vor dem Eintritt des Finanzinvestors als auch nachher fanden vier Sitzungen am Unternehmenssitz statt. Erst als sich der Verkauf des Unternehmens an das asiatische Unternehmen sich konkretisierte, tagte das Gremium häufiger. Zusätzlich zu den Sitzungen des kompletten Aufsichtsrates arbeiteten die Mitglieder des Gremiums in zwei verschiedenen Ausschüssen zusammen. Es wurden ein Prüfungsausschuss und ein Personalausschuss gebildet. Da in diesen beiden Ausschüssen jeweils vier Personen vertreten waren und dies auch nur Mitglieder des Gremiums sein konnten, war jedes Mitglied zumindest in einem der beiden Ausschüsse tätig. Diese Regelung galt sowohl in der Zeit vor der Beteiligung der Private-Equity-Gesellschaft als auch danach. Ebenfalls durchgängig zu allen Zeiten war die Verwendung der deutschen Sprache, da zu jeder Zeit alle Mitglieder deutsch als Muttersprache hatten.

Die Effizienz blieb gemäß dem Befragte in beiden Phasen gleich verbesserungswürdig. So führt er an:

„Die Sitzungen hätten effizienter sein können. Das Problem war zu jeder Zeit: Die meisten Aufsichtsräte waren aus dem Fach, aus der Branche und neigten dann dazu, wie viele solcher Leute in Details mitzureden. Und dann ist da die Gefahr, dass die, weil sie mitreden können, dann die Neigung haben, das dadurch in die Länge zu ziehen, indem sie dem Vorstand dann gute Ratschläge erteilen. Es wurden dann Dinge, die eigentlich nicht in den Aufsichtsrat gehören, diskutiert. Es wurde also zu viel in Details diskutiert."

Teilgenommen haben in beiden Phasen außer den Aufsichtsräten immer der komplette Vorstand sowie der Pressereferent des Unternehmens. Protokolliert wurden die Sitzungen immer durch den jeweiligen Vorsitzenden des Aufsichtsrates in Form eines Ergebnisprotokolls, das mitunter auch Formen eines Verlaufsprotokolls hatte, da die Diskussionsbeiträge einzelner Teilnehmer gesondert dargestellt wurden. In der zweiten Phase war der Sitzungsvorsitzende, obwohl die von ihm vertretene Private-Equity-Gesellschaft schließlich mehr als 75 % der Anteile besaß, bis zum Ausstieg der einzige Vertreter dieses Investors. Dies kompensierte der Aufsichtsratsvorsitzende u. a. dadurch, dass er häufig direkt mit den Vorständen kommunizierte und zwar unabhängig von den anderen Mitgliedern des Aufsichtsorgans, die dadurch in diese Kommunikation nicht eingebunden waren.

Die Zusammenarbeit im Gremium war insbesondere in der zweiten Phase geprägt durch informelle Netzwerke. Insbesondere der Vorsitzende tauschte sich mit einigen Mitgliedern im Gremium sehr regelmäßig aus, mit anderen sehr selten. Zwischen den Mitgliedern des Aufsichtsgremiums gab es in der Zeit nach der Beteiligung ein hohes Konfliktpotential. Der Interviewpartner beschreibt die Konfliktsituation wie folgt:

„Also offen kamen die Konflikte selten vor, aber sie kamen vor. Und versteckt permanent, weil es erhebliche Animositäten innerhalb des Gremiums gab. U. a. weil der ehemalige Vorsitzende des Aufsichtsrates erhebliche Probleme mit seiner Rolle als nunmehr nur noch zweiter Vorsitzende hatte. Das führte dann immer wieder zu kleinen Scharmützeln – versteckt oder offen."

Der ehemalige Alleineigentümer hat sich im Jahr 2000 allerdings sehr gut in das Gremium eingefunden. So beschreibt der Gesprächspartner seine Position im Gremium:

„Der hat sich sehr gut in seine Rolle eingefunden und hat auch sehr intensiv diskutiert. Als es dann um den Verkauf an das asiatische Unternehmen ging, gab es natürlich heftigere Kontroversen, da ja jeder dort Eigeninteressen hatte und es unterschiedliche Einschätzungen gab."

Zusammenfassend lässt sich somit sagen, dass die Zusammenarbeit im Gremium nach der Beteiligung durchaus von Konflikten geprägt war, die allerdings nicht auf einer Konfrontation zwischen Alteigentümer und Finanzinvestor beruhten.

Fachliche Anforderungen an die Mitglieder des Beirats

Die fachlichen Anforderungen sind zu beiden Phasen durch Kenntnisse des relevanten Marktes am besten beschrieben. Die Auswahl und somit auch die Anforderungen an die einzelnen Mitglieder erfolgten zu jeder Zeit anhand des Potentials, das die Berufung für die Neukundengewinnung versprach. Gemäß den vier Bereichen, in die Koeberle-Schmid die Aufgaben eines Beirats (speziell in Familienunternehmen) einordnet (vgl. Koeberle-Schmid et al., 2009, S. 84 ff. und vgl. Kap. 2.1.3.2), erfüllt der Aufsichtsrat in dem Fallunternehmen die Aufgaben Kontrolle, Beratung und Networking. Lediglich die Pflege der Familienbeziehungen wird durch ihn nicht ausgeführt. Dieser scheinbare Mangel kann nicht behoben werden, da der Aufsichtsrat vor der Beteiligung mit einem Gründerunternehmer zusammenarbeitete, der keine Pflege der Familienbeziehungen in diesem Kontext benötigte, und das Organ nachher die Familie in keiner Weise als Bezugspunkt gewann.

Zusammenwirken des Beirats mit anderen Akteuren des Unternehmens

Nachdem im Rahmen der bisherigen Darstellungen bereits das Zusammenspiel der einzelnen Akteure innerhalb des Aufsichtsgremiums dargelegt wurde, konzentriert sich die folgende Darstellung auf die Interaktion mit anderen Akteuren des Unternehmens. Als zentrale Punkte, in denen sich der Aufsichtsrat (zumeist der Vorsitzende) in der zweiten Phase in die Aufgaben des Vorstandes einmischte und es zu Dissensen zwischen Teilen des Aufsichtsgremiums und der Geschäftsleitung kam, wurden das Budget und die Ziele identifiziert. Der Interviewpartner fügt hierzu an:

In der Diskussion hat der Aufsichtsratsvorsitzende in die Aufgaben der Geschäftsleitung hereingeredet. Inhaltlich allerdings nur in einer Sache, wenn auch der entscheidenden Sache: dem Budget und den Zielen. Dort finden sich naturgemäß zwei Meinungen. Insbesondere der Vertreter des Investors aus den USA, gelenkt von der langen Hand aus Chicago, formulierte da aus meiner Sicht sehr ambitionierte Ziele. Es hatte schon einen sehr direktiven Einfluss und führte somit auch auf Seiten des Vorstandes zu verhaltenem Widerstand. Aber letztlich wurden die Ziele und das Budget immer so verabschiedet, wie der Investor es wollte (...). Die Ziele waren zu ambitioniert und wurden dann teilweise nicht erreicht. Ein Weg sollte extreme Kosteneinsparung sein. Es ist der klassische Konflikt, wenn ein Finanzinvestor reinkommt. Der will ja auch irgendwann wieder raus und dann sollen die Zahlen dementsprechend gut sein.“

Das Zahlenwerk, das die Basis dieser Diskussion war, ließ sich der Aufsichtsratsvorsitzende häufig wöchentlich, aber zumindest monatlich vorlegen. Die Auseinandersetzung mit dem Zahlenwerk war vor der Beteiligung wesentlich weniger ausgeprägt.

Die Partizipation des Aufsichtsorgans an der Arbeit der Geschäftsleitung war vor der Beteiligung aufgrund der Aufgabe der Kundenakquise durch die Aufsichtsräte schon sehr stark ausgeprägt und müsste mit mindestens „3“ beurteilt werden. Nachher nahm die Mitwirkung der Aufsichtsräte an der Arbeit der Geschäftsleitung noch weiter zu, so dass hiernach die Teilhabe mit „5“ zu bewerten ist. Diese Steigerung basiert u. a. auch auf dem Wechsel des Alteigentümers vom Vorstand in den Aufsichtsrat, da dieser auch in seiner neuen Rolle noch einen sehr intensiven Kontakt zu Kunden und Teilen der Belegschaft pflegte. In diesem Kontext äußert der Interviewte:

„Das führte manchmal zu Auseinandersetzungen mit dem Vertreter des Finanzinvestors im Gremium, da aus dessen Sicht der Alteigentümer auf Kosten des Unternehmens Interessen der Mitarbeiter, der Kunden oder lokale Bedürfnisse vertrat. Diese Interessensunterschiede wurden natürlich häufig diskutiert. Am Ende hat sich aber immer der Finanzinvestor durchgesetzt.“

Änderungen gab es auch in der kritischen Hinterfragung der Informationen der Geschäftsleitung. Während man vorher weitestgehend mit den Informationen, die man erhalten hat, zufrieden war, stellte insbesondere der Vorsitzende des Gremiums höhere Anforderungen an die Informationen. Teilweise waren die Mitglieder des Vorstandes diesen Anforderungen auch nicht gewachsen. So führt der Gesprächspartner hierzu an:

„Es hat auch eine Weile gedauert, bis wir es abgestellt hatten, dass das Berichtsformat sich häufig änderte, so dass Ziele, die vereinbart waren, nicht genau ablesbar wa-

ren (...). Der Finanzchef ruderte in den letzten Wochen immer unheimlich rum, um die Zahlen zu bekommen."

Insbesondere der Jahresabschluss wurde in der Zeit nach der Beteiligung sehr kritisch hinterfragt. Der Vorsitzende des Aufsichtsrates kommunizierte sehr häufig auch mit dem CFO des Unternehmens direkt, ohne über den CEO zu gehen.

Bei der jährlichen Bilanzbesprechung war auch schon vor der Beteiligung ein Wirtschaftsprüfer anwesend. Nach der Beteiligung wurde sein Bericht wesentlich stärker hinterfragt und es gab Kontroversen, insbesondere in Bezug auf Bewertungsfragen und Honorare. Das Zusammenspiel von Aufsichtsgremium und dem höchsten Organ der Gesellschaft, der Hauptversammlung, wird in beiden Phasen als weitestgehend positiv beschrieben. Zu den Hauptversammlungen sagt der Gesprächspartner:

„Die waren immer sehr familiär, wobei es immer ein oder zwei gab, die da ihre Lieblingsthemen immer wieder hochgebracht haben. Das ging meistens in Richtung Entwicklung des Börsenkurses. Beim Verkauf an den asiatischen Konzern spielte dann die Bewertungsfrage eine große Rolle. Die wurde von einigen Aktionären als ungerecht angesehen. Da ging es dann etwas turbulenter zu."

Weitere Veränderungen im Unternehmen

Die zentrale Veränderung im Unternehmen B war der mit dem Eintritt des Finanzinvestors einhergehende Beginn einer sehr starken Expansionspolitik. Der Interviewpartner beschreibt die Situation mit der folgenden Passage:

„Das Unternehmen hatte eine schwierige Phase durchgemacht, die auch symptomatisch ist für eine Zusammenarbeit mit so einem großen Investor. Die haben dem Unternehmen viel zu viel Geld zur Verfügung gestellt und dann eine aggressive Strategie verordnet. Also die sollten sich dann internationalisieren und sollten Töchter aufbauen. Das ging total in die Hose. Das ist dann alles wieder rückabgewickelt worden. Das hat den Finanzinvestor eine Menge Geld gekostet."

Ins Zentrum der Handlungen ist vermehrt das Streben nach Gewinn gerückt. Dies wurde sehr stark durch den Vertreter des Finanzinvestors in dem Gremium gefördert. Die Private-Equity-Gesellschaft hat dort sehr direktiv und operativ in die Führung des Unternehmens eingegriffen. Das ehemalige Aufsichtsratsmitglied des Unternehmens führt in diesem Kontext an:

„Normalerweise greift ja ein Vorsitzender eines Aufsichtsgremiums nicht ohne Rücksprache ein. Aber das Diktieren der Kernbudgetzahlen ist schon sehr direktiv. Aber, das denke ich, ist typisch für einen Finanzinvestor."

Die Folgen dieses direkten Durchgriffs waren z. B. die wesentliche Verbesserung und Systematisierung des Berichtswesens. Dies hat wohl auch dazu beigetragen, dass sich die Ertragslage kontinuierlich verbessert hat. Dieser positive Effekt ist sicherlich ein Stück auch auf Kosten der kulturellen Aspekte im Unternehmen geschehen. Der Interviewte äußert sich zu diesem Aspekt:

„Es war ein lokales Familienunternehmen, das unheimlich vernetzt mit der Gemeinde, dem Landkreis und auch der örtlichen, mittelständischen Kundschaft war. Das wurde wesentlich durch den Alteigentümer getragen. Und da wurde das Unternehmen in dieser Hinsicht beschädigt. Da wurde zu wenig Rücksicht genommen."

Die folgende Abbildung (Abb. 30) illustriert die Veränderungen in einigen Aspekten im Beirat. So war die Internationalität des Beirats im Unternehmen B vorher ebenso stark ausgeprägt wie die fachlichen Anforderungen an die Mitglieder des Gremiums. Die Grenze zwischen Leitung und Kontrolle war deutlich. Demgegenüber waren Konflikte und kritische Auseinandersetzung mit der Geschäftsleitung im besonderen Maße nicht zu beobachten. Die Häufigkeit und Dauer der Sitzungen war eher gering ausgeprägt. Die Orientierung des Gremiums war als eher langfristig zu kennzeichnen.

Abbildung 30: Beirat im Unternehmen B – Vorher-Nachher Vergleich

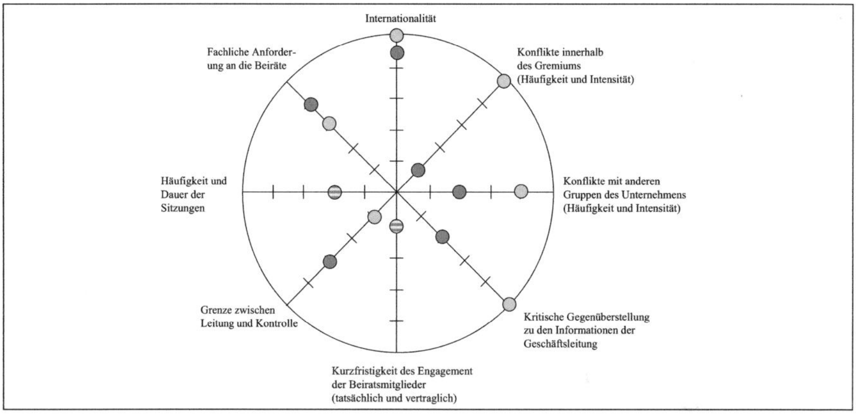

Quelle: Eigene Darstellung. Die dunkelgrauen Punkte zeigen die Ausprägungen vor der Beteiligung. Die hellgrauen Punkte zeigen die Merkmalsausprägungen nachher. Im Falle, dass beide Ausprägungen gleich sind, erscheint der Punkt gestreift.

Die Situation im Beirat nach der Beteiligung des Finanzinvestors, die ebenfalls in Abb. 30 dargestellt ist, veränderte sich insbesondere im Bereich Konflikte innerhalb und außerhalb des Gremiums als auch bezüglich der kritischen Auseinandersetzung mit den Informationen der Geschäftsleitung. Diese drei Parameter nahmen sehr stark zu. Die Kurzfristigkeit des Engagements der Beiratsmitglieder blieb gleich und damit sehr langfristig. Die Dauer und Häufigkeit der Sitzungen blieben ebenfalls unverändert. Die Internationalität im Aufsichtsorgan ist ein wenig stärker ausgeprägt, während sich die fachlichen Anforderungen an die Mitglieder des Beirats etwas verringerten. Einhergehend damit nahm die Grenze zwischen Leitung und Kontrolle im Unternehmen ab, da sich das Aufsichtsorgan nach der Beteiligung wesentlich stärker in die Aufgaben der Geschäftsleitung einbrachte.

Die Fallstudie B zeichnet sich durch eine hohe Spezifität aus, die v. a. durch die Börsennotierung und die damit einhergehenden Regularien und Pflichten begründet werden. Somit hat auch dieses Unternehmen seine ganz speziellen Besonderheiten, die einen Vergleich mit den anderen Beispielunternehmen erschweren. Kennzeichnend für die Situation im Aufsichtsrat vor dem Eintritt der Beteiligungsgesellschaft war i. S. der Stewardship Theory die Orientierung des Gremiums an den Interessen aller Stakeholder (vgl. Ong/Lee, 2000, S. 9 f.). In der ersten Phase konzentrierte sich das Gremium eher auf unterstützende und beratende Aufgaben (vgl. Kap. 2.3.3.2). Diese Ausrichtungen waren nach dem Beitritt des Finanzinvestors nicht mehr stark ausgeprägt, so dass ein Wandel in Richtung eines Kontrollgremiums erfolgte. Zudem stand fortan die Gewinnorientierung im Fokus des Unternehmens (vgl. Kap. 2.3.2.2). Allerdings sind die im zweiten Aufsichtsrat zu beobachtenden informellen Netzwerke eher als Ausprägungen i. S. der Stewardship Theory zu sehen (vgl. Kap. 2.3.3.1). Summa summarum war jedoch ein Wechsel von einem Gremium, das sich mit Hilfe der Stewardship Theory erklären lässt, zu einem Aufsichtsrat i. S. der Principal-Agency Theory festzustellen.

3.7.2.3 Mittelständisches Unternehmen aus dem Bereich der Medizintechnik

Das Untersuchungsobjekt, das als dritte Fallstudie vorgestellt wird, ist ein in Schleswig-Holstein angesiedeltes Unternehmen aus dem Bereich der Medizintechnik. Die im Folgenden als Unternehmen C bezeichnete Gesellschaft generiert jährlich einen Umsatz von ca. 20 Mio. €. Im Jahr 1985 wurde die Gesellschaft von drei natürlichen Personen gegründet, die nicht miteinander verwandt waren. Das Gründerunternehmen besaß somit ideale Voraussetzungen, zu einem sog. Stämmeunternehmen zu werden. Von seiner operativen Struktur her ist das Fallunternehmen zwar in Deutschland beheimatet, wo auch die Verwaltung angesiedelt ist, obschon der Großteil der Produktion allerdings in eigenen Fertigungsstätten in Südostasien stattfindet. Zum Zeitpunkt der Übernahme beschäftigte das Unternehmen 260 Mitarbeiter in Asien und 50 weitere Mitarbeiter in Deutschland. Als Rechtsform ist vor der Beteiligung eine nichtbörsennotierte AG gewählt worden, die die Bildung eines Aufsichtsrates gesetzlich erforderlich machte.

Als Interviewpartner für die nachfolgende Case Studie stand ein Vertreter des späteren Alleingesellschafters, eines Finanzinvestors, zur Verfügung. Dem Aufsichtsgremium gehörte er zwar zu keiner Zeit an, allerdings war er im Wesentlichen verantwortlich für die Umgestaltung des Gremiums. Weitere Quellen, die zur Erstellung der Fallstudie herangezogen wurden, sind Presseartikel, Veröffentlichungen der Private-Equity-Gesellschaft und Publikationen der Berater der Transaktion.

Darstellung der Verkaufssituation

Nachdem die drei Gründer das Unternehmen C mehr als zwanzig Jahre geführt haben, wollten sie über einen Komplettverkauf die Nachfolge regeln. Der Finanzinvestor, der das Unternehmen im Jahr 2006 schließlich zu 100 % übernommen hat, besaß bereits ein Konkurrenzunternehmen der Gesellschaft C, so dass die Übernahme als Add-on Akquisition gesehen werden konnte, wodurch Synergien in beiden Unternehmen zu realisieren waren.

Die Verkäufer versprachen sich von dieser Konstellation zudem eine größere Distributionsplattform und die Einführung von noch professionelleren Strukturen in der ursprünglichen Gesellschaft. Nach der Übernahme des Unternehmens C verblieben die ehemaligen Gründer zunächst als Geschäftsführer im Unternehmen und beteiligten sich mit einem Teil des Verkaufserlöses an dem Fonds des Finanzinvestors. Somit sind die ehemaligen Eigentümer über diese Konstruktion indirekt Miteigentümer ihres vormaligen Unternehmens geworden. Im Laufe der folgenden drei Jahre schieden die ehemaligen Eigentümer sukzessive aus dem Unternehmen aus und wurden durch Manager des anderen Portfoliounternehmens der Private-Equity-Gesellschaft ersetzt. Diese wurden jedoch nicht am Unternehmen beteiligt; für die Zukunft ist auch keine Beteiligung des Managements an der Gesellschaft geplant. Im Zuge der Transaktion änderte der neue Gesellschafter die Rechtsform in eine GmbH, so dass formal kein Aufsichtsgremium mehr erforderlich ist.

Abb. 31 fasst als Kurzporträt die grundlegenden Parameter der Macht- und Erfahrungsebenen in den jeweiligen Phasen des Unternehmens C zusammen.

Abbildung 31: Kurzportrait des Unternehmens C

	Phase vor der Beteiligung	Phase nach der Beteiligung
Besitzverhältnisse	> 1 Eigentümergruppe (3 Personen)	100 % Finanzinvestor
Aufsichtsorgan	Ja	Ja
Zahl der Mitglieder	5	1
Davon Fam.	alle Familien- oder Freundeskreis	0
Durch Fam. nominiert	5	0
Geschäftsführer	3	1
Davon Fam.	3	0
Durch Fam nominiert	3	0
Welche Generation ist am UN beteiligt	1. Generation	keine
Welche Generation ist in der GL vertreten	1. Generation	1. Generation
Welche Generation ist im AG vertreten	keine	keine

Quelle: Eigene Darstellung.

Zusammensetzung des Beirats

Vor der Beteiligung war ein Aufsichtsrat als Aufsichtsgremium gesetzlich vorgeschrieben, da das Unternehmen als AG firmierte. Dieses Gremium charakterisiert der Interviewpartner jedoch als ein sehr schwaches Organ:

„Es war ein typisches Gremium für ein deutsches Familienunternehmen, in dem einfach die Sachen durchgewunken werden. Es war also kein Gremium, in dem Leute mit Branchenkenntnissen oder anderen Expertisen drin saßen, sondern da haben Friends und Family drin gesessen. So wurde ein formales Prozedere abgehalten. Wir haben das dann im Zuge der Beteiligung dann umgehend eingestellt und haben auch eine Rechtsform gewählt, nach der ein solches Gremium nicht erforderlich ist."

Die aufgeführte Schwäche des Gremiums beruht nach Aussagen des Interviewten im Wesentlichen auf der Auswahl der Mitglieder, die nicht geeignet waren, um eine wirksame Aufsicht zu gewährleisten:

„Das waren Verwandte, Freunde und Bekannte, die mit dem Unternehmen nichts zu tun hatten. Die Leute hatten keine fachliche Kompetenz, irgendetwas entscheiden zu können und es gab keinerlei Branchen- oder Finanzexpertise. Keine der Personen, die damals in dem Gremium war, ist heute noch in irgendeiner Weise mit dem Unternehmen verbunden."

Der Forderung Ward´s nach unabhängigen Beiräten konnte in diesem Unternehmen somit nicht Genüge getan werden und die anspruchsvollen Aufgaben konnten ebenfalls nicht umgesetzt werden (vgl. Ward, 1997, S. 331). Das durchschnittliche Alter der Aufsichtsräte war signifikant höher als 55 Jahre. Zu der sehr negativen Darstellung des damaligen Aufsichtsorgans durch den Befragten fügt sich die Aussage zur Internationalität hervorragend ein. Die Internationalität beurteilt der Interviewte mit „1 +" (wobei „1" sehr lokal ist und „5" sehr international ist), so dass nach dieser Aussage keinerlei Internationalität gegeben war. Vor dem Hintergrund, dass das Unternehmen die Mehrheit seiner Mitarbeiter in Südostasien beschäftigt, erscheint dieser Sachverhalt als sehr erwähnenswert. Die Zugehörigkeit der Aufsichtsratsmitglieder zum Gremium wird als sehr lange bezeichnet, da über einen mehrjährigen Zeitraum überhaupt kein Wechsel stattgefunden hat.

Im Zuge des Eigentümer- und Rechtsformwechsel wurde der Aufsichtsrat abgeschafft und durch einen *„Operativ Partner"* ersetzt. Als ein derartiger Partner operiert eine Person aus dem Umfeld des Finanzinvestors, der über spezielle Branchenkenntnisse aus dem Marktumfeld des Unternehmens verfügt. Er ist aber kein Mitarbeiter der Private-Equity-Gesellschaft, sondern unabhängig vom Alleineigentümer, wenngleich er dessen Interessen vertritt. Der Interviewte führt zum „Operativ Partner" aus: *„Er ist kein Mitarbeiter unseres Hauses, aber er vertritt uns. Er hat somit eine Vertretungsbefugnis des Gesellschafters und kann in unserem Namen entsprechende Entscheidungen treffen. Das ist eine Zusammenarbeit, die in erster Linie auf Vertrauen basiert und auf Erfahrung. Und wo das Management auch merkt, dass sie da Input bekommen und* *auch fachlich wirklich gut zusammenarbeiten können. Und nicht nur irgendwelchen formalen Erfordernissen Genüge getan wird."*

Zum Alter des „Operativ Partners" wollte der Befragte keine Angaben machen. Seine Internationalität wird dabei als überdurchschnittlich bezeichnet, so dass hier als Wert eine „4" vergeben werden kann. Die Vertragslaufzeit der „Operativ Partners" ist typischerweise unbefristet. Im konkreten Fall ist dieser seit der Übernahme durch die Private-Equity-Gesellschaft im Unternehmen C eingesetzt, wobei ein Austausch aktuell nicht vorgesehen ist. Bezugnehmend auf die im Kapitel 2.1.3.2.1 diskutierte Einführung von hauptamtlichen Beiräten ist dies durch die Beteiligung des Finanzinvestors umgesetzt worden und ein Beirat der aus ausschließlich nebenberuflich tätigen Mitgliedern bestand, in ein Gremium mit hauptamtlichen Mandatsträgern umgewandelt worden.

Vergütung der Beiratsmitglieder

Die Mitglieder des Aufsichtsrates erhielten vor der Beteiligung des Finanzinvestors eine sehr geringe Vergütung. Der Interviewpartner führt hierzu an:

„Da gab es nur Sitzungsgeld, das waren 200 oder 300 €. Da hat es also keine Bereicherung gegeben."

Bei vier Sitzungen im Jahr erhielten die Mitglieder des Gremiums somit zwischen 800 und 1.200 €. Zur Vergütung des „Operativ Partners" wollte der Vertreter des Finanzinvestors jedoch erneut keine Angabe machen. Es ist allerdings davon auszugehen, dass seine Vergütung auch aufgrund seiner (in dem Abschnitt „Arbeitsweise des Aufsichtsgremiums" thematisierten) sehr umfangreichen Tätigkeit wesentlich höher als die Sitzungsgelder des Aufsichtsrates in der Zeit vor der Beteiligung als auch oberhalb der Zahlungen an Mitglieder eines typischen Beirats oder Aufsichtsrates einzuordnen ist.

Arbeitsweise des Aufsichtsgremiums

Nachdem im vergangenen Abschnitt die deutlichen Unterschiede in der Vergütung beleuchtet wurden, rücken in diesem Teil der Fallstudie die verschiedenen Arbeitsweisen des Aufsichtsorgans in den Vordergrund.

Vor der Beteiligung fanden viermal jährlich Sitzungen des Aufsichtsrates statt. Diese, in deutscher Sprache abgehalten Veranstaltungen waren laut dem Interviewten wenig effizient. Die Sitzungen dauerten jeweils zwischen 30 und 45 Minuten und wurden durch den Vorsitzenden protokolliert. Die Qualität des Protokolls beurteilt der Befragte ebenfalls als sehr gering:

„Dort stand aber nichts drin außer eben der Dauer. Daher auch meine Aussage von eben, dass ich die Dauer abschätzen kann."

Eine Vertretung von besonderen Interessensgruppen fand kaum statt. Ebenso wenig gab es Konflikte im Gremium. Hierzu stellt der Befragte fest:

„Nein, es gab keinerlei Konflikte. Das war ein reines Abnickgremium. Die Geschäftsführung hat auch an den Sitzungen teilgenommen. Aber auch dort gab es keine Konflikte."

Die nach der Übernahme eingeführte Institution des „Operativ Partners" ist in der Arbeitsweise im Vergleich zum Aufsichtsgremium vor der Beteiligung deutlich anders organisiert und strukturiert. Der Vertreter des Finanzinvestors führt in diesem Zusammenhang grundsätzlich an:

„Wir arbeiten mit dem Management auf Zuruf zusammen und haben als Kontrollgremium einen „Operativ Partner" installiert, der sich aktiv mit den Leuten zusammensetzt und mit ihnen Ziele und Maßnahmen festlegt und diskutiert. Der hakt dann auch direkt nach und wir haben nicht den Zeitverlust, der bei einem Beirat oder so eintreten würde."

Somit erfolgt die Arbeit des „Operativ Partners" weniger in der Form von Kontrolle, sondern eher als Ratgeber im Rahmen der täglichen Umsetzung im Unternehmen.

Der Finanzinvestor gibt dem „Operativ Partner" keinerlei Vorgaben, was seinen zeitlichen Einsatz im Unternehmen anbelangt. Aus dem nachfolgenden Zitat kann jedoch abgelesen werden, dass die Präsenz vor Ort eher höher ist als bei Mitgliedern eines typischen Beirats:

„Seine Präsenz vor Ort hängt von ihm und dem Management ab. Da machen wir keinerlei Vorgaben. Im konkreten Fall hat er kein Büro vor Ort. Das braucht er auch nicht, weil er bei den Leuten dort konkret vor Ort sitzt. Es kann sein, dass er einen Tag in der Woche im Unternehmen ist, es können aber auch fünf sein. Das hängt von der Situation und den Erfordernissen ab."

Der „Operativ Partner" arbeitet somit sehr intensiv mit dem Unternehmen zusammen, insbesondere hinsichtlich der Zusammenarbeit mit der Geschäftsführung, die im übernächsten Abschnitt thematisiert wird. Nachfolgend werden zunächst die jeweiligen fachlichen Anforderungen an die Mitglieder des Aufsichtsrates bzw. an den „Operativ Partner" beschrieben.

Fachliche Anforderungen an die Mitglieder des Beirats

Die fachlichen Anforderungen an die Mitglieder des Aufsichtsrates vor der Beteiligung waren sehr niedrig, analog zu den geringen Aufgaben und Verantwortungen des Gremiums. Demgegenüber sind die Anforderungen an den „Operativ Partner" sehr hoch. Die Auswahl dieses „Operativ Partners" erfolgt im Allgemeinen durch die Festlegung eines Anforderungskatalogs durch den Finanzinvestor. Sofern die Private-Equity-Gesellschaft niemand in ihrem eigenen Netzwerk hat, der zu dem gesuchten Profil passt, wird eine Personalberatung mit der professionellen Suche nach passenden Kandidaten für die Position beauftragt. Im konkreten Fall war die Aufgabe des „Operativ Partners" die Begleitung der Wachstumsstrategie des Unternehmens. Das gesuchte Profil beschreibt der Befragte somit:

„In dem Fall ging es darum, jemand zu finden, der Erfahrung in der Umsetzung von Wachstumsstrategien hatte. Der in größeren Einheiten gearbeitet hat, weil wir eine Menge Zukäufe getätigt haben und somit gewisse Management Skills erforderlich waren, was Planungsprozesse betrifft."

Die Anforderungen an die Mitglieder des Aufsichtsrates und den „Operativ Partner" sind wie erwartet sehr unterschiedlich und natürlich durch die verschiedenen Gesellschafterkreise geprägt.

Zusammenwirken des Beirats mit anderen Akteuren des Unternehmens

Vor der Beteiligung des Finanzinvestors war die Grenze zwischen Leitung und Kontrolle sehr verschwommen, da es durch das Gremium keinerlei Kontrolle gab. Der Befragte beschreibt die Kontrollsituation zu dieser Zeit als sehr schlecht:

„Es gab keine Zielvereinbarungen oder sonstigen Vorgaben für die Geschäftsleitung. Sowohl qualitativ als auch quantitativ. Das Jahresbudget, das hat die Geschäftsleitung allein entwickelt und dann lediglich vorgestellt. Es gab also zusammengefasst keinerlei Kontrolle."

Eine Zusammenarbeit mit interner oder externer Kontrolle hat seitens des Aufsichtsrates nicht stattgefunden. Eine interne Revision war zum damaligen Zeitpunkt im Unternehmen nicht vorhanden. Die Besprechung des Jahresabschlusses gestaltete sich sehr oberflächlich,

„(...) die haben den Wirtschaftsprüfer vortragen lassen und ihn dann rausgeschickt. Und dann den Jahresabschluss ohne zu hinterfragen durchgewunken."

Die Zusammenarbeit des „Operativ Partners" insbesondere mit der Geschäftsführung erfolgt hingegen wesentlich intensiver und detaillierter. Der Befragte sieht die Kooperation des „Operativ Partners" mit der Geschäftsführung eher orientiert am angelsächsischen „Board of Directors". Er führt dazu an:

„Es ist halt keine institutionalisierte Form der Zusammenarbeit, dass es da ein Gremium oder so gibt, dass dort Protokolle oder so geführt werden und Einladungen geschickt werden müssen. Das ist mehr wie in einem englischen Board, in dem Exekutive und Aufsicht zusammenarbeiten. Und dort kommen die Mitglieder ja auch immer wieder zusammen. Und bei uns ist das nur eine Person."

Die Zusammenarbeit zwischen Management und „Operativ Partner" verläuft im konkreten Fall sehr gut und vertrauensvoll, so dass es dort zu keinen Kompetenzstreitigkeiten oder ähnlichen Konflikten kommt. Als zentraler Vorteil an dieser Vorgehensweise nannte der Befragte gegenüber der herkömmlichen Berufung eines Beirats die direkte und schnelle Zusammenarbeit in dieser Form. Dies erläutert der Interviewte mit Hilfe eines Vergleiches:

„Die Beiräte, die sitzen nur da und wollen sich profilieren. Und das mit den typischen vier Sitzungen im Jahr, das ist, wie wenn Sie ihr Kind nur viermal im Jahr treffen und

es dann erziehen wollen. Das muss in die Hose gehen. Dadurch, dass unser 1-Mann Beirat ganz nah am Unternehmen ist, entgeht ihm nicht viel. Das Management ist froh, dass es einen kompetenten Ansprechpartner hat."

Der „Operativ Partner" stimmt sich zudem sehr regelmäßig mit den Gesellschaftern ab, wodurch die Kommunikation zwischen Geschäftsführung und Gesellschaftern sehr reduziert wird. Diese erfolgt trotzdem im Rahmen einer monatlichen Telefonkonferenz zwischen den Gesellschaftern, dem „Operativ Partner" und den Geschäftsführern, in der strategische Entscheidungen getroffen werden. Die Konferenzen wie auch die gesamte Kommunikation im Unternehmen erfolgt in deutscher Sprache. Der Interviewte beschreibt die Telefonkonferenzen im Folgenden:

„Wenn man sich kennt und vertraut, dann kann man gut zusammenarbeiten. Wir arbeiten da mit einer Agenda und einem Protokoll und anschließend weiß jeder, was los ist. Da braucht man nicht 5.000 Beschlüsse, um sich abzusichern."

Somit beschreibt er die Zusammenarbeit generell als sehr positiv. Außerdem wird die Arbeitsweise der Geschäftsführung als sehr konstruktiv erachtet. Zusammenfassend gab es zu keinem Zeitpunkt tiefgehende Konflikte zwischen Aufsichtsgremium und Geschäftsleitung, wenngleich die Gründe für das Ausbleiben der Streitigkeiten uneinheitlich sind.

Weitere Veränderungen im Unternehmen

Das Unternehmen war vor der Beteiligung bereits sehr profitabel. Nach der Übernahme hat sich die Gesamtsituation noch verbessert. Der Umsatz konnte bei gleichzeitig gestiegenem absolutem Gewinn sehr deutlich erhöht werden, wenngleich sich die Gewinnmarge reduzierte. Als Gründe für das Umsatzwachstum ist der Wachstumskurs des Unternehmens zu sehen, der durch eine weitgehende Expansionsstrategie geprägt ist. Zudem erfolgte eine Professionalisierung der Strukturen und der handelnden Personen. Die ehemaligen Gesellschafter, die zunächst noch z. T. in der zweiten Hierarchieebene im Unternehmen verblieben sind, haben sich sehr schnell aus dem Unternehmen zurückgezogen. Die Private-Equity-Gesellschaft hat im Rahmen der Übernahme das Unternehmen nach seinen Bedürfnissen umgebaut, wobei die Wünsche der ehemaligen Eigentümer nicht berücksichtigt worden sind. Der Befragte führt zum Ausscheiden der ehemaligen Gesellschafter aus der operativen Tätigkeit im Unternehmen an:

„Als Gründe für das Ausscheiden hat dann auch die private Lebensplanung eine Rolle gespielt, aber auch die Erkenntnis der betroffenen Personen, dass sie nicht über gewisse Tools verfügen und somit den Anforderungen nicht mehr gewachsen waren."

Die umfangreichen Änderungen im Aufsichtsorgan werden in der folgenden Abbildung (Abb. 32) illustriert. Allerdings ist eine Vergleichbarkeit durch die durchgeführten strukturellen Änderungen vom Aufsichtsrat zu einem „Operativ Partner" nur sehr bedingt möglich. Der Beirat vor der Beteiligung lässt sich sehr stark mit Hilfe der

Stewardship Theory erklären, so dass die acht Merkmale durchgängig mit sehr geringen Werten gemessen werden. Nach der Beteiligung war die Untersuchung auf eine Person, den „Operativ Partner“, konzentriert. Die Darstellung, die von seinem Handeln im Unternehmen gezeichnet werden konnte, ist uneinheitlich. Die Grenze zwischen Leitung und Kontrolle sowie die Konflikte mit der Geschäftsführung waren sehr gering – vergleichbar mit der Situation in einem Beirat i. S. der Stewardship Theory. Die geringe Ausprägung der Konflikte innerhalb des Gremiums ist der Tatsache geschuldet, dass der „Operativ Partner“ keine möglichen Konfliktpartner im Gremium hat. Die kritische Gegenüberstellung zu den Informationen der Geschäftsleitung sowie die Kurzfristigkeit des Engagement des „Operativ Partners“ ist als durchschnittlich zu bezeichnen. Hingegen überdurchschnittlich ist die Internationalität des „Operativ Partners“. Die fachlichen Anforderungen sowie das zeitliche Engagement im Unternehmen sind sehr stark ausgeprägt, so dass diese Parameter eindeutig auf Erklärungsansätze der Principal-Agency Theory hindeuten.

Somit ist die Situation des „Operativ Partners“ eher mit der Principal-Agency Theory zu erklären, während die Situation des Beirats vor der Beteiligung sehr eindeutig i. S. der Stewardship Theory zu charakterisieren ist.

Abbildung 32: Beirat im Unternehmen C – Vorher-Nachher Vergleich

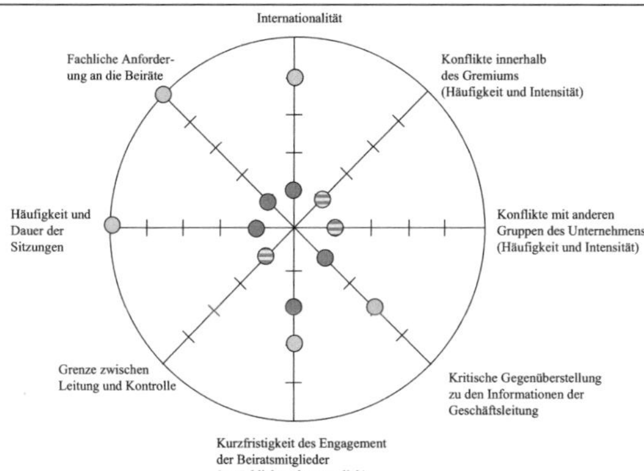

Quelle: Eigene Darstellung.

Abschließend ist zu konstatieren, dass in der vorliegenden Fallstudie im untersuchten Unternehmen C aufgrund der Hereinnahme des Finanzinvestors sehr starke Veränderungen im Beirat stattgefunden haben.

Eine Kontrolle der Geschäftsführung durch den Beirat gab es vor der Beteiligung nicht. Somit erfolgt die Herangehensweise in diesem Kontext im Fallunternehmen C i. S. der Stewardship Theory. Böcking et al. (vgl. Böcking et al., 2004, S. 425 f.) führen hierzu an, dass Kontrolle eher schadet als nutzt. Denn die hierfür eingesetzten Ressourcen stehen dem Unternehmen nicht mehr anderweitig zur Verfügung. Somit erfolgt die Führung des Unternehmens i. S. des Self-Leadership Konzeptes (vgl. Manz, 1986, S. 595). Die monetäre Vergütung des Beirats vor der Beteiligung ist ebenfalls sehr stark durch die Stewardship Theory geprägt, so dass die monetäre Motivation keine Rolle gegenüber der intrinsischen Motivation spielt (vgl. Kap. 2.3.2.1). In der Phase nach der Beteiligung erfolgte im Unternehmen C die stärkste Veränderung innerhalb der sechs Fallstudien. Der neu eingeführte „Operativ Partner" nimmt die Kontrollfunktion sehr stark wahr, dies u. a. auch dadurch bedingt, dass er nicht mit dem Unternehmen verbunden ist (vgl. Minow/Bingham, 1995, S. 498 ff.). Aufgrund seiner sehr aktiven Teilnahme am Unternehmensgeschehen, hat der „Operativ Partner" nicht nur die relevanten Informationen zur Verfügung, sondern kann diese auch entsprechend nutzen und im Unternehmen umsetzen (vgl. Chwolka, 1999, S. 630).

3.7.2.4 Handelsunternehmen aus dem B2B Bereich

Die vierte Fallstudie basiert auf einem mittelständischen Handelshaus, das ursprünglich in Baden-Württemberg angesiedelt war und dort seit den 1960er Jahren bestand. Im Zuge der Übernahme eines Wettbewerbes im Jahr 1979 siedelte das Unternehmen, das nachfolgend als Unternehmen D bezeichnet wird, in den Großraum München um. Zu dieser Zeit lag der Umsatz des gesamten Unternehmens (inklusive des neu erworbenen Unternehmens) bei rund 800.000 DM. In der Folgezeit stieg der Sohn des Alleingesellschafters in das Unternehmen mit ein. Vater und Sohn führten die Gesellschaft in den nächsten knapp 20 Jahren gemeinsam mit sehr großem Erfolg. So stieg der Umsatz bis in das Jahr 2000 auf 100 Mio. DM an und das Unternehmen D konnte im relevanten Segment die Marktführerschaft in Deutschland erobern. Das enorme Wachstum ist z. T. auch durch einige Unternehmensakquisitionen zu erklären. Der vollständige Generationenwechsel vom Vater auf den Sohn vollzog sich ebenfalls im Jahr 2000 in dem Unternehmen, das mittlerweile auch in fünf weiteren Ländern Europas aktiv war und insgesamt über 200 Mitarbeiter beschäftigte. Im Zuge des Gesellschafterwechsels erteilte der Sohn einem Mitarbeiter Prokura und teilte sich mit diesem die Aufgaben der Geschäftsführung. Die über 60.000 Kunden ermöglichten dem Unternehmen auch in den Folgejahren ab 2000 zweistellige Renditen und ein stabiles Wachstum. Im Jahr 2006 beteiligte sich ein Finanzinvestor am Unternehmen.

Interviewpartner für die vorliegende Studie war ein Vertreter der Private-Equity-Gesellschaft, der im Gesellschafterausschuss des Unternehmens D die Interessen des neuen Hauptgesellschafters vertritt. Der Befragte ist Managing Director des Finanzinvestors und kann auf eine umfangreiche Expertise sowohl im Private Equity Bereich als auch im Industrieumfeld verweisen.

Darstellung der Verkaufssituation

Nachdem der Sohn im Zuge der Nachfolgeregelung das Unternehmen vollständig von seinem Vater übernommen hat und gemeinsam mit dem Prokuristen für das Unternehmen verantwortlich zeichnete, zog sich der neue Alleineigentümer zunehmend aus dem Unternehmen zurück und überließ dem Prokuristen weitestgehend die Führung der Gesellschaft. Da der Sohn des Gründers in seiner Familie keinen Nachfolgekandidaten hatte und der Prokurist die finanziellen Mittel für eine Übernahme nicht allein aufbringen konnte, engagierte sich im Jahr 2006 ein Finanzinvestor im Unternehmen. Im Zuge dieser Beteiligung schied der ehemalige Alleineigentümer im Alter von 50 Jahren aus der Geschäftsführung aus, wenngleich er noch am Unternehmen beteiligt blieb. Der ehemalige Prokurist übernahm einen kleinen Anteil an der Gesellschaft und der Finanzinvestor wurde mit mehr als 75,1 % neuer Hauptgesellschafter.

In der Zeit nach der Übernahme setzte das Unternehmen seinen Wachstumskurs uneingeschränkt fort, setzte im Jahr 2008 bereits mehr als 80 Mio. € um und baute seine Marktposition sowohl in Deutschland als auch im Ausland weiter aus. Für das Jahr 2010 peilt das Unternehmen die Erreichung der Umsatzgrenze von 100 Mio. € an. Die folgende Abb. 33 stellt die Rahmenbedingungen im Unternehmen vor mit denen nach der Beteiligung gegenüber.

Abbildung 33: Kurzportrait des Unternehmens D

	Phase vor der Beteiligung	Phase nach der Beteiligung
Besitzverhältnisse	100 % Familieneigentum (1 Person)	> 75,1 % Finanzinvestor 1 < 20,0 % Alteigentümer < 5,0 % Manager
Aufsichtsorgan	Nein	Ja
Zahl der Mitglieder	0	6
davon Familie	0	1
durch Familie nominiert	0	1
Geschäftsführer	1	1
davon Familie	1	0
durch Familie nominiert	1	0
Welche Generation ist am UN beteiligt?	2. Generation	2. Generation
Welche Generation ist in der GL vertreten?	2. Generation	keine
Welche Generation ist im AG vertreten?	keine	2. Generation

Quelle: Eigene Darstellung.

Zusammensetzung des Beirats

Vor der Beteiligung verfügte das Unternehmen nicht über ein Aufsichtsgremium, so dass in der folgenden Darstellung der Fokus auf der Zeit nach der Beteiligung liegt.

Im Zuge der Beteiligungssituation wurde ein Aufsichtsgremium geschaffen, das aber nicht als Beirat firmierte, sondern als Gesellschafterausschuss tagte. In dieses Gremium wurden dabei lediglich Mitglieder der erweiterten Geschäftsführung des Unternehmens, Gesellschafter oder direkte Vertreter der Gesellschafter berufen. Konkret besteht das Gremium aus dem Geschäftsführer (am Unternehmen beteiligt), dem CFO (nicht am Unternehmen beteiligt), dem Vertriebschef (nicht am Unternehmen beteiligt), dem ehemaligen Alleingesellschafter sowie zwei Vertretern des Finanzinvestors.

Das Nicht-Einsetzen eines klassischen Beirats erklärt der Vertreter der Private-Equity-Gesellschaft mit dem Statement:

„Es gibt da einen Reigen von Gründen, warum wir keinen Beirat eingeführt haben. Wir investieren ja in die Gesellschaft, weil wir glauben, dass das Management in der Vergangenheit die Sache gut gemacht hat. Deswegen gehen wir davon aus, dass das Management das gleiche auch in Zukunft macht. Der zweite Grund ist, wir wollen eine Situation haben, in der wir mit der Geschäftsführung einen direkten Dialog haben, unbeeinflusst von einem Beirat oder so. So dass wir immer eine Konstellation haben, dass wir im Gesellschafterausschuss sehr direkt zusammenarbeiten können, unabhängig von irgendwelchen Beiräten oder so.

Drittens sind wir von der Qualität der Beiräte nicht überzeugt. Sog. Branchenexperten sind zumeist nicht mehr so in der Branche verhaftet, zumindest nicht operativ. Netzwerke und Erfahrungen verändern sich sehr schnell und sind nach ein oder zwei Jahren schon nichts mehr wert.

Es gibt zudem häufig Profilierungsprobleme zwischen Beiräten und Geschäftsführern, die das Verhältnis belasten können und für das Unternehmen nicht produktiv sind.

Es ist zudem nicht erwiesen, dass eine Gesellschaft mit Beirat am Ende 5 % mehr Gewinn erwirtschaftet als ohne. Beiräte können sehr ineffizient sei. Sie kosten Zeit der Vorbereitung, nicht nur des Managements. Sie sind häufig Debattierclubs und belasten u. U. das Verhältnis zwischen Geschäftsführung und Gesellschaft. Sie kosten zudem noch Geld. Dieses Geld bringen sie aber nicht wieder ein.

Wir haben schon im Zuge einer Beteiligung einen Beirat aufgelöst. Dort bot der Beirat auch keinen Zusatznutzen und dann erscheint es sinnvoller, dass die Geschäftsführung sich mit dem Geschäft beschäftigt und nicht durch solche Veranstaltungen gestört wird.“

Nachdem die Gründe für das Nicht-Vorhandensein eines Beirats ausführlich durch den Vertreter des Hauptgesellschafters dargelegt worden sind, wird im Folgenden detailliert auf den Gesellschafterausschuss eingegangen. Alle im Gesellschafterausschuss vertretenen Personen haben ein betriebswirtschaftliches Studium absolviert und dann auf verschiedenen Wegen z. T. im Beratungsumfeld, im industriellen Sektor oder aber im Handelsbereich eingehende Erfahrung erworben.

Das durchschnittliche Alter der Mitglieder des Gremiums lässt sich mit „Anfang bis Mitte 40“ angeben. Der beteiligte Geschäftsführer ist „Anfang 40“, während die beiden nicht am Unternehmen beteiligten Manager „Ende 30“ sind. Darüber hinaus war der Altgesellschafter zum Zeitpunkt des Gesellschafterwechsels 50 Jahre alt; der Interviewpartner hatte ein Alter von 52 Jahren, während sein Kollege das 40. Lebensjahr vollendet hatte.

Die Internationalität des Gremiums stuft der Befragte mit „4“ ein. Insbesondere den Erfahrungshorizont des Altgesellschafters schätzte er als sehr international ein, so dass er ihm einzeln betrachtet eine „5“ geben würde. Eine feste Vertragslaufzeit der einzelnen Mitglieder im Aufsichtsorgan gibt es nicht. Die Zugehörigkeit bestimmt sich durch die Gesellschafterstruktur. Bislang gab es noch keinen personellen Wechsel im Gremium.

Vergütung der Beiratsmitglieder

Da die Mitglieder des Gesellschafterausschusses nicht extern sind, sondern alle als leitende Angestellte, Gesellschafter oder Mitarbeiter eines Gesellschafters unmittelbar an der Unternehmens-entwicklung partizipieren, wird keine Vergütung für die Mitglieder des Ausschusses gezahlt.

Arbeitsweise des Aufsichtsgremiums

Im Gesellschafterausschuss des Unternehmens D gibt es keine Satzung oder ähnliche Bestimmungen, die die Zusammenarbeit des Gremiums regeln. Der Interviewte führt an:

„Es gibt einfach bestimmte Regeln, wie man miteinander umgeht unter ordentlichen Kaufleuten. Es gibt aber auch die Geschäftsordnung der Geschäftsführung. Aber Dinge, die darüber hinausgehen, wie die Satzung eines typischen Beirats, die gibt es nicht.“

Die Häufigkeit der Sitzungen variiert nach den Erfordernissen im Unternehmen. Im Allgemeinen tagt der Gesellschafterausschuss drei- oder viermal im Jahr.

Da alle Mitglieder des Gremiums aus Deutschland stammen, wird im Rahmen der Sitzungen ausschließlich deutsch gesprochen. Die Sitzungen dauern i. d. R. zwischen sieben und zehn Stunden. Der Befragte sieht diese Dauer als zu lange an und merkt zur Effizienz an:

„Man könnte die Gesellschafterversammlungen wesentlich kürzer halten und effektiver gestalten. Aber ein Teil der Teilnehmer hat das Bedürfnis, die Dinge ausführlich, ausgiebig und von vielen Seiten zu betrachten. Das sind die operativ tätigen Personen. Das ist kein böser Willen von denen, die sind so veranlagt.“

Das Protokoll führt der CFO des Unternehmens im Rahmen eines Ergebnisprotokolls. Thematisiert werden in den Sitzungen auch Aspekte des lokalen Umfelds, insbesondere, wenn diese mit Themen wie Expansion in Widerspruch stehen. Die Zusammenarbeit im Gremium verläuft sehr harmonisch. Zu Konflikten innerhalb des Gremiums führt der Befragte an:

„Es gibt so gut wie keine Konflikte. Dies ist auch darin begründet, dass es sich um eine Gesellschaft handelt, die ihre Zahlen immer zweistellig übererfüllt."

Anzuführen ist in diesem Kontext auch, dass in diesem Gremium – nicht wie in Beiräten sonst üblich – jede Stimme gleich zählt oder höchstens der Vorsitzende doppeltes Stimmrecht hat, sondern dass die Stimmen gemäß den Anteilen am Unternehmen verteilt sind. Folglich hat der Finanzinvestor immer eine Mehrheitsposition. Diese Tatsache spielt im Rahmen des Auftretens von Konflikten sicherlich auch eine Rolle.

Fachliche Anforderungen an die Mitglieder des Beirats

Das beschriebene Organ hat aufgrund der Gestaltung als Gesellschafterausschuss keine fachlichen Anforderungen definiert. Die Mitglieder sind alle aufgrund ihrer Position und/oder bestimmter Eigentumsverhältnisse im Gremium vertreten. Die drei Mitglieder der Geschäftsleitung des Unternehmens sind aufgrund ihrer operativen Tätigkeit im Gremium aktiv. Die beiden Vertreter des Finanzinvestors sind von ihrem Arbeitgeber entsendet. Der Alteigentümer ist zusätzlich zu seiner Tätigkeit als Geschäftsführer ebenso wie der beteiligte Manager basierend auf der jeweiligen Beteiligung am Unternehmen im Gremium vertreten.

Zusammenwirken des Beirats mit anderen Akteuren des Unternehmens

Eine strikte Trennung zwischen dem Aufsichtsgremium und der Geschäftsleitung ist in absolutem Maße nicht zu gewährleisten, da die Mitglieder der Geschäftsführung des Unternehmens im Gesellschafterausschuss vertreten sind und somit eine gewisse Verflechtung vorgegeben ist. So charakterisiert der Vertreter des Finanzinvestors die Zusammenarbeit und damit auch die Trennung zwischen Leitung und Kontrolle etwas differenzierter:

„Wir (gemeint ist der Finanzinvestor) sind ja in einer Situation, in der wir nur als Berater im Unternehmen sind. Aber wir würden der Geschäftsführung schon ziemlich deutlich sagen, wenn wir der Meinung wären, dass man bestimmte Dinge so nicht machen könnte. Das halte ich als eine Art Kontrollfunktion, so dass die Trennung zwischen dem operativen, also der Leitung und der Kontrolle, schon sehr fest besteht. Konflikte sind denkbar, wenn es um Meinungsverschiedenheiten über Einsparpotenziale, Fragen der Finanzierung oder über Zukäufe gibt."

So findet von Seiten des Finanzinvestors eine ständige Kommunikation mit dem Management statt: mindestens monatlich werden die Zahlen im Rahmen eines Soll-Ist Abgleiches besprochen und analysiert. Die Informationen, die den Mitgliedern des Gesellschafterausschusses zur Verfügung gestellt werden, werden kritisch beleuchtet. Der Interviewte äußert sich zur kritischen Einstellung bezüglich der Informationen des Managements mit der folgenden Aussage:

„Es leben immer zwei Seelen in einer Brust. Zunächst einmal steht man jeder Information, die man von irgendjemand erhält sehr kritisch gegenüber. Man will sie ja verstehen und hinterfragen. Es gibt ja immer die Gefahr, dass man mit falschen Informationen gefüttert wird. Dies kann passieren, auch in besten Vertrauensverhältnissen. Die zweite Seele ist durch einen sehr großen Teamgeist und dem gemeinsamen Ziel, das Unternehmen voranzubringen, geprägt. Vor dem Hintergrund kann man davon ausgehen, dass die Geschäftsführung wahrheitsgemäß und zeitnah im Eigeninteresse reportiert, so dass man am Ende des Tages sagen kann, dass die Informationen vertrauenswürdig sind."

Die Informationen, die den Gesellschaftern von der Geschäftsführung zur Verfügung gestellt werden, können insgesamt als sehr umfangreich, sehr detailliert und sehr differenziert betrachtet werden. Der Befragte hatte zu keiner Zeit das Gefühl, dass falsche Informationen präsentiert wurden oder Informationen den Gesellschaftern vorenthalten wurden. Somit ist es für die Mitglieder des Gesellschaftsausschusses auch nicht erforderlich, an den Sitzungen der Geschäftsleitung teilzunehmen.

Die Kommunikation mit der Geschäftsführung verläuft insbesondere von den Vertretern des Finanzinvestors sehr regelmäßig. Mindestens alle zwei bis drei Wochen findet ein Austausch statt. Die Kommunikation ist von Themen geprägt, wie z. B. Firmenzukäufen, in denen die Private-Equity-Gesellschaft dem Unternehmen Fachwissen zur Verfügung stellen kann.

Im Unternehmen D gibt es keine interne Revision. Allerdings sieht der Interviewte eine interne Revision generell nicht als Ansprechpartner für die Gesellschafter oder den Gesellschafterausschuss:

„Eine interne Revision gibt es nicht. Gäbe es diese, dann würde man wahrscheinlich nur punktuell und i. d. R. über die Geschäftsleitung in Kontakt mit der internen Revision treten. Die interne Revision verstehe ich mehr als ein Instrument der Geschäftsführung und nicht so sehr des Gesellschafters. Hätten wir als Gesellschafter den Bedarf, etwas zu hinterfragen, so würden wir uns ohnehin eines externen Wirtschaftsprüfers bedienen."

Diese Aussage lässt den Schluss zu, dass sich der Finanzinvestor sehr eng mit den Wirtschaftsprüfern abstimmt und diese als verlässliche Partner schätzt. Der Befragte relativiert diesen Eindruck, indem er folgende Ausführung über den Jahresabschluss trifft:

„Dem Jahresabschluss stehen wir kritisch gegenüber, da er von Wirtschaftsprüfern gemacht worden ist, und dieser Zunft sollte man sehr kritisch gegenüber stehen, da sie nicht in jedem Punkt als verlässlich einzuschätzen ist. Deswegen lesen und hinterfragen wir den Jahresabschluss bereits in seiner Entwurfsphase und diskutieren ihn mit der Geschäftsführung. Wenn wir alle gemeinsam zur Überzeugung kommen, dass das, was da steht für die Gesellschaft, angemessen ist, dann bestätigen wir das."

Zusammenfassend erscheint die Zusammenarbeit der Private-Equity-Gesellschaft mit der Geschäftsführung sehr eng und vertrauensvoll. Sie basiert auf dem gemeinsamen Ziel, die Gesellschaft zu stärken. Die Teilhabe des ehemaligen Alleineigentümers erscheint demgegenüber sehr passiv und von eher untergeordneter Bedeutung für die Weiterentwicklung des Unternehmens.

Weitere Veränderungen im Unternehmen

Die wirtschaftliche Entwicklung des Unternehmens, die schon zum Zeitpunkt der Übernahme als sehr gut einzustufen war, hat sich im Zuge der Beteiligung noch weiter verbessert. Als Gründe für diese Entwicklung werden neben dem konjunkturellen Umfeld die höhere Motivation des z. T. beteiligten Managements angeführt. Der Vertreter des Finanzinvestors führt zu den wesentlichen Änderungen im operativen Tagesgeschäft an:

„Die wesentlichen Veränderungen, die stattgefunden haben, sind wachstumsorientierte Veränderungen: Umstrukturierungen der Organisation, vertriebsseitige Umorganisationen, einige Neubesetzungen, insbesondere im Vertrieb. Die Gesellschaft hat sich räumlich vergrößert und will sich weiter vergrößern. Ein, zwei schlecht laufende Auslandsgesellschaften wurden geschlossen. Das sind aber alles Maßnahmen, die von der Geschäftsführung ausgedacht, ausgelöst und ausgeführt wurden. Und nicht durch die Gesellschafter."

Die Abb. 34 zeigt die Situation im Gesellschafterausschuss auf. Ein Vergleich mit der Situation vor der Beteiligung ist aufgrund der Gegebenheiten im Unternehmen D leider nicht möglich.

Abbildung 34: Beirat im Unternehmen D – nachher

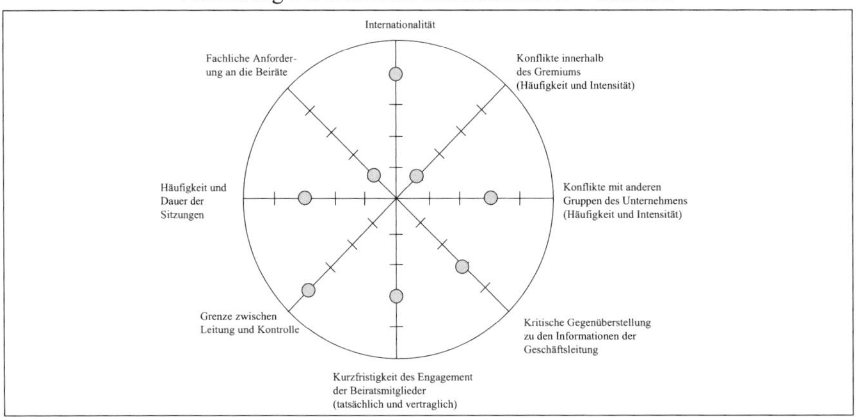

Quelle: Eigene Darstellung.

Die dargestellte Situation erscheint nicht eindeutig. Während einige Merkmale eher durch die Principal-Agency Theory zu beschreiben sind, erscheinen andere eher mit

Hilfe der Stewardship Theory erklärbar. Diese sehr uneinheitliche Situation zeigt sich in der folgenden Konstellation im Aufsichtsorgan: So ist die Geschäftsführung zwar im Aufsichtsorgan vertreten, wenn auch nicht i. S. der CEO Duality (vgl. Ong/Wan, 2001, S. 12) als Vorsitzender des Aufsichtsorgans. Allerdings schränkt die Vertretung die Unabhängigkeit zwischen Leitung und Kontrolle ein. Demgegenüber zählen die Stimmen im Gesellschafterausschuss nach Besitzanteilen, so dass die Macht eindeutig in Händen des Finanzinvestors liegt. Somit können die Mehrheitsgesellschafter die Überwachung der Agents wahrnehmen und ihre Interessen entsprechend durchsetzen (vgl. Hopt, 2003, S. 34).

3.7.2.5 Junges, wachstumsstarkes Unternehmen aus dem Mineralwasserbereich

In dem nachfolgenden Unterkapitel wird die Fallstudie des fünften exemplarischen Unternehmens, das im Rahmen der Untersuchung als Unternehmen E bezeichnet wird, vorgestellt. Die Fallstudie basiert auf einem Gespräch mit einem aktuellen Mitglied des Beirats, der die Interessen einer Private-Equity-Gesellschaft vertritt, der Analyse zahlreicher Presseartikel sowie der Recherche in einigen Datenbanken (Creditreform u. a.). Das interviewte Beiratsmitglied ist seit dem Beitritt eines Finanzinvestors Anfang 2008 in dem Aufsichtsgremium des Fallunternehmens tätig.

Das Tätigkeitsfeld des untersuchten Unternehmens E ist auf die Versorgung gewerblicher Kunden mit nichtalkoholischen Getränken konzentriert. Das Marktvolumen in diesem Bereich ist in den letzten 15 Jahren sehr stark gestiegen. Gegründet wurde das Beispielunternehmen im Jahr 1999 durch eine Einzelperson, die bis zum Beginn des Jahres 2008 alleiniger Gesellschafter und Geschäftsführer war. Das äußerst profitable und sehr stark wachsende Unternehmen erwirtschaftete mit Hilfe von 150 Mitarbeitern zum Ende des Jahres 2007 einen Umsatz von etwa 20 Mio. €. Die Mitarbeiter sind in Vertriebsfunktionen über das gesamte deutsche Bundesgebiet tätig, während die Unternehmenszentrale in Nordrhein-Westfalen liegt.

Darstellung der Verkaufssituation

Nachfolgend wird die Verkaufssituation des Unternehmens E dargestellt, die sich zwischen Ende 2007 und Anfang 2008 vollzog. Der Gründer des Unternehmens, auf den die Gesellschaft komplett zugeschnitten war, entschloss sich im Alter von 60 Jahren, seine Nachfolge frühzeitig zu regeln. Aus dem familiären Umfeld des Unternehmers gab es keinen Nachfolgekandidaten. Allerdings wurde der kaufmännische Leiter des Unternehmens, der bislang mit Prokura ausgestattet war, als idealer Buy-Out Kandidat – wenn auch nicht familiär verbunden – gesehen; zumal der kaufmännische Leiter auch in der Vergangenheit maßgeblich in der Führung des Unternehmens involviert war. Zur Finanzierung dieser Nachfolgeregelung benötigte der Prokurist einen Partner, der diese Transaktion finanzierte. Eine Private-Equity-Gesellschaft erwies sich hierfür als geeignet. Zu Beginn des Jahres 2008 verkaufte der bisherige Alleineigentümer seine Anteile komplett. Im Rahmen der Transaktion übernahm diese zu 15 % der Buy-Out Manager, während die restlichen 85 % von einer Private-Equity-Gesellschaft erworben wurden. Der Alt-Unternehmer wurde über eine Earn-out Regel incentiviert (vgl. Kap. 2.3.2.3) und verblieb auch nach dem Eintritt des Finanzinvestors als Geschäftsführer im Unternehmen. Sein Aufgabengebiet verringerte sich zwar deutlich, aber der Verbleib des Gründers wurde ausdrücklich vom Buy-Out Kandidaten gewünscht. Der ehemalige Prokurist wurde im Zuge seiner Beteiligung ebenfalls Geschäftsführer und übernahm sukzessive weitere Aufgabengebiete vom Unternehmensgründer. Aktuell ist der Gründer noch für den Einkauf und einige Vertriebsaufgaben zuständig, während der neue Geschäftsführer insbesondere für die strategische Orientierung des Unternehmens verantwortlich ist. Die Zusammenfassung der bestimmenden Eckpunkte der Macht- und Erfahrungsebenen in den beiden Phasen des Unternehmens zeigt die nachfolgende Abb. 35.

Abbildung 35: Kurzportrait des Unternehmens E

	Phase vor der Beteiligung	Phase nach der Beteiligung
Besitzverhältnisse	100 % Familieneigentum (1 Person)	85 % Finanzinvestor 1 15 % Manager
Aufsichtsorgan	Nein	Ja
Zahl der Mitglieder	0	3
davon Familie	0	0
durch Familie nominiert	0	1
Geschäftsführer	1	2
davon Familie	1	1
durch Familie nominiert	1	1
Welche Generation ist am UN beteiligt?	1. Generation	keine
Welche Generation ist in der GL vertreten?	1. Generation	1. Generation
Welche Generation ist im AG vertreten?	kein Aufsichtsgremium	keine

Quelle: Eigene Darstellung.

Zusammensetzung des Beirats

Ein Beirat als Aufsichts- und Kontrollgremium wurde erst im Rahmen der Beteiligung der Private-Equity-Gesellschaft am Unternehmen E installiert. Dabei wurden drei Personen unter dem Vorsitz eines ehemaligen Vorstandes eines DAX-Unternehmens in das Gremium bestellt. Auch wenn das ehemalige Vorstandsmitglied operativ mittlerweile nicht mehr tätig ist, ist er aber in zahlreichen Aufsichtsgremien aktiv und verfügt über ein sehr hohes Expertenwissen in Fragestellungen, die sich mit der Kundenbindung beschäftigen. Diese Kompetenz und Erfahrung, ein solches Gremium zu führen, war außerdem zentral für seine Auswahl. So charakterisiert der Interviewpartner den Vorsitzenden des Beirats als jemand: *„(...), der auch einen hohen Grad an Steuerungsfähigkeit mitbringt."*

Er wurde durch die Gesellschafter (Private-Equity-Gesellschaft und Buy-Out Manager) in den Beirat entsendet. Als zweites Beiratsmitglied ist der ehemalige Alleineigentümer und Geschäftsführer eines Wettbewerbers tätig, der sein Unternehmen in der Vergangenheit an einen anderen Finanzinvestor veräußert hat und nun seinem ehemaligen Unternehmen nicht mehr verbunden ist. Seine Aufgabe im Beirat des Unternehmens E ist es, neben seinem Marktwissen seine Erfahrungen aus dem Übergang vom Eigentümerunternehmen zu einer mehrheitlich in Private Equity-Besitz befindlichen Gesellschaft einzubringen. Er vertritt die Interessen des ehemaligen Eigentümers, der, obwohl er nicht mehr am Unternehmen beteiligt ist, einen Vertreter in den Beirat entsenden darf. Schließlich ist der Gesprächpartner als Vertreter des Hauptanteilseigners ebenfalls in das Gremium eingezogen. Seine umfangreichsten Erfahrungen liegen in der Unternehmenssteuerung und im Controlling. Die Anzahl von drei Beiräten liegt im Rahmen dessen, was in Beiräten von Familienunternehmen üblich ist, wenngleich das Unternehmen nicht mehr als solches zu klassifizieren ist (vgl. Kap. 2.1.3.2.1).

Obwohl der Befragte mit der Besetzung des Beirats sehr zufrieden ist, sind mittelfristig personelle Veränderungen im Gremium geplant. So wird davon ausgegangen, dass der Alt-Unternehmer in einem absehbaren Zeitraum von der Geschäftsführung in den Beirat wechselt, wenngleich hierfür noch kein Zeitplan zwischen den Beteiligten abgestimmt ist. Somit wird die Regel befolgt, dass kein Mitglied der Familie im Beirat vertreten ist, solange Familienmitglieder in die Geschäftsführung involviert sind (vgl. Kap. 2.1.3.2.1). Familiäre Beziehungen bestehen zwischen keinem der Mitglieder der Geschäftsführung und des Beirats. Eine Vertretung der Mitarbeiter gibt es ebenfalls im Kontrollgremium nicht. Darüber hinaus verfügt das Unternehmen E über keinen Betriebsrat.

Die Vertragslaufzeit der Mitglieder des Beirats ist unbegrenzt; bislang gab es noch keinen Wechsel im Gremium. Im Durchschnitt sind die drei Mitglieder des Kontrollgremiums 55 Jahre alt, wobei der Vorsitzende und der ehemalige Eigentümer des Konkurrenzunternehmens älter sind als der Vertreter des Finanzinvestors. Die Internationalität der drei Beiratsmitglieder variiert jedoch in diesem Unternehmen sehr stark. Während der Vorsitzende, als ehemaliges Vorstandsmitglied eines DAX-Unternehmens, sehr international erfahren ist und somit klar mit „5" beschrieben wurde, sind die beiden anderen Mitglieder eher lokal geprägt („1"). Somit ergibt sich als Gesamtbeurteilung eine „2 bis 3".

Vergütung der Beiratsmitglieder

Die Gesamtvergütung des Beirats beläuft sich auf jährlich 50.000 €. Hiervon erhält der Vorsitzende 30.000 € und der ehemalige Inhaber des Konkurrenten 20.000 €. Mit dieser Vergütung sind alle Tätigkeiten im Rahmen der Arbeit im Aufsichtsgremium abgegolten. Eine variable Vergütung existiert bislang noch nicht, „*aber*“, so der Befragte, „*wir überlegen, ob wir eine solche einführen werden, die bspw. auf den Exit bezogen ist*“. Diese Überlegungen sollen aber erst in den nächsten Jahren umgesetzt werden.

Der Vertreter des Fonds erhält neben seinem regulären Gehalt als Mitarbeiter der Private-Equity-Gesellschaft, keine separate Vergütung für seine Tätigkeit im Beirat. Nachdem in den vergangenen Abschnitten die Zusammensetzung und die Vergütung des Aufsichtsorgans thematisiert wurden, rückt nun die tatsächliche Arbeit im Beirat in den Fokus.

Arbeitsweise des Aufsichtsgremiums

Das Aufsichtsgremium führt jährlich fünf Sitzungen am Sitz des Unternehmens durch. Demnach findet planmäßig pro Quartal eine Sitzung statt, während eine weitere als Reservesitzung eingeplant ist, auf der ggf. außerordentliche Themen bearbeitet werden. Da alle Teilnehmer die deutsche Sprache als Muttersprache haben, ist dies auch die Sitzungssprache. An den Sitzungen, die durchschnittlich 3 bis 4 Stunden dauern, nehmen auch die beiden Geschäftsführer teil, die allerdings beide kein Stimmrecht besitzen. Der Buy-Out Manager führt zudem ein Ergebnisprotokoll über die Sitzungen.

Die Basis der Beiratsarbeit bildet die Geschäftsordnung des Beirats, die durch die Gesellschafter beschlossen wurde. Weitere Regeln sind in der Satzung des Unternehmens und in der Geschäftsordnung für die Geschäftsführung festgelegt, in der u. a. die Zusammenarbeit zwischen Geschäftsführung und Beirat geregelt wird. Die Abstimmung im Beirat erfolgt durch eine relative Mehrheit, wobei jede Stimme gleich viel zählt. Somit kann auch der Vorsitzende des Gremiums überstimmt werden.

Die primäre Aufgabe des Beirats besteht in der weiteren strategischen Ausrichtung des Unternehmens. Außerdem unterstützen die Beiratsmitglieder die Mitglieder der Geschäftsführung bei der Vorbereitung der Sitzungen des Aufsichtsgremiums. Dies geht in erster Linie von dem Finanzinvestor aus, dessen Vertreter hierzu ausführt:

„Wir helfen in der Planungsphase, bei der Vorbereitung der Aufstellung der Unternehmensplanung (...). Auch helfen wir bei der Art und Weise der Präsentation. Die Geschäftsleitung war nicht unbedingt mit Power Point vertraut.“

Die Effizienz des Beirats müsste nach Einschätzung des Interviewten jedoch noch gesteigert werden. So räumt er ein:

„Wir müssen uns tatsächlich noch einüben. Insbesondere was die Zusammenarbeit mit der Geschäftsführung anbelangt. Dort müssen wir noch den richtigen Umfang des Berichtswesens festlegen und damit einhergehend die richtige Berichtssystematik.“

Im Zusammenhang mit der Arbeitsweise des Gremiums stellt sich die Frage nach den potentiellen Konflikten innerhalb des Organs. Jedoch gab es bislang innerhalb des Gremiums noch keine Konflikte, so dass hierüber keine Aussagen getroffen werden können.

Fachliche Anforderungen an die Mitglieder des Beirats

Die Anforderungen, die an die Mitglieder des Beirats gestellt werden, zielen primär auf fachliche Kriterien ab. Diese sind v. a. die Expertise im Bereich Neukundengewinnung, die Kundenpflege und die Kenntnisse des relevanten Marktes. In der Zusammenarbeit innerhalb des Gremiums sind die Mitglieder gefordert, sich als Teil der Gruppe zu definieren und somit auch eine Rolle innerhalb der Gruppe einzunehmen. Der Vorsitzende hat so laut befragtem Mitglied des Gremiums zudem noch die Aufgabe, ein Gremium mit *„durchaus eigenwilligen Persönlichkeiten zu führen"*. Werden die Aufgaben auf die vier Bereiche, die Koeberle-Schmid als Aufgaben eines Beirats (speziell in Familienunternehmen) bezeichnet (vgl. Koeberle-Schmid et al., 2009, S. 84 ff. und vgl. Kap. 2.1.3.2), konzentriert, so ist das Gremium in dem Fallunternehmen besonders in den Gebieten Beratung und Networking aktiv. Die Kontrollfunktion nimmt einen etwas geringeren Stellenwert ein. Die Pflege der Familienbeziehungen hat keinerlei Bedeutung.

Zusammenwirken des Beirats mit anderen Akteuren des Unternehmens

Die Mitglieder des Beirats sehen sich laut dem Interviewten selbst als *„Gesprächspartner und Ideengeber"*, so dass die Kontrolle nicht im Zentrum ihrer Aktivitäten steht. Dieses Selbstverständnis ist zu einem beträchtlichen Teil auf die Situation des erst kürzlich stattgefundenen Gesellschafterwechsels und damit einhergehend auf die Veränderungen in der Geschäftsführung zurückzuführen. So führt der Befragte an:

„Noch herrscht ja die Überzeugung vor, Negatives sofort zum Ausdruck zu bringen, um sich nicht später anhören zu müssen, dass man das hätte gerne früher wissen wollen. Man kann sicherlich einen Unterschied zwischen dem Alt-Unternehmer und dem Buy-Out Manager erkennen. Der Alt-Unternehmer sieht die Situation immer wesentlich positiver, insbesondere die Vergangenheit, aber zentraler Ansprechpartner für uns ist der neue Geschäftsführer. Das ist unser Mann. Das muss man ganz klar so sagen."

Wie bereits im vorherigen Abschnitt beleuchtet, nehmen die Geschäftsführer an den Sitzungen des Beirats teil. Umgekehrt wohnt kein Mitglied des Beirats den Sitzungen der Geschäftsleitung bei.

Die Partizipation der Beiratsmitglieder an der Arbeit der Geschäftsleitung ist sehr unterschiedlich. So äußert der Interviewpartner:

„Ich als Vertreter des Investors setze mich natürlich wesentlich intensiver mit dem Unternehmen auseinander als die anderen Beiratsmitglieder, (...), z. B. monatliche

Berichte, detaillierte Unternehmensplanung, mindestens wöchentliche Telefonate, Treffen alle zwei Wochen."

Die Informationen, die die Geschäftsleitung dem Beirat zur Verfügung stellt, werden als sehr hochwertig angesehen und deshalb mit „1 bis 2" bewertet (Skala von „1" = „sehr hochwertig" bis „5" = absolut nicht hochwertig"). Kritisiert werden in diesem Kontext allerdings die mangelnde Zeitnähe sowie die Fülle an Informationen, die teilweise in dieser Ausführlichkeit gar nicht benötigt werden.

Die erstellten Berichte werden innerhalb des Gremiums als auch mit der Geschäftsleitung sehr intensiv diskutiert, wobei das Vertrauen, das den Berichten entgegengebracht wird, hoch ist:

„Die waren dadurch, dass sie von dem Buy-Out Manager erstellt worden sind, eher kritischer (...). Die Berichte kehren alles Negative nach außen. Da braucht man gar nicht viel kritisch zu hinterfragen. Somit ist der Vertrauensgrad, den man den Berichten gegenüber hat, schon recht hoch."

Nachdem in dieser Case Studie bereits die Nicht-Existenz von Konflikten innerhalb des Gremiums thematisiert wurde, werden nun die Konflikte mit anderen Gruppen (im Besonderen mit der Geschäftsleitung) behandelt. Analog zur Konfliktsituation innerhalb des Gremiums gab es bislang auch mit anderen Organen der Gesellschaft keine Konflikte, wenngleich der Interviewpartner je näher es auf den Exit zugeht, mit Konflikten rechnet.

Die Kommunikation zwischen dem Beirat und der internen Revision findet nicht statt. Demgegenüber gibt es in regelmäßigen Abständen eine Kommunikation zwischen Beirat und externer Revision. Die Wirtschaftsprüfungsgesellschaft, die als externe Revision bestimmt worden ist, ist im Vorfeld von der Private-Equity-Gesellschaft eingesetzt worden, so dass darin ein Vertrauensverhältnis zwischen dem Hauptgesellschafter und der externen Revision begründet ist.

Weitere Veränderungen im Unternehmen

Als wesentliche Veränderung im Unternehmen E ist die im Zuge des Gesellschafterwechsels eingetretene Notwendigkeit für die Geschäftsführung, überhaupt Rechenschaft ablegen zu müssen. Diese Situation führt das befragte Beiratsmitglied aus:

„Man muss jemand anders überzeugen und kann nicht einfach entscheiden. Man muss sich auch gefallen lassen, dass man kritisch hinterfragt wird. Es kann dann auch mal passieren, dass man eine Entscheidung mitgeteilt bekommt, die man ausführen muss. Somit ist der Beirat das Forum, in dem man sich als Geschäftsführer der kritischen Befragung stellen muss."

Darüber hinaus ist erwähnenswert, dass das Unternehmen sowohl in der Vergangenheit als auch aktuell ohne Bankverbindlichkeiten arbeitet und somit den Banken keinerlei Rechenschaft schuldig war und ist. Andernfalls hätte die Geschäftsleitung durch die Gespräche mit den kreditgebenden Banken eine Routine im Ablegen von Rechenschaften erwerben können.

Als Unternehmensziel ist ein kontinuierliches jährliches Umsatzwachstum von 10 % bei einer gleich bleibenden EBIT-Marge von 30 % festgelegt. Die Entlohnung der Geschäftsleitung ist über die Boni an diese Zielerreichung gekoppelt.

Im Zuge des Gesellschafterwechsels gab es keine höhere Fluktuation der Mitarbeiter. Da sehr viele Beschäftigte im Vertriebsbereich arbeiten, findet ständig eine branchenübliche Fluktuation statt. Wesentliche Mitarbeiter haben das Unternehmen nicht verlassen.

Abb. 36 zeigt die Situation im Beirat nach der Beteiligung. Ein Vergleich mit der Situation vor der Beteiligung des Finanzinvestors ist nicht möglich, da es vor der Beteiligung keinen Beirat gab.

Abbildung 36: Beirat im Unternehmen E – nachher

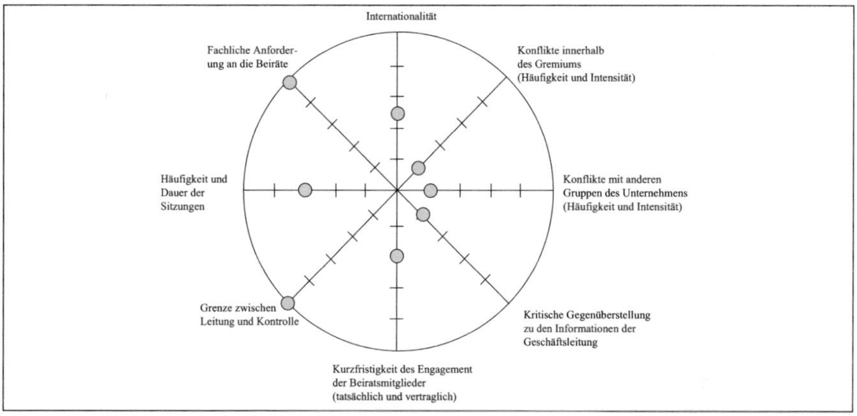

Quelle: Eigene Darstellung.

Die Internationalität im Gremium hat einen Wert von „2,5“, wobei die Varianz dieses Parameters zwischen den einzelnen Mitgliedern des Beirats sehr groß ist. Die Ausprägungen sowohl bei den Konfliktthemen als auch bei der kritischen Gegenüberstellung sind sehr gering. Ähnlich verhält sich der Wert, der die Fristigkeit des Engagements der Mitglieder des Beirats misst. Dieser Parameter zeigt ein langfristiges Engagement auf. Die Untersuchung der Häufigkeit und Dauer der Sitzungen liefert einen durchschnittlichen Wert. Demgegenüber sind sowohl die fachlichen Anforderungen als auch die Grenze zwischen Leitung und Kontrolle sehr deutlich ausgeprägt. Die Situation im Beirat des Unternehmens E lässt sich somit nicht eindeutig mit Hilfe einer der beiden vorgestellten Theorien erklären, wenngleich die Erklärungsansätze der Stewardship Theory für das Fallunternehmen eher plausibel erscheinen.

Analog zu den in Abb. 36 dargestellten Ausprägungen ergibt sich auch mit Bezug zur Theorie ein uneinheitliches Bild. So darf der Altgesellschafter, obwohl er nicht mehr am Unternehmen beteiligt ist, einen Vertreter in den Beirat entsenden. Dieses Recht des ehemaligen Eigentümers ist ohne zeitliche Befristung eingeräumt worden und entspricht einer Orientierung an den Bedürfnissen der Stakeholder i. S. der Stewardship Theory (vgl. Kap. 2.3.3.1). Auf der anderen Seite gibt das Gremium auch direkte Weisungen an die Geschäftsleitung, die weit über einen Empfehlungscharakter hinausgehen. Auf diesem Wege wird eine lückenlose Überwachung der Geschäftsleitung durchgeführt, um gegebenenfalls entsprechende Korrekturmaßnahmen i. S. der Principal-Agency Theory durchführen zu können (vgl. Ruter/Thümmel, 2009, S. 29 ff.).

3.7.2.6 Norddeutsches, mittelständisches Druckereiunternehmen

Die Gesellschaft, die in der letzten Fallstudie F thematisiert wird, ist ein 1978 gegründetes Unternehmen aus dem Bereich Drucktechnik. Das Beispielunternehmen wurde zwar von zwei Personen gegründet, jedoch übernahm sehr schnell einer der beiden Gründer die Anteile des Mitgründers. Das Unternehmen firmierte zu Beginn seiner Tätigkeit als OHG und wandelte sich später zu einer GmbH. Aufgrund eines sehr starken Expansionskurses, insbesondere im Zeitraum der deutschen Wiederverreinigung, siedelt das Druckereiunternehmen im Jahr 1991 in eine neue Produktions- und Verwaltungsstätte zwischen Hamburg und Hannover um. Aufgrund von Akquisitionen und organischem Wachstum erreichte das Unternehmen F inklusive seiner Tochtergesellschaften im Jahr 2007 mit rund 300 Mitarbeitern einen Umsatz von knapp 50 Mio. €. Die Profitabilität wird als überdurchschnittlich hoch und einzigartig im direkten Wettbewerbsumfeld beschrieben.

Gesprächspartner war ein Vertreter des späteren Hauptgesellschafters, eines deutschen Finanzinvestors, der sich auf Transaktionen im mittelständischen Umfeld konzentriert. Der Befragte gehörte zu keiner Zeit dem Beirat an; allerdings ist er für die Betreuung des Portfoliounternehmens von Seiten der Private-Equity-Gesellschaft verantwortlich. Weitere Quellen, die zur Erstellung der Fallstudie herangezogen wurden, sind Presseartikel, Veröffentlichungen der Private-Equity-Gesellschaft und des untersuchten Unternehmens sowie Fachpublikationen über das Unternehmen F.

Darstellung der Verkaufssituation

Nachdem der Gründer das Unternehmen F über einen Zeitraum von knapp dreißig Jahren aufgebaut und entwickelt hatte, entschloss sich der Unternehmer im Alter von „Ende 50“ seine Nachfolge zu regeln. Sein Ziel war es, mit Hilfe eines Finanzinvestors sowohl eine neue Geschäftsführung aufzubauen als auch die Mehrheit an seinem Unternehmen abzugeben. Er verkaufte im Jahr 2007 85 % seiner Anteile an die Private-Equity-Gesellschaft und behielt die restlichen 15 %. Aktuell ist der Gründer nach wie vor der alleinige Geschäftsführer des Unternehmens, wenngleich er gemeinsam mit dem Finanzinvestor aktiv auf der Suche nach einem neuen Nachfolger für die Geschäftsführung ist. Aus diesem Grund wurde eine Person direkt unterhalb der Geschäftsleitung etabliert, die u. U. gemeinsam mit einem externen Kandidaten die Führung des Unternehmens übernehmen könnte. Sukzessive möchte sich der Familienunternehmer, nachdem er die Geschäftsleitung abgegeben haben wird, aus dem Unternehmen verabschieden und seine Anteile abgeben. Als Erwerber für seinen verbleibenden 15%-igen Anteil der Finanzinvestor oder, abhängig von den Wünschen der zukünftigen Geschäftsleitung, diese selbst denkbar. Die nachfolgende Abb. 37 stellt die Situation jeweils vor und nach der Beteiligung im Unternehmen gegenüber.

Abbildung 37: Kurzportrait des Unternehmens F

	Phase vor der Beteiligung	Phase nach der Beteiligung
Besitzverhältnisse	100 % Familienunternehmer	85 % Finanzinvestor 15 % Familienunternehmer
Aufsichtsorgan	Nein	Ja
Zahl der Mitglieder	-	4
davon Familie	-	1
durch Familie nominiert	-	1
Geschäftsführer	1	1
davon Familie	1	1
durch Familie nominiert	1	1
Welche Generation ist am UN beteiligt?	1. Generation	1. Generation
Welche Generation ist in der GL vertreten?	1. Generation	1. Generation
Welche Generation ist im AG vertreten?	-	1. Generation

Quelle: Eigene Darstellung.

Zusammensetzung des Beirats

Das Fallunternehmen war vorher sehr stark auf den Alleingesellschafter zugeschnitten, der kein Aufsichtsorgan installiert hatte. Somit beziehen sich sämtliche nachfolgenden Angaben auf die Zeit nach der Beteiligung.

Unmittelbar nach dem Eintritt des Finanzinvestors in das Unternehmen F wurde ein Beirat eingerichtet. Dieser Beirat besteht aus vier Personen, die alle seit der Einrichtung des Gremiums in diesem vertreten sind. Der Vorsitzende des Aufsichtsorgans ist ein selbständiger Berater, der seine Tätigkeitsschwerpunkte in den Bereichen M&A und strategische Unternehmensentwicklung hat. Insbesondere in den Branchen Druck und Medien verfügt er dabei über eine umfangreiche Expertise. Mit dem Beiratsvorsitzenden hat die Beteiligungsgesellschaft in der Vergangenheit schon häufig erfolgreich zusammengearbeitet, woraus sich seine Entsendung in dieses Gremium ergab. In diesem Kontext sei auf die Ausführungen von Wick verwiesen, der die Berufung von Beratern kritisch einschätzt, da sie dem Unternehmen aufgrund anderer Verträge verbunden sind und deshalb nicht als unabhängig zu bezeichnen sind (vgl. Wick, 2000, S. 91 ff. und vgl. Kap. 2.1.3.2.1).

Die Private-Equity-Gesellschaft hat aus ihrem Netzwerk außerdem einen Geschäftsführer eines Unternehmens, das in derselben Branche wie das Fallunternehmen tätig ist, berufen. Das Unternehmen, welches durch das Beiratsmitglied geleitet wird, steht allerdings nicht in direktem Wettbewerb mit dem untersuchten Unternehmen F. Des Weiteren ist als direkter Vertreter des Finanzinvestors der Geschäftsführer der Private-Equity-Gesellschaft im Aufsichtsgremium vertreten. Schließlich ist auch der ehemalige Alleineigentümer Mitglied im Beirat, obwohl er alleiniger Geschäftsführer des Unternehmens ist.

Das durchschnittliche Alter der Mitglieder des Gremiums wird als deutlich über 50 Jahre angegeben. Der Vertreter des Finanzinvestors ist mit 46 Jahren das mit Abstand jüngste Beiratsmitglied. Alle anderen Mitglieder sind deutlich über 50 Jahre alt. Die im Beirat anzutreffende Internationalität bewertet der Befragte mit „3“. Hierzu räumt er ein:

„Wir selbst als Beteiligungsgesellschaft sind auf den deutschsprachigen Raum fokussiert. Das spiegelt sich natürlich dann auch in unserem eigenen Erfahrungshorizont wider. Das Unternehmen selbst ist auch auf Deutschland begrenzt. Gut, der Berater hat natürlich eine gewisse Internationalität reingebracht.“

Eine objektive Analyse des Erfahrungshintergrundes der Mitglieder im Beirat lässt die anzutreffende Internationalität allerdings eher mit einer „2“ bewerten. Die Mitarbeiter werden in dem Gremium in keiner Form vertreten.

Vergütung der Beiratsmitglieder

Die Vergütung der Mitglieder des Aufsichtsorgans enthält keine variable Komponente. Die fixe Vergütung ist für alle Mitglieder gleich. Lediglich der Vorsitzende des Gremiums erhält eine signifikant höher Vergütung als die anderen Beiratsmitglieder. Die absoluten Zahlen der Vergütung liegen nicht vor.

Arbeitsweise des Aufsichtsgremiums

Die Arbeitsweise des Gremiums ist sehr stark auf einen Konsens der Teilnehmer ausgerichtet, wobei die Interessen aller Gesellschafter im Mittelpunkt stehen. So führt der Interviewte an:

„Es werden ausschließlich die Interessen der Gesellschafter berücksichtigt. Das hängt auch damit zusammen, dass ja nur wir und der Altgesellschafter momentan zum Ge-

sellschafterkreis gehören. Wir haben gemeinsam mit ihm die Mitglieder des Beirats ausgewählt. Wir würden nie etwas tun, was nicht im Einklang mit dem Altgesellschafter verlaufen würde."

Diese Aussage ist sicherlich kritisch zu sehen, insbesondere dahingehend, ob sie im Konfliktfall uneingeschränkt Gültigkeit besitzen würde. Die Grundlage der Arbeit des Gremiums bildet die Beiratsordnung, die aber keine besonderen Regelungen beinhaltet. Der Beirat tagt drei- oder viermal im Jahr ausschließlich in deutscher Sprache. Die Dauer der Sitzungen beträgt durchschnittlich zwei bis drei Stunden. Die Effizienz der Sitzungen stuft der Befragte als hoch effizient an. Er charakterisiert die Sitzungen wie folgt:

„Das ist keine Runde zum Kaffeetrinken, da ist unsere Zeit zu schade. Solche Gremien würden wir auch sonst nicht einsetzen. Deswegen ist es auf jeden Fall hoch effizient."

Die Protokollierung wird zwar offiziell durch den Vorsitzenden des Beirats durchgeführt; faktisch protokolliert jedoch eine Mitarbeiterin des Unternehmens die Sitzungen. Der Beiratsvorsitzende zeichnet das Protokoll ab und verteilt es an die restlichen Mitglieder des Gremiums. Die Konflikte sind im Gremium nicht ausgeprägt, der Interviewte gibt dazu an:

„Nein, da ist eigentlich nichts, was man als einen Konflikt bezeichnen würde. Also wenn da konträre Ideenansätze sind, dann diskutiert man das miteinander und dann hat man irgendwann eine gemeinsame Linie. Die Beschlüsse erfolgen auch faktisch immer einstimmig."

Nach der Darstellung der Arbeitsweise des Gremiums erfolgt nun eine kurze Beschreibung der Anforderungen an die Mitglieder des Gremiums.

Fachliche Anforderungen an die Mitglieder des Beirats

Die fachlichen Anforderungen in diesem Fallunternehmen sind in erster Linie durch das Branchenwissen geprägt, das alle Beiratsmitglieder mit Ausnahme des Vertreters des Finanzinvestors in das Gremium einbringen. Der Befragte äußert sich zur Auswahl der Mitglieder des Gremiums wie folgt:

„Nun ja, es ist immer schwierig, jemanden zu finden, der da einen echten Mehrwert liefern kann; insbesondere in fachlicher Hinsicht. Es macht ja keinen Sinn, einen drögen Wirtschaftsprüfer dort reinzusetzen, der zwar relativ toll Jahresabschlüsse lesen kann, aber keinen Mehrwert liefert. Dies würde vielleicht bei Unternehmen, die sehr komplexe Finanzverflechtungen haben, Sinn machen, aber bei dem normalen Unternehmen macht es absolut keinen Sinn. Unser Beirat hat immer den Schwerpunkt der Unternehmensentwicklung. Insbesondere marktseitig und um vor den organisatorischen Abläufen im Unternehmen Hilfestellungen zu leisten. Und da kommt es natürlich immer wieder vor, dass ein Unternehmen nicht gerade den Wettbewerber im Beirat gebrauchen kann. Und häufig findet man halt niemanden, der wirklich sonst einen Mehrwert liefern kann."

Vor dem Hintergrund der Aufgabenstellung des Beirats im Unternehmen, die in der Entwicklung des Unternehmens liegen, sind Marktkenntnisse die zentralen Anforderungen an die Mitglieder des Aufsichtsgremiums.

Zusammenwirken des Beirats mit anderen Akteuren des Unternehmens

Die Zusammenarbeit des Beirats mit den anderen Akteuren des Unternehmens ist durch die Mitgliedschaft des Geschäftsführers im Aufsichtsorgan geprägt. Somit ist hier keine klare Trennung zwischen Führung und Kontrolle zu beobachten. Die Situation im Unternehmen kommt der CEO Duality (s. Kap. 2.3.3.2) sehr nahe, wenngleich in dem Fallunternehmen F der Vorsitzende der Geschäftsführung nur einfaches Mitglied des Beirats ist und nicht den Vorsitz des Gremiums innehat. Diese Konstellation hat direkte Auswirkungen auf die Wahrnehmung der Kontrolle des Aufsichtsgremiums, denn die Kontrolle der Geschäftsführung kann dementsprechend natürlich nur von den drei anderen Mitgliedern des Beirats wahrgenommen werden.

Der Kontakt zwischen den anderen Mitgliedern des Aufsichtsorgans und dem Geschäftsführer ist sehr intensiv; i. d. R. mindestens wöchentlich. Die durchgeführte Kontrolle der Arbeit der Geschäftsführung ist somit trotz der nicht klaren Trennung zwischen Kontrolle und Führung sehr ausgeprägt. Der Interviewte beschreibt die Kontrolle mit dem folgenden Statement:

„Also letztlich ist die Auseinandersetzung mit dem Reporting und die Interaktion mit der Geschäftsführung zentral. Wir schauen uns ja nicht nur die Zahlen an, sondern auch die Ausführung, also das Wirken der Geschäftsführung hin zu den vereinbarten Zielen. Dies wird dann auch inhaltlich in den Beiratssitzungen besonders besprochen. Dort werden dann auch konkrete Aufgabenpakete geschnürt, die die Geschäftsleitung mit auf den Weg bekommt. Und darüber berichtet dann die Geschäftsführung auch."

Eine Einflussnahme auf Entscheidungen der Geschäftsführung durch den Beirat gibt es ebenso wenig wie Misstrauen gegenüber den Informationen, die dem Beirat durch die Geschäftsführung zur Verfügung gestellt werden. Hierzu merkt der Vertreter des Finanzinvestors an:

„Es gibt keinen Anlass für ein besonderes Misstrauen. Man schaut sich die Informationen mit gesundem Menschenverstand an. Und natürlich schaut jedes Mitglied des Beirats vor dem Hintergrund seiner Erfahrungen besonders auf die Positionen, wo das jeweilige Beiratsmitglied Erfahrungen aufzuweisen hat. Ich würde es aber trotzdem als hinreichend kritisch einschätzen."

Insgesamt zeigt sich der Befragte zufrieden mit den Informationen, die sie aus dem Unternehmen erhalten. Da die Beiratsmitglieder stark an der täglichen Arbeit im Unternehmen partizipieren, steht auch der Jahresabschluss nicht im Zentrum der Betrachtung des Beirats. Die Rolle des Jahresabschlusses beschreibt der Befragte dementsprechend als eher untergeordnet:

„Die einzelnen Positionen werden im Beirat erläutert und kritisch hinterfragt und dann auch diskutiert. Aber letztlich ist der Jahresabschluss ja nur die formelle Krönung des Ganzen. Wenn man so nah wie wir am Unternehmen ist, dann kommen da keinerlei Überraschungen zu Tage. Das ist aber eher ein formaler Akt. Unser Ansatz ist es aber nicht, das Unternehmen nicht zu begleiten, und dann zu schauen, was am Jahresende herauskommt, sondern wir sind täglich dabei."

Zentrale Bedeutung für den Beirat und insbesondere für die Private-Equity-Gesellschaft hat der Wirtschaftsprüfer. Dies hängt zum einen mit dem Fehlen einer internen Revision als auch mit dem Vertrauensverhältnis zwischen Wirtschaftsprüfer und Beteiligungsgesellschaft zusammen:

„Also mit dem Wirtschaftsprüfer, mit der externen Revision, da tauschen wir uns schon regelmäßig aus. Das hängt auch damit zusammen, dass wir den Wirtschaftsprüfer ausgesucht und in das Unternehmen reingesetzt haben. Zu dem Wirtschaftsprüfer haben wir auch ein Vertrauensverhältnis. Der hat uns im Zuge der Übernahme beraten und den kennen wir auch aus anderen Fällen."

Abschließend ist zu konstatieren, dass das Zusammenwirken mit den anderen Akteuren der Gesellschaft in erster Linie durch die Sondersituation der Positionierung des Geschäftsführers im Beirat geprägt ist. Darüber hinaus ist die enge Zusammenarbeit des Aufsichtsgremiums mit der externen Revision entscheidend.

Weitere Veränderungen im Unternehmen

Die Profitabilität des Unternehmens, die schon vor der Beteiligung weit über dem Vergleichsniveau der Wettbewerber lag, ist im Zuge der Beteiligung weiter gestiegen. Der Befragte sieht diese positive Entwicklung v. a. in dem sehr guten Zusammenspiel zwischen dem ehemaligen Alleineigentümer, dem Beirat und dem Finanzinvestor begründet. So hat das Unternehmen neue Impulse insbesondere durch den Beiratsvorsitzenden erhalten, der das Unternehmen intensiv begleitet. Einige strategische Aufgaben im Unternehmen werden direkt durch den Finanzinvestor geleistet.

Die weitere Expansion insbesondere durch Zukäufe wird maßgeblich durch die Beteiligungsgesellschaft gesteuert, die etwaige Zukaufsoptionen prüft und für die Gesellschaft weiterverfolgt. Die unmittelbare Herausforderung im Unternehmen liegt in der erfolgreichen Umsetzung der Nachfolge in der Geschäftsführung des Unternehmens, die kurz- bis mittelfristig durchgeführt werden soll. Im Rahmen dessen übernimmt der Beirat eine idealtypische Aufgabe, indem er bei der Nachfolge berät (vgl. Kap. 2.1.3.2).

Sehr wichtig ist in diesem Kontext das Hinwirken des Finanzinvestors auf einen Konsens mit dem Alteigentümer. Dieser Umstand ist sehr kennzeichnend für die Situation im Beirat und auch im gesamten Unternehmen. Die Abb. 38 zeigt die Situation des nach der Beteiligung neu eingerichteten Beirats. Hierbei wird sehr deutlich, dass das Gremium in sieben der acht gezeigten Parameter über eine sehr geringe Ausprägung verfügt. Dies deutet darauf hin, dass die Situation im Unternehmen F durch die Stewardship Theory zu erklären ist. Lediglich die hohen fachlichen Anforderungen, die an die Mitglieder des Beirats gestellt werden, stehen dem Erklärungsansatz diametral gegenüber. Die Situation im Beirat ist maßgeblich geprägt durch die Zusammensetzung des Gremiums, in der der alleinige Geschäftsführer zwar nicht als Vorsitzender, aber als ordentliches Mitglied vertreten ist. Somit lässt sich auch in dieser Fallstudie ein Bezug zur CEO Duality (vgl. Kap. 2.3.3.2) aufzeigen.

Abbildung 38: Beirat im Unternehmen F – nachher

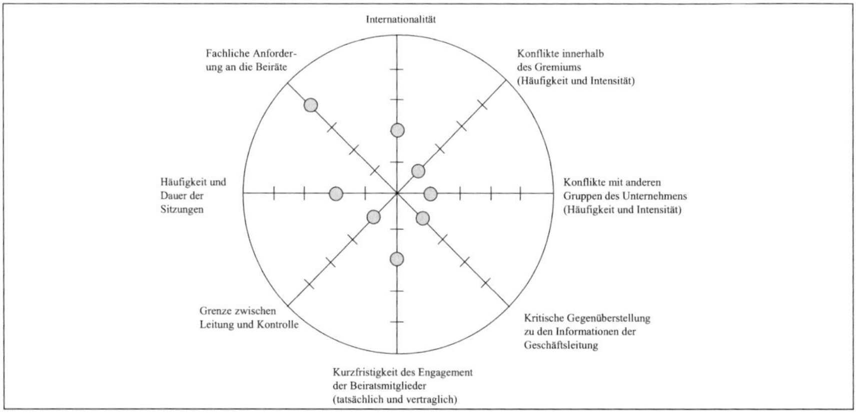

Quelle: Eigene Darstellung.

Nachdem in den vorangegangenen Unterkapiteln im Rahmen der empirischen Analyse die vorliegenden sechs anonymisierten Case Studies vorgestellt worden sind, werden nun die Ergebnisse der Fallstudien zusammengefasst und eventuelle Parallelen herausgearbeitet. Dazu dient das nachfolgende Kapitel 3.7.3, welches die Ergebnisse diskutiert, um daran anschließend Erkenntnisse für Theorie und Praxis zu generieren.

3.7.3 Diskussion der Ergebnisse der Case Studies

Die sechs vorgestellten Fallstudien lieferten sehr überraschende Ergebnisse, die z. T. nicht mit den aus der Theorie gewonnenen Erkenntnissen konform gehend. Andererseits wurden zahlreiche theoretische Annahmen bestätigt. Allen Case Studies gemein sind die spannenden Einblicke und Erkenntnisse in die Innenwelt der Aufsichtsorgane im Untersuchungsumfeld. Zur Beurteilung der Veränderung des Beirats als zentralem Aufsichtsorgan, wurden in den einzelnen Fallstudien deskriptive Maßzahlen entwickelt. Diese Vorgehensweise liegt darin begründet, dass die Theoriekonzepte, die im Kern etwa auf verschiedenen Menschenbildern beruhen, unterschiedliche Verhaltensweisen erklärbar machen. So sind Vertrauen und Kontrolle in anderem Maße erforderlich, was bei Unternehmen in unterschiedlichen Führungskonzepten mündet. Gemäß der Theorie agieren Familienunternehmen annahmegemäß eher nach der von Vertrauen geprägten Stewardship Theory, wohingegen Handlungsweisen der Finanzinvestoren sich eher durch die kontrollorientierte Principal-Agency Theory erklären lassen.

Ziel der Untersuchung war es, die Veränderung in der CG und speziell im Beirat als zentralem Aufsichtsorgan, die durch die Beteiligungssituation erwartet werden, sichtbar und erklärbar zu machen. Empirisch wurden zentrale Merkmale abgefragt, um Rückschlüsse auf die Theorie als Erklärungsansatz leisten zu können. Die beobachteten Ausprägungen in Form der Maßzahlen wurden bzw. werden mit den Ausprägungen der jeweiligen theoretischen Reinform verglichen, um Unterschiede und Gemeinsamkeiten feststellen zu können. Die deskriptiven Maßzahlen wurden dabei in der Gestalt skaliert, dass je höher ihr absoluter Wert ist, desto eher das Merkmal als konform mit der Principal-Agency Theory gesehen werden kann. Je niedriger der Wert, desto eher erscheint die Stewardship Theory als Erklärungsansatz geeignet. Somit werden die den acht verschiedenen Ausprägungen zugeordneten Werte (zwischen „1" und „5") addiert. Neben dem Ziel des Aufzeigens potenzieller Veränderungen im Beirat in Folge der Beteiligungssituation und dem Versuch, diesen Wandel mit Hilfe der vorgestellten Theoriekonzepte zu erklären, ermöglicht diese Vorgehensweise auch einen Vergleich der Merkmalsausprägungen zwischen verschiedenen Unternehmen. Die folgende Abb. 39 illustriert sowohl einen Vergleich zwischen den untersuchten Unternehmen als auch den Vergleich der verschiedenen Phasen innerhalb einer Case Studie.

Abbildung 39: Zusammenfassung der wichtigsten Parameter vor und nach der Beteiligungssituation

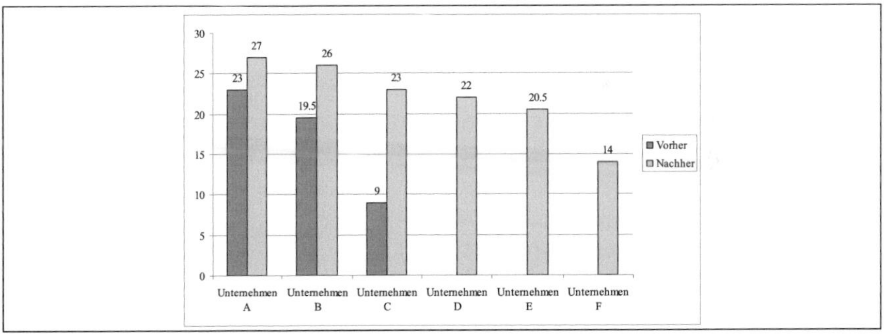

Quelle: Eigene Darstellung.

In Abb. 39 sind die aggregierten deskriptiven Maßzahlen abgetragen, die sich aus der Addition der Einzelwerte aus den Case Studies pro Fallunternehmen ergeben. Auffällig ist in diesem Zusammenhang, dass die drei Unternehmen, die schon vor dem Eintritt eines Finanzinvestors ein Aufsichtsorgan installiert hatten, nach der Beteiligung mit den aggregierten Werten „27", „26" und „23" die höchsten Ausprägungen aufweisen. Bei diesen drei Fallunternehmen A, B und C, bei denen durch das Vorhandensein eines Aufsichtsgremiums in beiden untersuchten Phasen auch die Veränderung gemessen werden konnte, waren die Werte jeweils nach dem Eintritt des Finanzinvestors signifikant höher als vorher. Am deutlichsten ist dies bei Unternehmen C zu beobachten. Die Merkmalsausprägung vorher war mit einem absoluten Wert von „9" die mit Abstand niedrigste im gesamten Vergleichsmaßstab. Nach der Beteiligung stieg der aggregierte Wert um „14" Einheiten an. Aufgrund der bereits erwähnten Skalierung vom Stewardship Erklärungsansatz hin zum Principal-Agency geprägtem Erklärungsansatz war die Situation im Beirat des Unternehmen C am eindeutigsten mit der Stewardship Theory zu erklären. Der Finanzinvestor, der in das Unternehmen eingetreten ist, hat dazu beigetragen, dass im betreffenden Beirat schwerwiegende Veränderungen hin zu einer Situation stattgefunden haben, die eindeutig in Richtung eines Erklärungsansatzes i. S. der Principal-Agency Theory weisen. Jedoch kann die Situation durch die Zugrundelegung der deskriptiven Maßzahl nicht eindeutig mit Hilfe einer der beiden Theorien erklärt werden. Dies manifestiert sich durch die Maßzahl „23", die auf eine Situation hindeutet, die zwischen den beiden Extremwerten liegt und somit vollständig weder durch die Stewardship Theory noch durch die Principal-Agency Theory erklärbar ist (vgl. auch Abb. 40).

Die Ausprägungen in den Beiräten der Unternehmen, in denen erst mit Eintritt des Finanzinvestors ein Beirat eingerichtet worden ist, sind weniger hoch als in diesen gerade genannten drei Unternehmen nachher, die durchgängig über ein Aufsichtsorgan verfügten. Insbesondere das Unternehmen F fällt mit dem niedrigen Wert von „14" auf. Abgesehen von der Maßzahl des Unternehmens C vor der Beteiligung ist dieser Wert sogar über beide Phasen gesehen der niedrigste Wert aller sechs untersuchten Case Studies.

Im Folgenden werden die einzelnen Themenkomplexe der Fallstudien auf Unterschiede und Gemeinsamkeiten sowohl zwischen den Unternehmen als auch zwischen den Beteiligungsphasen analog zur Aufteilung innerhalb der Fallstudien erläutert. Die zentralen Ergebnisse aus den Case Studies und ihre Erklärbarkeit durch die vorgestellten Theoriekonzepte fasst Abb. 45 in Anhang III zusammen. Eine Komponente, die bei der Betrachtung der Zusammensetzung des Beirats zentral ist, ist die **Anzahl der Mitglieder**. Bei den drei Unternehmen (A, B und C), die vorher bereits ein Aufsichtsgremium installiert hatten, ist die Zahl der Mitglieder nur bei einem Unternehmen konstant geblieben. Bei den beiden anderen wurde sie deutlich verringert: Im Fall A von fünf auf drei Mitglieder, im Unternehmen C von fünf auf ein Mitglied, wobei hier die Sondersituation der Einrichtung eines „Operativ Partners" anstelle eines herkömmlichen Beirats anzuführen ist. Bei den Unternehmen, die einen Beirat erst nach der Beteiligung geschaffen haben, gab es drei, vier bzw. sechs Mitglieder im Gremium. Die einzige Erkenntnis, die in diesem Zusammenhang gewonnen werden konnte, ist, dass Finanzinvestoren eher einen Beirat verkleinern statt ihn zu vergrößern. Dies wird zumeist mit einer daraus resultierenden Effizienzsteigerung begründet, die sich aus den Erklärungsansätzen der Principal-Agency Theory theoretisch ableiten lässt.

Bei dem **Teilnehmerkreis** der Beiratssitzungen zeigte sich sehr deutlich, dass in den Beiräten ein klarer Trend zu einer Ausweitung der Mitwirkenden in Richtung eines

„Board of Directors“ angelsächsischer Prägung beobachtet werden kann. Diese Konstellation ist eindeutig im Rahmen der Principal-Agency Theory zu erklären.

Die zunehmende **Internationalisierung**, insbesondere in Unternehmen mit durchgängigem Beirat, lässt sich ebenfalls mit Hilfe der Principal-Agency Theory erklären, da die lokale Komponente hier im Gegensatz zur Stewardship Theory keine entscheidende Rolle spielt. Auffällig bei der Betrachtung der drei Unternehmen D, E und F, die vorher über keinen Beirat verfügt haben, ist, dass ihr Beirat zwar internationaler ist als jene Beiräte vor der Beteiligung bei den Unternehmen, die bereits einen Beirat hatten. Allerdings sind diese Beiräte durchgängig weniger international als die Beiräte nach der Beteiligung bei den Unternehmen, die durchgängig ein solches Gremium installiert hatten. Dies deutet darauf hin, dass es für die Finanzinvestoren zunächst darauf ankommt, einen Beirat einzurichten, bevor sie dessen Internationalität steigern.

Als **Arbeitssprache** wurde in sämtlichen untersuchten Beiräten deutsch gesprochen. Hier gab es keinen Wandel im Zuge des Eigentümerwechsels. Insbesondere in den Beiräten, die deutlich internationaler geworden sind, erschien es zwar nahe liegend, dass die englische Sprache hier auch Einzug halten würde. Dies konnte aber in keinem der untersuchten Unternehmen beobachtet werden.

Die **Vergütung** der Beiratsmitglieder stieg bei den Unternehmen, in denen ein Vergleich zwischen vorher und nachher möglich war, im Durchschnitt nicht an. In einen Fall (Unternehmen B) wurde die Vergütung beibehalten, in einem anderen sogar deutlich reduziert (Unternehmen A). Lediglich im Fallunternehmen C erhöhte sie sich signifikant. Dies hängt aber auch damit zusammen, dass in diesem Unternehmen ein „Operativ Partner“ installiert wurde, der wesentlich mehr Aufgaben erfüllt als ein normales Beiratsmitglied, was die Aussagekraft dieser Feststellung mindert. Bei den Unternehmen D, E und F, die vorher noch keinen Beirat hatten, ist die Situation sehr uneinheitlich. Während bei dem Unternehmen E eine vergleichsweise hohe Vergütung gezahlt wird, machte ein Interviewpartner (Case Studie F) keine Angaben. Bei Unternehmen D wurde keine Vergütung gezahlt. Das Fehlen einer Vergütung im letztgenannten Fall lässt sich mit der Sondersituation erklären, dass hier das Gremium als Gesellschafterausschuss eingerichtet ist und die Mitglieder alle unmittelbar oder über ihren Arbeitgeber an der Entwicklung des Unternehmens partizipieren. Auffällig ist, dass lediglich bei Unternehmen E überlegt wird, ob eine variable Vergütung, die an die Entwicklung des Unternehmens gekoppelt ist, eingeführt wird. Es erscheint verwunderlich, dass ein derartiges Anreizsystem i. S. der Principal-Agency Theory nur für einen Beirat in Erwägung gezogen wird.

Die **Entscheidungssituation** in allen Gremien mit Ausnahme der börsennotierten Gesellschaft B wurde durch die beteiligten Finanzinvestoren dominiert. Diese Dominanz ist i. S. der Theorie erwartet worden und lässt sich durch den Principal-Agency Ansatz erklären. Lediglich in der AG waren die Mehrheitsverhältnisse neutral, d. h. weder die Private-Equity-Gesellschaft noch ein anderer Eigner des Unternehmens nahmen formal eine beherrschende Rolle ein. Jedoch muss angemerkt werden, dass der Vorsitzende des Gremiums als Vertreter des Finanzinvestors das Organ sehr dominant leitete und z. T. ohne Berücksichtigung der anderen Beiratsmitglieder Entscheidungen traf. Zudem wurde in diesem Unternehmen die Hauptversammlung als höchstes Organ des Unternehmens von dem Finanzinvestor kontrolliert. So wäre es möglich gewesen, Aufsichtsratsmitglieder, die nicht i. S. des Hauptgesellschafters agieren, auszutauschen.

Die **zeitliche Dauer** der Sitzungen bzw. die Präsenz am Unternehmensstandort hat sich bei zwei der drei Unternehmen, die schon vorher ein Aufsichtsorgan hatten, deutlich ausgeweitet. So stieg die Sitzungsdauer bei gleicher Sitzungshäufigkeit im Unternehmen A von einem ¾ Tag auf zwei Tage. Im Unternehmen C ist der „Operativ Partner“ zwischen einem und fünf Tage pro Woche im Unternehmen anzutreffen. Dies ist die zeitlich deutlichste Ausweitung, da der Beirat dieses Unternehmens vorher nur viermal im Jahr für 30 bis 45 Minuten tagte. Im Unternehmen B änderte sich sowohl bei der Häufigkeit als auch bei der Dauer nichts. Auch in den Unternehmen, in denen der Beirat neu geschaffen wurde, fanden die Sitzungen im Durchschnitt viermal im Jahr statt. Die Dauer der Sitzungen variierte zwischen 2 bis 3 Stunden und 7 bis 10 Stunden. Zusammenfassend kann für dieses Merkmal klar formuliert werden, dass die Sitzungen in Unternehmen mit durchgängigem Aufsichtsorgan länger dauerten als in den Unternehmen, die vorher keinen Beirat hatten, und durch die Finanzinvestoren zumeist deutlich ausgeweitet wurden.

Die zeitliche Dauer ist sehr eng mit der **Effizienz der Sitzungen** verknüpft. Während in zwei von drei Fällen mit durchgängigem Aufsichtsorgan die Effizienz zunahm, blieb sie in einem Fall ebenso „verbesserungswürdig wie vorher“. In einem der drei Unternehmen mit neu geschaffenem Aufsichtsgremium stuft ein Befragter die Effizienz als sehr hoch ein. Die für die beiden anderen Fallunternehmen interviewten Personen schätzen die Effizienz jedoch als steigerungsfähig ein. Da die Aussagen zur Effizienz von sehr subjektiven Empfindungen geprägt sind, erscheint die Vergleichbarkeit und damit die Aussagefähigkeit nur bedingt gegeben.

Die **Konflikthäufigkeit innerhalb des Aufsichtsgremiums**, die ebenfalls Aussagen zu den als Erklärungsansatz anzuwendenden Theorien ergeben können, sind bei den Unternehmen mit durchgängigem Beirat gleich geblieben. Lediglich im Unternehmen B nehmen die internen Konflikte zu. Dies ist allerdings durch eine Sondersituation im Aufsichtsrat des Unternehmens B bedingt. Die Konflikte mit **anderen Organen der Unternehmen** haben in allen drei Fällen jedoch deutlich zugenommen, wodurch für diese Unternehmen, zumindest im Zusammenspiel mit anderen Organen, eher die Principal-Agency Theory als Erklärung dienen kann. Demgegenüber sind nach Aussagen der Interviewpartner in den Unternehmen mit neu installiertem Beirat sowohl **die Konflikte innerhalb als auch außerhalb des Gremiums** nicht besonders ausgeprägt. Somit könnte als Erklärungsansatz für die Konfliktsituation in diesen Unternehmen die Stewardship Theory herangezogen werden.

Die **fachlichen Anforderungen** an die Mitglieder der Aufsichtsgremien sind in den Unternehmen mit neu geschaffenem Aufsichtsorgan vergleichbar mit denen der Unternehmen, die bereits vorher einen Beirat installiert hatten. Eine Ausnahme bildet das Unternehmen, in dem kein Beirat, sondern ein Gesellschafterausschuss tagt. Dort sind die fachlichen Anforderungen per se geringer, da die Mitglieder nicht über fachliche Expertise, sondern qua Anteilsbesitz ins Gremium entsendet werden. Im Fallunternehmen B konzentrieren sich die Anforderungen auch auf die Einbringung von Kundenkontakten, da die Mandatsträger neben ihren Kontrollaufgaben zusätzlich Akquisetätigkeiten durchführen müssen. Die höchsten Anforderungen an das Aufsichtsorgan gelten der Bestellung eines „Operativ Partner". Die weitergefasste Aufgabenstellung und Ausgestaltung der Position des „Operativ Partners" deutet sehr stark auf die Verwendung von Erklärungsansätzen der Principal-Agency Theory hin.

Ein zentraler Aspekt zur Beurteilung eines Beirats ist die **Trennung zwischen Leitung und Kontrolle**. Eine eindeutige Trennung mit einer stark ausgeprägten Kontrolle der Unternehmensführung durch das Aufsichtsorgan entspricht zweifelsohne den Ansätzen der Principal-Agency Theory. Im Zuge der Beteiligung hat sich in den Unternehmen mit durchgängigem Beirat die Trennung zwischen Leitung und Kontrolle deutlicher entwickelt: Wenngleich die Trennung nicht durchgängig ausgeweitet wurde, nahm die Kontrolle zwischen beiden Phasen jedoch signifikant zu. Die Finanzinvestoren orientierten die Unternehmen zunehmend an der erwirtschafteten Rendite und richteten die Kontroll- und Steuerungselemente dementsprechend aus. Es wurde in allen drei Unternehmen sowohl die Quantität als auch die Qualität der Informationen, die von der Geschäftsführung als auch im Rahmen des Jahresabschlusses von den Wirtschaftsprüfern verlangt wurde, deutlich ausgeweitet. Z. T. wurde in den Unternehmen eine interne Revision eingerichtet, die eine Kontrollfunktion innerhalb des Unternehmens wahrnehmen soll. Zusammenfassend kristallisiert sich in der Zusammenarbeit zwischen Aufsichtsgremium und Geschäftsleitung eine Aufgabenteilung heraus, in der das Aufsichtsorgan die Vorgaben und Ziele entwickelt sowie anschließend deren Einhaltung überprüft. Die Aufgabe der Unternehmensführung konzentriert sich auf die Umsetzung der Vorgaben und der damit verbundenen Zielerreichung. Wenngleich die Interviewten nicht gerne von Vorgaben, sondern eher von Vorschlägen sprachen, so wurde in den Gesprächen doch deutlich, dass die Umsetzung der Vorschläge von der Geschäftsleitung erwartet wird. Diese Herangehensweise und die Ausweitung der Kontrolle entsprechen ebenfalls den Denkansätzen der Principal-Agency Theory.

In den Unternehmen mit neu eingerichtetem Aufsichtsorgan ist sowohl die Trennung von Leitung und Kontrolle als auch mögliche Kontrollelemente weniger stark ausgeprägt. In diesen Fällen steht vielmehr die Zusammenarbeit von Beirat und Geschäftsführung im Vordergrund. Misstrauen gegenüber den handelnden Personen in der Leitung der Gesellschaft ist kaum zu beobachten. Dies lässt sich somit eher mit Hilfe der Stewardship Theory erläutern, obwohl die Kontrolle, wie in der Reinform der Theorie vorgesehen, nicht vollständig aufgegeben wird.

Allen Unternehmen gemein ist die intensive Beschäftigung des Aufsichtsorgans und damit des jeweiligen Finanzinvestors mit dem Portfoliounternehmen. Das Engagement des Aufsichtsorgans hat sich in allen Übernahmen zumindest nicht verringert; in den meisten Fällen mit durchgängigem Aufsichtsgremium sogar deutlich erhöht. Auch die neu eingerichteten Beiräte sind sehr aktiv und professionell aufgestellt.

Unterschiede gibt es insbesondere in der Berücksichtigung der **Unternehmenskultur**. In Unternehmen mit Beiratserfahrung wird die vorherrschende Unternehmenskultur weniger stark berücksichtigt, während bei neu geschaffenen Beiräten die Werte im Unternehmen eine starke Bedeutung haben und beibehalten werden. Z. B. wurde im Unternehmen B durch die Vorgehensweise des Beirats die Kultur im Unternehmen beschädigt. Demgegenüber legt der Beirat im Fallunternehmen F einen großen Wert auf Konsens mit dem Alteigentümer.

Abschließend kann als Ergebnis aus der empirischen Untersuchung Folgendes festgehalten werden (vgl. Abb. 45 in Anhang III): Die Beiräte, die bereits vor der Beteiligung in den Unternehmen installiert waren, hatten die niedrigsten absoluten Maßzahlen und konnten am ehesten mit der Stewardship Theory erklärt werden. Die Maßzahlen im Falle von durchgängigen Beiräten (schon vor der Beteiligung existent und nicht durch die Beteiligung abgeschafft) waren am höchsten und konnten somit nach der Beteiligung am deutlichsten mit der Principal-Agency Theory erklärt werden. Bei neu eingerichteten Beiräten lagen die Maßzahlen in einem mittleren Spektrum.

Hinsichtlich der Anzahl der Mitarbeiter im Beirat konnte festgestellt werden, dass diese durch den Eintritt des Finanzinvestors tendenziell reduziert wurden, was grundsätzlich konform mit dem Theoriekonstrukt der Principal-Agency Theory ist. Als theoriekonform kann auch der klare Trend gesehen werden, den Teilnehmerkreis der Sitzungen hin zu einem „Board of Directors" angelsächsischer Prägung auszurichten. So hat auch die Internationalität theoriekonform zugenommen, auch wenn neu geschaffene Aufsichtsgremien durchschnittlich weniger international ausgerichtet sind als umstrukturierte Gremien. Eine Veränderung der Vergütung der Beiratsmitglieder im Zuge der Beteiligung konnte jedoch nicht beobachtet werden, so dass die monetäre Anreizstruktur, die die Theorie ableitet, nicht messbar zum Einsatz gekommen ist.

Die Dauer der Sitzungen hat sich im Zuge der Übernahme tendenziell signifikant erhöht (theoriekonform), während im Rahmen der empirischen Untersuchung allerdings keine zweifelsfreien Aussagen zu Effizienzsteigerungen der Sitzungen getätigt werden konnten. Es konnte allerdings eine tendenzielle Zunahme und damit schwach positive Konformität mit der Principal-Agency Theory gezeigt werden. Nicht signifikant verändert hat sich die Konfliktsituation innerhalb der Beiräte, während die externen Konflikte deutlich gestiegen sind. In Unternehmen, in denen ein Beirat erst nach der Beteiligung eingerichtet wurde, erwiesen sich die Konfliktsituation in den Unternehmen i.

S. der Stewardship Theory interpretierbar, während in Fallunternehmen mit durchgängigem Aufsichtsorgan eher die Principal-Agency Theory als Erklärung dienen kann.

In puncto fachliche Anforderungen an die Mitglieder der Aufsichtsgremien kann festgehalten werden, dass die Expertise und das geforderte Know how im Zuge der Professionalisierung durch die Private-Equity-Gesellschaft uneinheitlich zu bewerten sind. In der Situation, wo ein „Operativ Partner" anstelle eines herkömmlichen Beirats installiert wurde, nahmen die fachlichen Anforderungen deutlich zu. Die Aufgabenstellung und Ausgestaltung der Position des „Operativ Partners" deutet sehr stark auf die Verwendung von Erklärungsansätzen der Principal-Agency Theory hin.

Die Entscheidungssituation im Aufsichtsorgan wurde gemäß der Principal-Agency Theory durch den Finanzinvestor dominiert, so dass der zentrale Aspekt der Trennung von Leitung und Kontrolle i. S. der Principal-Agency Theory durch die Beteiligung stark ausgeprägt wurde. Die Finanzinvestoren orientierten die Unternehmen zunehmend an Renditekriterien (Profitabilität konnte in allen Case Studies gesteigert werden) und richteten die Kontroll- und Steuerungselemente (z. B. interne Revision) entsprechend aus, was Auswirkungen auf die Qualität und Quantität der durch die Geschäftsführung geforderten Informationen hat. Dies mündet in einer strikten Aufgabenteilung zwischen Geschäftsleitung und Aufsichtsorgan, was ebenfalls den Denkansätzen der Principal-Agency Theory entspricht. Bestand jedoch noch kein Aufsichtsgremium, sind Trennung von Leitung und Kontrolle als auch mögliche Kontrollelemente weniger stark ausgeprägt und es steht die gemeinsame Interaktion ohne starkes Misstrauen im Vordergrund. Dies enstpricht eher der Stewardship Theory entspricht, auch wenn Kontrolle wie in der Reinform der Theorie vorgesehen, nicht vollständig aufgegeben wird.

Die Aussagekraft der zusammengefassten Ergebnisse muss jedoch kritisch hinterfragt werden. Hierzu dient das nachfolgende Ungerkapitel, das die Grenzen der empirischen Untersuchung aufzeigt und somit die Übertragbarkeit der gewonnenen Erkenntnisse relativiert.

3.7.4 Grenzen der Aussagekraft der Case Studies

Die zentrale Aufgabe des vorliegenden dritten Kapitels liegt in der Anwendung der aus der Theorie abgeleiteten Fragestellungen auf die Empirie. Aufgrund verschiedener Limitationen und Friktionen ist jedoch die Aussagekraft der gewonnenen Erkenntnisse begrenzt und deren Übertragbarkeit aus der Theorie in die Praxis im Rahmen der empirischen Untersuchung nur bedingt möglich.

Die Diskussion der Grenzen der Aussagekraft von Fallstudien ist eng verknüpft mit der übergeordneten Diskussion um qualitative vs. quantitative Forschungsansätze. Im Rahmen von empirischen Untersuchungen ist die Grundgesamtheit eine zentrale Determinante (insbesondere bei quantitativen Forschungsansätzen). Die Bestimmung der Grundgesamtheit kann jedoch im vorliegenden Untersuchungsumfeld nicht eindeutig geleistet werden, da nicht alle relevanten Transaktionen veröffentlicht worden sind und einige Übernahmen mit Hilfe von Vehikeln durchgeführt wurden, die die Eigentumsverhältnisse nicht vollständig offen legen.

Basierend auf der nicht klar zu definierenden Grundgesamtheit wurde eine Auswahl i. S. des Samples getroffen, die allerdings nicht als Zufallsauswahl zu bezeichnen ist. Der Anspruch der Untersuchung zielt jedoch nicht auf statistische Genauigkeit in der Auswahl der Fallstudien und statistische Signifikanz der Ergebnisse ab (i. S. einer quantitativ standardisierten Datenerhebung), sondern liegt vielmehr in einer explorativen Näherung (qualitativ flexibel) in das Untersuchungsfeld. Als Methodik wurde für die vorliegende empirische Untersuchung sachlogisch die qualitative Einzelfallanalyse gewählt. Allerdings war auch diese Herangehensweise nicht ohne Probleme. Einige für die Untersuchung sehr interessante und nutzenstiftende Unternehmen konnten aufgrund von mangelndem Zugang nicht als Untersuchungsobjekte herangezogen werden. Somit ist die Repräsentativität der ausgewählten Unternehmen für die Grundgesamtheit nicht gegeben, so dass eine Generalisierbarkeit der Ergebnisse nicht vollumfänglich möglich ist.

Angefügt werden muss in diesem Zusammenhang auch, dass sich die vorliegende Untersuchung nur auf deutsche Unternehmen konzentriert und die Ergebnisse somit von bestimmten, nur in Deutschland anzutreffenden Gegebenheiten abhängig sein können. Des Weiteren hängen die Erkenntnisse in besonderem Maße von den einzigartigen Umständen der jeweiligen Fallunternehmen ab. Diese Einzigartigkeit der Unternehmen ist es auch, die die Auswahl der Untersuchungsobjekte und damit die Vergleichbarkeit der Fallstudien sehr schwierig gestaltet: Die ausgewählten Fallunternehmen sind jeweils aufgrund ihrer Geschichte, ihrer wirtschaftlichen Situation und Größe, ihrer Führungssituation, ihrer geografischen Lage und ihrer Branchenzugehörigkeit spezifisch. Um die Vergleichbarkeit nicht noch zusätzlich zu erschweren, wurde bewusst darauf verzichtet, Restrukturierungsfälle in die Untersuchung aufzunehmen, da in diesen Situationen Finanzinvestoren annahmegemäß anders als bei wirtschaftlich gesunden Unternehmen im Rahmen einer Nachfolgeregelung agieren.

Maßgeblich für die Veränderungen im Unternehmen sind darüber hinaus die Eigentümersituationen sowohl vor als auch insbesondere nach der Beteiligung. Der Eigentümereinfluss hängt dabei v. a. von der Macht und den Kontroll- und Steuerungsmöglichkeiten der Gesellschafter ab. Ein neuer Eigentümer, im konkreten Untersuchungsumfeld die Private-Equity-Gesellschaft, kann das Aufsichtsgremium nur komplett nach eigenem Belieben ausrichten, wenn er 100 % der Anteile hält. Sofern das Unternehmen weitere Gesellschafter hat, müssen deren Interessen zumindest partiell berücksichtigt werden; wenngleich festzustellen ist, dass ein Gesellschafter, der mehr als 75 % der Anteile hält, letztlich die weitgehende Entscheidungsgewalt im Unternehmen ausübt. Um eine vollkommene Homogenität zu schaffen, hätten nur Komplettübernahmen untersucht werden dürfen. Die Identifikation derartiger Beteiligungssituationen ist sehr schwierig, da es nur eine sehr überschaubare Anzahl und damit nur eine sehr kleine Grundgesamtheit von Unternehmen gibt, die komplett im Besitz von Finanzinvestoren sind. Die geringe Zahl dieser Unternehmen beruht auf der Tatsache, dass Finanzinvestoren typischerweise bestrebt sind, das Management am Unternehmen zu beteiligen, um es zu sehr hohen Leistungen zu motivieren. Darüber hinaus gibt es von Seiten der verkaufenden Eigentümer Vorbehalte gegen Komplettübernahmen durch Finanzinvestoren. So ist es in der Praxis häufig zu beobachten, dass Unternehmer ihre Gesellschaft nicht komplett verkaufen, sondern zumindest zunächst nur einen Teil der Anteile veräußern wollen. Wichtig war im Rahmen der Untersuchung somit lediglich, dass alle Finanzinvestoren nach der Beteiligung die Mehrheit an den Unternehmen hielten. Somit konnte sichergestellt werden, dass die Private-Equity-Gesellschaften einen bestimmenden Einfluss ausüben können. Allerdings konnten damit all jene Unternehmen, in denen ein Finanzinvestor nur eine Minderheit erwarb, nicht in der Untersuchung berücksichtigt werden.

Eine Abgrenzung von Familienunternehmen im Rahmen der Fallstudien ist nicht eindeutig geleistet, da nicht alle Unternehmen vor der Beteiligung in alleinigem Besitz von Familien waren. Somit variiert die prozentuale Anteilshöhe der Familien an den Unternehmen vor der Beteiligung. Diese Unterschiede in der Dominanz des Unternehmens durch die Familie haben Auswirkungen auf die Situation im Unternehmen und, sofern vorhanden, auf den Beirat des betreffenden Unternehmens. Dies wurde im Rahmen der Untersuchung nur am Rande berücksichtigt.

Grundsätzlich wurden im Rahmen der Forschungsarbeit Gründerunternehmen betrachtet. Allerdings wurde bewusst auch ein Unternehmen ausgewählt, das in zweiter Generation in Familienbesitz war. Diese Vorgehensweise soll die Herausarbeitung möglicher Unterschiede in der Untersuchungssituation zwischen Gründerunternehmen und anderen Familienunternehmen möglich machen.

Darüber hinaus traten Limitationen bei den konkreten Befragungen (Problem der Ökonomisierung) auf. Da die Interviews zwar alle im ähnlichen Zeitraum und damit auch alle im gleichen konjunkturellen Umfeld stattfanden, konnten ähnliche Rahmenbedingungen beobachtet werden. Allerdings waren die Unternehmen dadurch in ihrer Beteiligungshistorie unterschiedlich weit vorangeschritten. Bei dem Unternehmen D war die Beteiligungsdauer des Finanzinvestors zum Zeitpunkt des Interviews etwas geringer als ein Jahr, wohingegen der Exit und damit das Ausscheiden des Finanzinvestors bei Unternehmen A bereits stattgefunden hatten. Um potenzielle Verzerrungen zu vermeiden und eine bessere Vergleichbarkeit der Ergebnisse zu erzielen, hätten alle Befragten zu einem bestimmten einheitlichen Zeitpunkt nach der Beteiligung interviewt werden müssen.

Ein weiterer Aspekt, der separat im Rahmen des Kap. 4.2 thematisiert werden wird, basiert auf der Tatsache, dass im Rahmen der Betrachtung der sechs Fallunternehmen sechs unterschiedliche Finanzinvestoren und somit auch sechs zumindest in Teilen unterschiedliche Herangehensweisen beleuchtet wurden. Es gestaltet sich somit schwierig, Aussagen zu treffen, die pauschal für alle Finanzinvestoren und ihre Portfoliounternehmen gelten. Nachdem in diesem Abschnitt die Schwierigkeiten bei der Auswahl der Untersuchungsobjekte thematisiert worden sind, wird im Folgenden die Findung von Interviewpartnern kritisch hinterfragt.

In vier der sechs Fallbeispiele kam der Kontakt zu den Befragten über die am Unternehmen beteiligte Private-Equity-Gesellschaft zustande. Somit ist für diese Fälle das Risiko zu sehen, dass der Zugang entsprechend gefiltert wurde. Die Finanzinvestoren hatten somit die Möglichkeit, den Zugang nur zu solchen Interviewpartnern zu verschaffen, die ihnen wohlgesonnen sind. Da allerdings nicht zu allen Befragten der Kontakt über Private Equity-Unternehmen hergestellt wurde, lässt sich diese Aussage relativieren.

Aufgrund zeitlicher und personeller Friktionen und mangelndem Zugang war es praktisch nicht umsetzbar, mehrere Befragungen mit unterschiedlichen Stakeholdern zu einer Fallstudie durchzuführen, was sich negativ auf die Objektivität und Reliabilität der Untersuchungsmethode auswirkt. Die Beleuchtung der Fallunternehmen aus mehreren Blickwinkeln konnte jedoch mit Hilfe von Presseartikeln, Fachbeiträgen von Unternehmensinsidern und sonstigen Veröffentlichungen gewährleistet werden.

Im Rahmen der Interviews ist die z. T. herrschende zeitliche Restriktion der Befragten auch als Grenze anzuführen. Sicherlich wäre es von hohem Interesse gewesen, bei einigen Themengebieten mehr Details zu besprechen. Jedoch erschien es dem Verfasser wichtiger, ein vollständiges Bild der Veränderungen innerhalb der Unternehmen zu skizzieren, auch wenn somit bestimmte Randbereiche und Einzelheiten nicht umfassend untersucht werden konnten. Schließlich ist anzuführen, dass die Aussagen der Befragten der Gefahr unterliegen, nicht den Tatsachen zu entsprechen. Hierbei könnten bewusste nicht korrekte Darstellungen der Sachverhalte, um z. B. die eigene Position besser erscheinen zu lassen, oder aber unbewusste Verzerrungen in der eigenen Wahrnehmung zu falscher Wiedergabe führen. Der Gefahr der bewussten Falschdarstellung wird versucht, mit Hilfe der Zusicherung der Anonymität sowohl für den Interviewten als auch für das untersuchte Unternehmen zu begegnen.

Sowohl die Durchführung als auch die Auswertung der Interviews wurde durch den Verfasser persönlich durchgeführt. Somit können Fehlinterpretationen aufgrund von subjektiven Wahrnehmungen nicht ausgeschlossen werden. Um diese Verzerrungen zu vermeiden, schlägt Mayring den Einsatz der sozialwissenschaftlich-hermeneutischen Paraphrase zur Auswertung von narrativen Interviews vor, indem mehrere Personen die Interviews deuten und diese Deutungen dann z. T. sogar mit dem Befragten gemeinsam hinterfragt werden (vgl. Mayring, 2002, S. 109 ff.). Da die vorliegende Untersuchung Bestandteil einer Dissertation ist, konnte sie jedoch nicht im Rahmen einer Gruppenarbeit ausgewertet werden.

Letztlich ist zu konstatieren, dass die Untersuchung, obgleich sie deutliche Grenzen aufweist, einen bislang einzigartigen Einblick in die Beiratssituation von Familienunternehmen in der beschriebenen Untersuchungssituation liefert. Die aufgezeigten Schwächen wurden durch den Einsatz der Triangulation gemäß der Theorie der qualitativen Forschung abgemildert, um so zu validen Gesamtergebnissen zu kommen. Gleichzeitig war nicht beabsichtigt, i. S. der quantitativen Forschung das beobachtbare Verhalten im Untersuchungsfeld in Form von Modellen, Zusammenhängen und zahlenmäßigen Ausprägungen möglichst genau zu beschreiben und einen Informationsgewinn durch Datenreduktion herzustellen. Vielmehr liegt der vorliegenden Untersuchung eine qualitative Forschungsmethodik zugrunde, die sich durch eine wesentlich höhere Offenheit und Flexibilität auszeichnet und somit frei und explorativ ist. Somit wird analog zum Ziel der Untersuchung eine hohe Inhaltsvalidität und ein tiefer Informationsgehalt der Ergebnisse erreicht. Es geht darum, die Veränderung im Bereit anhand der subjektiven Sicht der relevanten Gesprächspersonen unter Ergänzungen gemäß der Triangulation abzubilden und so mögliche Ursachen nachvollziehbar und erklärbar zu machen.

Die dargestellten Ergebnisse sind für die beschriebenen Unternehmen und ihre individuelle Situation erfasst worden, haben in diesem Kontext Gültigkeit und sollen die Veränderung im Aufsichtsorgan als der zentralen Forschungsfrage erklären und interpretieren. Sicherlich können auf Basis der Häufung von Entwicklungen in den Fallbeispielen generelle Tendenzen prognostiziert werden, allerdings ist die Generalisierbarkeit der Ergebnisse nicht gegeben. Diese explorative Näherung an die sehr interessante Thematik eröffnet die Basis für weitere Forschungsaktivitäten in diesem Umfeld, die im folgenden Kapitel u. a. aufgezeigt werden.

4. Schlussfolgerungen

4.1 Lehren für die Wissenschaft

4.1.1 Theoretische Befunde

Bezugnehmend auf die empirische Untersuchung (Kap. 3), werden in diesem Kapitel die gewonnenen Ergebnisse aus theoretischer Sicht betrachtet und mit den Erkenntnissen aus der theoretischen Erarbeitung (Kap. 2) in Bezug gesetzt. Abschliessend werden Lehren für die Wissenschaft hergeleitet.

Zunächst werden die Ergebnisse der Case Studies kurz zusammengefasst, um für die theoretischen Befunde und die übergeordneten Theorien Lehren für die Wissenschaft ableiten zu können. Dabei ist festzuhalten, dass der Grad der Übereinstimmung zwischen den empirischen Ergebnissen und den Erklärungen durch die theoretischen Reinformen uneinheitlich ist (vgl. Kap. 3.7.3). Es kann allerdings grundsätzlich konstatiert werden, dass im Rahmen der Beteiligung durch die Private-Equity-Gesellschaften an den Familienunternehmen sichtbare Veränderungen in den jeweiligen Beiräten stattfinden. Wenngleich diese in den betrachteten Unternehmen unterschiedlich stark ausgeprägt sind, kann hinsichtlich der theoretischen Betrachtung eine homogene Aussage abgeleitet werden. So lässt sich in allen Unternehmen durch die Beteiligung eine eindeutige Entwicklung weg von den Erklärungsansätzen der Stewardship Theory hin zu den Theoriekonzepten der Principal-Agency Theory erkennen.

In den Kap. 2.3.2 und 2.3.3 sind die Theoriekonzepte ausführlich dargelegt. So beinhaltet die Principal-Agency Theory im Kern die Überwindung von Vertragsproblemen zwischen Auftraggeber (Principal) und Auftragnehmer (Agent). Hauptursache der Vertragsprobleme sind Informationsasymetrien zwischen den beiden Akteuren. Die Basis der Principal-Agency Theory bildet das Menschenbild des Homo Oeconomicus, das auf den sechs Prinzipien: Individualprinzip, Problemorientierung, Trennung zwischen Präferenzen und Restriktionen, Rationalität, Nicht-Einzelfall-Betrachtung und dem methologischen Individualismus fußt (vgl. Erlei et al., 1999, S. 2 ff.). Eine Übersicht der vier verschiedenen Problemtypen der Principal-Agency Theory, ihres Entstehungszeitraumes und der sich daraus ergebenden Probleme illustriert die Abb. 13. Grundsätzlich sind drei methodische Ansätze aus Sicht des Principals möglich. Neben der Reduktion und der Auflösung von Zielkonflikten ist dies die Milderung des eigennützigen Verhaltens des Agents. Demgegenüber ist bei der Stewardship Theory das Vorherrschen von Vertrauen von zentraler Bedeutung. Der Principal vertraut dem Steward, welcher intrinsisch motiviert ist, die Ziele seines Principals anzustreben. Die Sichtweise der Stewardship Theory wird durch die Theorie Y begründet, die von einem Verhalten der Akteure i. S. des Self-Actualizing Prinzips ausgeht (vgl. Argyris, 1973, S. 354 ff.). So haben die Stewards als oberste Maxime, das Wohl der Principals zu schützen und zu mehren. Auf der anderen Seite haben die Principals die Aufgabe,

Bedingungen zu schaffen, in denen die Stewards ihre und damit auch die Ziele der Organisation am besten erreichen.

Die empirische Untersuchung in Form der Case Studies liefert die nachfolgend ausgeführten Ergebnisse. Legt man die kummulierten deskriptiven Maßzahlen der zentralen Parameter (vgl. Abb. 39) als Indikation für die ausgelösten Veränderung in der CG auf Ebene der untersuchten Familienunternehmen zugrunde, so sind die theoretischen Extremwerte von „8“ (für eine vollständige Erklärung nach der Stewardship Theory) und „40“ (für eine vollständige Erklärung nach der Principal-Agency Theory) in keiner Situation erreicht. Die nachfolgende Abbildung 40 bildet grafisch die beobachteten kummulierten deskriptiven Maßzahlen ab. Der niedrigste ermittelte Wert konnte mit „9“ im Unternehmen C vor der Beteiligung beobachtet werden, während der höchste Absolutwert mit „27“ im Unternehmen A nach der Beteiligung konstatiert werden konnte. Während der Wert des Unternehmens C vor der Beteiligung sehr nahe an dem theoretischen Extremwert der Stewardship Theory liegt, befindet sich der Wert im Unternehmen A nach der Beteiligung sehr weit von dem theoretischen Extremwert der Principal-Agency Theory entfernt. Wird der Wert des Unternehmens C vor der Beteiligung bei der Betrachtung ausgeklammert, so befinden sich alle verbleibenden Werte (sowohl vor als auch nach der Beteiligung) in einer Spanne von „14“ bis „27“ und sind somit nicht unmittelbar in der Nähe der möglichen Extremwerte.

Abbildung 40: Spanne der beobachteten kummulierten deskriptiven Maßzahlen

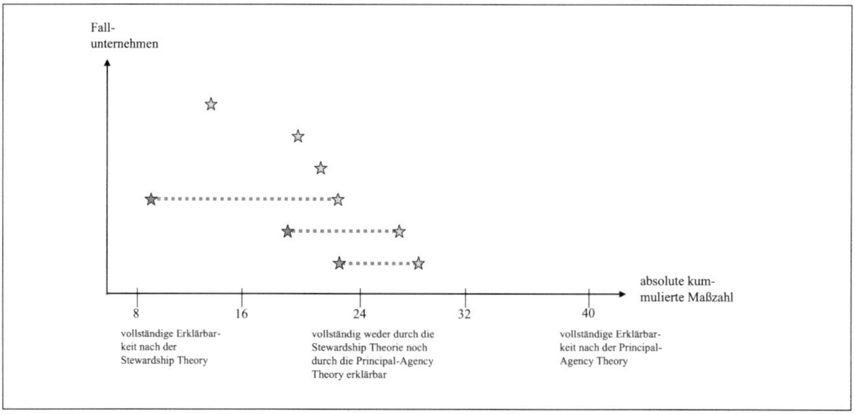

Quelle: Eigene Darstellung. Die dunkelgrauen Punkte zeigen die Ausprägungen vor der Beteiligung. Die hellgrauen Punkte zeigen dabei die Merkmalsausprägungen nachher.

Ein Vergleich der Beiräte als dem jeweiligen Aufsichtsorgan (in den Unternehmen, bei denen es sowohl vor als auch nach der Beteiligung einen Beirat gab) kommt theoriekonform zu dem Ergebnis, dass die ermittelten Werte nach der Beteiligung signifikant höher sind als vorher. Legt man die theoretischen Konstrukte als Basis zu grunde, lässt sich ablesen, dass die Beiräte vor der Beteiligung eher nach der Stewardship Theory handeln, was i. S. der Erklärung ist, dass in Familienunternehmen eher ein Stewardship geprägtes Umfeld anzutreffen ist. Nach der Beteiligung agieren die Beiräte tendenziell eher nach den Prämissen der Principal-Agency Theory. Dies geht ebenfalls konform mit der Annahme, dass Finanzinvestoren Handlungsansätze der Principal-Agency Theory präferieren.

Nachdem nun die Ergebnisse in einer ganzheitlichen Betrachtung aufgezeigt worden sind, soll im Folgenden auf die Einzelergebnisse eingegangen werden. Es soll an dieser Stelle mit den Erkenntnissen, die im Rahmen der Case Studies aus der Beobachtung der Zusammensetzung der Beiräte gewonnen wurden und auf die Wissenschaft übertragen werden können, begonnen werden. Diese beziehen sich auf die Anzahl der Mitglieder und die Auswahl der Beiräte.

Generell kann hinsichtlich der Größe des Aufsichtsgremiums aus den Case Studies abgeleitet werden, dass Private-Equity-Gesellschaften die Beiräte ihrer Zielunternehmen eher verkleinern. Dies lässt sich mit den Effizienzüberlegungen der Finanzinvestoren erklären, die konform mit der Principal-Agency Theory sind. Demnach wird als klassische Kontrollform der CG i. S. der Principal-Agency Theory die direkte Kontrolle des Agents durch den Principal angeführt. Die direkte Kontrolle, die aufgrund der Verhaltensweise des unterstellten Menschenbildes des Homo Oeconomicus notwendig ist und zur Reduktion von Agency Kosten dient, erfordert somit keine vielköpfigen Gremien, sondern kann bereits durch eine Person effektiv durchgeführt werden (vgl. Kap. 3.7.2.3).

In Kap. 2.1.3.2.1 wurde die optimale Größe des Beirats in Familienunternehmen diskutiert und eine ideale Anzahl von sieben bis zwölf Mitglieder als möglicher Konsens angeführt. Demgegenüber lässt sich eine Aussage über die Größe von Aufsichtsgremien in Private Equity dominierten Unternehmen schwieriger treffen, da die spezielle Situation in den jeweiligen Portfoliounternehmen Berücksichtigung finden muss. Allerdings ist im Rahmen eines, durch die Beteiligung, erzeugten Wandels von einem Beratungsorgan hin zu einem eher kontrollorientierten Beirat sowie durch Überlegungen zu Effizienzsteigerungen ein Trend hin zu einem kleineren Beirat erkennbar. Im Rahmen der empirischen Untersuchung konnte in zwei der drei Case Studies, die einen durchgängigen Beirat installiert hatten, eine derartige Reduktion der Mitgliederzahl im Zuge der Beteiligung festgestellt werden. So verringerte sich Zahl der Beiräte etwa im Fallunternehmen A von fünf auf drei und im Unternehmen C sogar von fünf Personen auf eine Person. I. S. der Theoriekonzepte erscheint ein größeres Organ, wie es vor der Beteiligung in der Empirie anzutreffen war, gemäß den Erklärungsansätzen der Stewardship Theory. Denn über je mehr Personen ein Beirat verfügt, desto mehr verschiedene Interessen finden in seiner Arbeit Berücksichtigung. Die Stewardship Theory ist auf die Einbeziehung der Ziele möglichst vieler Stakeholder des Unternehmens ausgerichtet (vgl. Davis et al., 1997, S. 37), während die Principal-Agency Theory zentral auf die Shareholder fokussiert ist (vgl. Tosi et al., 2003, S. 2065 ff.) und somit nur diese Gruppe im Beirat vertreten sein muss. Damit ist die angetroffene Verkleinerung der Beiräte durch die Finanzinvestoren theoriekonform mit der Kontrollfunktion, den Effizienzüberlegungen sowie der Shareholderorientierung und bestätigt die Anwendung der beiden Theoriekonzepte für die Untersuchungssituation (vgl. Abb. 45 in Anhang III).

Analog zu den gewonnenen Erkenntnissen hinsichtlich der Größe des Aufsichtsgremiums lässt sich auch die Auswahl des Teilnehmerkreises der Beiratssitzungen bewerten. Die in den Praxisfällen zu beobachtende Ausweitung des Teilnehmerkreises der Sitzungen i. S. eines „Board of Directors" über die eigentlichen Mitglieder des Gremiums hinaus zu weiteren Vertretern der Gesellschaft im Zuge der Beteiligung ist ebenfalls konform mit den Grundlagen der Theoriekonzepte. Durch die klare Einteilung in Beirat und Geschäftsleitung lässt sich ein direktes Principal-Agency-Verhältnis erkennen. Dadurch wird Kontrolle i. S. der CG gewährleistet, da die Geschäftsleitung im Rahmen der Beiratssitzungen Rede und Antwort stehen muss. Gemäß der Stewardship Theory wurde im Kap. 2.3.3.2 die CEO Duality thematisiert, die sich im Rahmen einer Doppelfunktion dafür ausspricht, dass der Unternehmensleiter auch den Vorsitz des Beirats innehat. Zentrale Vorrausetzung für die CEO Duality ist die Ablehnung der Erforderlichkeit von Kontrolle durch den Beirat. Im Unternehmen F ist nach der Beteiligung eine Situation zu beobachten, die Ähnlichkeiten zur CEO Duality aufweist. Der ehemalige Alleineigenümer, der noch 15 % der Anteile am Unternehmen hält und nach der Beteiligung als alleiniger Geschäftsführer fungiert, ist Mitglied (wenn auch nicht Vorsitzender) des Beirats (vgl. Kap. 3.7.2.6). Eine solche Konstellation, die mit Hilfe der Stewardship Theory erklärbar ist, wäre eher vor der Beteiligung zu erwarten gewesen und nicht, wie im konkreten Fallbeispiel, nachher. Die Situation im Unternehmen F geht in diesem Punkt nicht mit der Annahme konform, dass nach der Beteiligung eher ein Klima i. S. der Principal-Agency Theory herrscht.

Demgegenüber ist die zunehmende Internationalisierung des Beirats, die sich ebenfalls aus den Case Studies ablesen lässt, im Zuge der Beteiligung der Finanzinvestoren ganz i. S. der Theorie zu sehen. Denn anders als gemäß der Stewardship Theory hat das lokale Kollektiv für die Principal-Agency Theory keine Bedeutung (vgl. Davis et al., 1997, S. 25). Im Rahmen der Principal-Agency Theory spielen die Interessen der übrigen Stakeholder (zumeist lokale Gruppen) keine Rolle.

Die Existenz von Vertrauen im Rahmen der Unternehmensführung wird durch die Principal-Agency Theory bestritten, da das Menschenbild des Homo Oeconomicus (vgl. Erlei et al., 1999, S. 2 ff.) i. S. des Individualprinzips ein einseitig selbstinteressiertes Verhalten des Einzelnen unterstellt. Vertrauen bildet sich jedoch häufig über eine gemeinsame lokale Verwurzelung und Geschichte, die insbesondere für Familienunternehmen von zentraler Bedeutung sind. Die Notwendigkeit von Vertrauen sowie die Berücksichtigung lokaler Interessen sprechen im Kontext der Stewardship Theory eher gegen eine Internationalisierung des Aufsichtsgremiums, denn Personen mit regionalem Hintergrund können zumeist die Bedürfnisse des lokalen Umfeldes besser verstehen und setzen sich für diese auch entsprechend ein. Somit sind die zu beobachtenden Internationalisierungstendenzen im Beirat mit der Beteiligung des Finanzinvestors theoriekonform mit der Principal-Agency Theory und dem Menschenbild des Homo Oeconomicus.

Die Anreizstruktur der beiden Theoriekonzepte ist aufgrund der divergierenden Annahmen und Menschenbilder sehr unterschiedlich. Während in der Stewardship Theory per se kein monetäres Anreizsystem nötig ist, da ein Steward intrinsisch motiviert ist, muß gemäß der Principal-Agency Theory eine externe Anreizstruktur geschaffen werden, damit der Agent i. S. des Principals agiert und die Agency Costs reduziert werden können. Die externe Anreizstruktur ist dabei als Teil der CG zu verstehen (vgl. Kap. 2.3.2.1). Das Vorliegen einer externen Anreizstruktur lässt somit Rückschlüsse auf das zugrunde liegende Menschenbild des Homo Oeconomicus zu, während die Existenz von intrinsischer Motivation nicht zu erwarten ist. Die gezahlten Vergütungen der Beiräte in den Fallunternehmen lieferen letztlich nur schwache Hinweise auf die Erklärbarkeit durch die beiden Theorien, da die Bewertungen der absoluten Vergütungen von weiteren Faktoren abhängen. Gemäß der Principal-Agency Theory und des zugrunde liegenden Menschenbildes erscheint zur Motivation der Mitglieder des Beirats eine variable Vergütung sinnvoll. Somit überrascht die empirische Erkenntnis, dass in keinem der untersuchten Beiräte nach der Beteiligung eine variable Vergütungskomponente vorzufinden ist. Lediglich in einem Beirat eines Fallunternehmens wird auf Ebene der Private-Equity-Gesellschaft überlegt, die Vergütung an die Entwicklung des Unternehmens zu knüpfen und somit eine Anreizkompatabilität herzustellen. Die erfolgsabhängige Entlohnung wird aus Sicht des Principals i. S. der Principal-Agency Theory generell als nahe liegende Methode zur Eliminierung divergierenden Interessen zwischen den Akteuren gesehen. Somit kann es als wahrscheinlich prognostiziert werden, dass in anderen Portfoliounternehmen von Finanzinvestoren variable Vergütungsformen bereits eingeführt sind bzw. zunehmend in Unternehmen, die von Private-Equity-Gesellschaften erworben sind oder werden, eingeführt werden. Diese Vermutung lässt sich mit der Tatsache begründen, dass Beteiligungsgesellschaften zur Erhöhung der Managementleistung und Sicherstellung der Interessensharmonie variable Vergütungsanteile für das Management einführen (vgl. Thompson et al., 1992, S. 66). Da die Arbeit des Beirats im erweiterten Sinne als Managementleistung zu klassifizieren ist, ist es nahe liegend auch diese Tätigkeit zumindest zum Teil variabel zu entlohnen.

Die Konflikte, insbesondere mit Gruppen außerhalb des Beirats, haben im Zuge der Beteiligung bei allen Fallunternehmen mit durchgängigem Aufsichtsorgan signifikant zugenommen. Die Entstehung dieser Konflikte ist mit den Erklärungsansätzen der Principal-Agency Theory zu belegen, nach der Konflikte nicht versucht werden zu vermeiden, sondern ausgetragen werden. Da die Interessen des Agents gegenläufig zu denen des Principals sind und CG i. S. der Principal-Agency Theory lediglich die Eigentümerinteressen wahren soll, sind Konflikte zwischen den beiden Kontrahenten sachlogisch.

Die Entscheidungen im Beirat und somit im Unternehmen werden nach der Beteiligung durch die Private-Equity-Gesellschaft dominiert. Dieser Tatbestand ist in den verschiedenen Portfoliounternehmen zwar unterschiedlich ausgeprägt, letztlich trifft er aber auf alle untersuchten Unternehmen zu. Dies ist exakt mit den Erklärungsansätzen der Principal-Agency Theory konform. Eine Entscheidungsfindung i. S. der Stewardship Theory, die eher konsensorientiertes Verhalten unterstellt, ist in keinem der Beispielunternehmen nach der Beteiligung anzutreffen. Die Konsensorietierung basiert auf der Vorstellung der Stewardship Theory und des Menschenbildes der Theory Y. Danach wollen die Stewards das Wohl des Principals steigern. Allerdings lässt sich in den Fallstudien nicht hinreichend bestimmen, ob die Entscheidungssituationen vor der Beteiligung durch die Stewardship Theory erklärbar waren. Somit lässt sich nicht feststellen, ob es einen Wandel gegeben hat, da lediglich die Situation nach der Beteiligung bestimmt werden kann.

Bei der Betrachtung der Rahmenparameter fällt zudem auf, dass sowohl die zeitliche Einbindung des Beirats als auch die Effizienz der Sitzungen des Gremiums im Zuge der Beteiligung anstieg. Beide Beobachtungen sprechen für einen Wandel im Unternehmen. Die Gegebenheiten lassen sich zunehmend mit Hilfe der Principal-Agency Theory erklären. Die gestiegene temporäre Beschäftigung geht mit dem Wandel von einem Beratungsgremium i. S. der Stewardship Theory hin zu einem Kontrollgremium gemäß der Principal-Agency Theory einher. Der Wandel zum Kontrollgremium zeigt sich auch in der klaren Trennung zwischen Leitung und Kontrolle, die durch die Beteiligung deutlich zunahm. Die strikte Aufteilung in Unternehmensführung und –überwachung basiert auf den divergierenden Zielen des Principals und des Agents, die in unterschiedliche Handlungsoptionen mündet. Dabei ist die Führung mit Hilfe strikter Vorgaben und stark ausgeprägter Kontrolle ist i. S. der Principal-Agency Theory zu verstehen und als alleinige Ausrichtung des Unternehmens an den Renditezielen zu sehen. Nachdem in den vergangenen Textabschnitten die wichtigsten Ergebnisse der Empirie mit den theoretischen Grundlagen in Bezug gesetzt worden sind, sollen im Folgenden Lehren für die Theorie und die Anwendbarkeit, der den Theorien zugrunde liegenden Menschenbildern generiert werden.

Im Zuge der Beteiligung konnten durchgängig Veränderungen in den Familienunternehmen auf Ebene der CG sowie im Speziellen im Beirat beobachtet werden, so dass im Bezug zur Forschungsfrage festgestellt werden kann, dass es in Folge der Beteiligung eines Finanzinvestors zahlreiche Veränderungen in den Beiräten von Familienunternehmen gibt. Wenngleich sich diese Veränderungen ganz eindeutig in Richtung von Verhaltensweisen bewegen, die sich durch die Principal-Agency Theory erklären lassen, sind keine polaren Aussagen möglich. Die Veränderungen verlaufen demnach nicht in absolut eindeutigem Maße, sondern eher i. S. einer Tendenz. Es kann also nicht behauptet werden, dass vor der Beteiligung sämtliche beobachtbaren Verhaltensweisen mit der Stewardship Theory erklärbar waren, während in der Zeit nach der Beteiligung alle Handlungen mit Hilfe der Principal-Agency Theory erläutert werden können. Die Führung eines Familienunternehmens, was durch die Case Studies abstrahiert werden kann, weist demnach auch Handlungsweisen gemäß der Principal-Agency Theory auf, während Private-Equity-Gesellschaften mitunter auch i. S. der Stewardship Theory agieren. Somit erscheint es sinnvoll, die Situationen in Bezug zur CG und speziell in den Beiräten vielmehr i. S. eines Kontinuums zu sehen, bei dem die absoluten Zustände (vollständige Erklärbarkeit i. S. der Principal-Agency Theory oder vollständige Erklärbarkeit gemäß der Stewardship Theory) nur selten erreicht werden. Zusammenfassend lässt sich feststellen, dass sich die CG von Familienunternehmen und Private Equity dominierten Unternehmen nicht mit Hilfe von jeweils nur einer Theorie erkären lässt, sondern verschiedene Theorien partielle Erklärungen für die Situation in den Unternehmen liefern.

Die Festlegung einer Skala nach dem Vorbild der F-PEC Skala für Familienunternehmen nach Astrachan et al. (vgl. Astrachan et al., 2001, S. 9 ff. und vgl. Kap. 2.1.1) erscheint in diesem Zusammenhang sinnvoll und verspricht, einen Mehrwert für die Wissenschaft zu liefern. Eine erste Indikation der Parameter, die in diesem Kontext abgefragt und abgebildet werden können, liefern die acht Merkmale, die für die Reinformen der Theorien in den Kap. 2.3.2.2 und 2.3.3.2 dargestellt und diskutiert wurden. Diese Parameter fanden zugleich in den einzelnen Fallstudien der empirischen Untersuchung im Rahmen eines Vorher-Nachher-Vergleiches Anwendung und stellten die wesentlichen Veränderungen in der CG der untersuchten Fallunternehmen abstrakt dar. Mit Hilfe dieser Skala (vgl. Abb. 41) lässt sich eine grobe Einordnung der CG, speziell im Beirat, in den Unternehmen im Zeitablauf der Beteiligung vornehmen. Zudem wird somit eine Vergleichbarkeit verschiedener Unternehmen und unterschiedlicher Unternehmensituationen erleichtert.

Abbildung 41: Skala Kontinuum zwischen Principal-Agency und Stewardship Theory

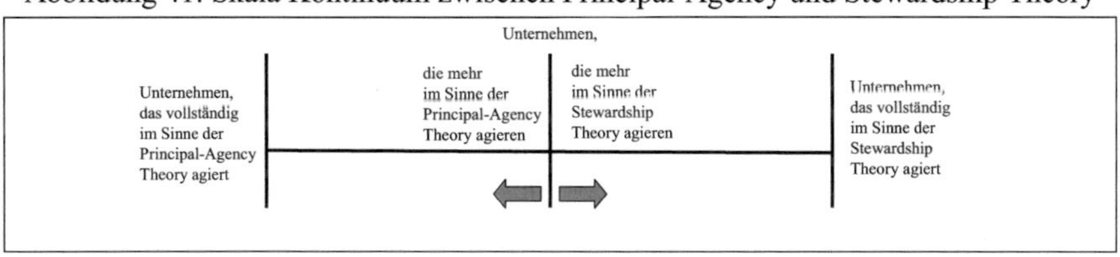

Quelle: Eigene Darstellung.

Allerdings ist bei der Wahl dieser Parameter generell anzumerken, dass es für die Generierung eindeutiger Aussagen sinnvoll ist, Merkmale zu wählen, die objektiv gut messbar sind und nicht primär von subjektiven Empfindungen abhängen. Im Folgenden sollen die verwendeten Theoriekonstrukte kritisch beleuchtet werden. Einhergehend damit sollen auch die zentralen Prämissen der zugrunde liegenden Menschenbilder hinterfragt werden. Durch die Verwendung der beiden Theoriekonstrukte als Erklärung für die Situation im Beirat ergeben sich automatisch Rückschlüsse auf die Menschenbilder der handelnden Akteure.

Basis der Principal-Agency Theory ist das Menschenbild des Homo Oeconomicus (vgl. Kap. 2.3.2), das somit auch als das Menschenbild bezeichnet werden kann nach dem Private-Equity-Gesellschaften tendenziell agieren und was somit auf die handelnden Akteure auf Ebene der Finanzinsvestoren übertragen werden kann. Legt man die sechs Prinzipien, nach denen der Homo Oeconomicus agiert zugrunde (vgl. Erlei et al., 1999, S. 2 ff.), so kann man eine weitesgehende Übereinstimmung mit den Handlungsgrundsätzen einer typischen Private-Equity-Gesellschaft feststellen. Da allerdings die Akteure, die im Auftrag (z. B. als Vertreter im Beirat) der Finanzinvestoren agieren, Menschen sind, die auch in soziale Strukturen eingebettet sind, lassen sich die Aktionsweisen der Private-Equity-Gesellschaften nicht auf Handlungen i. S. eines Homo Oeconomicus reduzieren. Dies geht einher mit der bereits in Kap. 2.3.2 geäußerten Meinung einiger Vertreter der Neuen Institutionenökonomie, die die Sichtweise der Theorie als karikaturistisch bezeichnen (vgl. Milgrom/Roberts, 1992, S. 42). Außerdem muss in diesem Kontext angeführt werden, dass ein Konzept, wie das des Homo Oeconomicus die menschliche Struktur und Denkweisen in ihrer gesamten Komplexität weder abbilden kann noch will. Friedman führt bzgl. der Annahmen von Theorien bereits im Jahre 1953 an, dass die Annahmen einer Theorie nicht zwingend mit der Realität konform sein müssten, sondern vielmehr die Aufgabe hätten, zu hinreichend genauen Prognosen zu führen (vgl. Friedman, 1953, S. 15). Basierend auf dieser Aussage kann die Meinung Suchaneks, der das Konstrukt des Homo Oeconomicus als Heuristik für die Erschließung agency-theoretischer Fragestellung sieht, bestätigt werden. Weitergehend spricht er bei dem Homo Oeconomicus nicht mehr von einem Menschenbild, sondern vielmehr von einem Analyseinstrument und problemabhängigem Modell zur Erschließung gesellschaftlicher Probleme (vgl. Suchanek, 1993, S. 14). Demgegenüber führt Lubatkin in diesem Kontext mehrere Gründe an, die gegen eine Anwendung der Principal-Agency Theory zur Erklärung der komplexen Zusammenhänge in der realen Welt sprechen. Aufgrund der Grundannahmen der Theorie (vgl. Kap. 2.3.2) ist die Anwendung nur für börsennotierte Großunternehmen im Umfeld von vollkommen entwickelten Kapitalmärkten und mit sehr vielen verschiedenen Anteilseignern möglich. Somit kann laut Lubatkin die Principal-Agency Theory auf Unternehmen, die durch einige wenige Anteilseigner kontrolliert werden, nicht angewendet werden (vgl. Lubatkin, 2005, S. 214). Da Unternehmen, die durch eine Familie oder einen Finanzinvestor beherrscht werden von zumeist wenigen Anteilseignern dominiert werden, ist es zumindest kritisch zu sehen, die Situationen in diesen beiden Konstellationen durch die Principal-Agency Theory zu erklären. Desweiteren führt Lubatkin an, dass die Unternehmen zunehmend von anderen Stakeholdern (nicht nur von den Shareholdern) abhängig sind und sich die Macht- und Entscheidungsverhältnisse in den Unternehmen zu deren Gunsten entwickeln. Diese Stakeholder haben andere Ziele als der Principal gemäß der Principal-Agency Theory und dem Menschenbild des Homo Oeconomicus. Die Ziele der Stakeholder sind zumeist weniger auf monetären Gewinn ausgerichtet, sondern eher auf Steigerung des Nutzens i. S. des sozialen Kontexts. Somit führt Lubatkin die Nicht-Berücksichtigung des sozialen Kontexts, in den zudem auch Eigentümer und Manager von Unternehmen eingebettet sind als Mangel der Theorie an und spricht sich abschließend für eine Entwicklung von neuen realitätsbezogeneren Theorien aus (vgl. Lubatkin, 2005, S. 215 f.).

Obgleich die Kritik von Lubatkin berechtigt erscheint und die Sichtweise des Homo Oeconomicus dem Vorwurf ausgesetzt ist, den sich jedes Menschenbild gefallen lassen muss, zu stark zu vereinfachen und damit wesentliche Facetten menschlichen Handelns unberücksichtigt zu lassen, erscheint die Anwendbarkeit auf die Untersuchungssituation letztlich doch gegeben. Analog gilt dies auch für das Menschenbild, auf dem die Stewardship Theory basiert: der von McGregor entwickelten Theorie Y. Im Gegensatz zum Homo Oeconomicus ist die Existenz von Vertrauen in diesem Zusammenhang von zentraler Bedeutung (vgl. Kap. 2.3.3). Wäre das Verhalten von Eigentümern von Familienunternehmen eindeutig mit Hilfe der Stewardship Theory zu erklären, so wäre das anzuwendende Menschenbild unmittelbar auf die Theorie Y zurückzuführen. Die Vorraussetzung von Vertrauen und vertrauenswürdigem Verhalten aller Beteiligten kann jedoch auch in Familienunternehmen nicht generalisiert werden, auch wenn diese Verhaltensweise der Beteiligten in Familienunternehmen im Vergleich zu anderen Wirtschaftsunternehmen eher zu erwarten wäre. Selbst Mc Gregor räumt in diesem Zusammenhang ein, dass eine vollständige Situation des Vertrauens nicht erreicht werden kann und deshalb die Autorität und deren Ausübung nicht obsolet werden können. Zudem lässt sich anführen, dass nicht alle Menschen als vertrauenswürdig einzustufen sind (vgl. Kap. 2.3.3). Der Familienunternehmer, der per se seinen Mitarbeiter Vertrauen schenkt, verzichtet auch gemäß der Stewardship Theory nicht vollständig auf Kontrolle und Anwendung von Autorität (vgl. McGregor, 1986, S. 77 ff.), jedoch ist die Bedeutung der Kontrolle wesentlich geringer als in einem Umfeld, dass durch die Principal-Agency Theory geprägt ist.

Die für die Stewardship Theory notwendige Existenz von Vertrauen hängt im Zusammenwirken von menschlichen Individuen sehr stark von der zeitlichen Komponente ab. So erfordert der Aufbau von Vertrauen i. d. R. eine bestimmte Dauer der Beziehung. In Familienunternehmen, in denen es häufig zu beobachten ist, dass die Eigentümer mit den leitenden Angestellten eine lange gemeinsame Zeit vorzuweisen haben, kann somit eher eine vertrauensvolle Basis geschaffen werden, als in der Situation, in der ein Finanzinvestor kurze Zeit zuvor erst in das Unternehmen eingetreten ist. Allein aufgrund der kurzen gemeinsamen Zusammenarbeit kann Vertrauen nur in geringem Umfang aufgebaut sein. Interessant wäre in diesem Kontext zu untersuchen, in wie weit sich im Laufe der Beteiligung der Private-Equity-Gesellschaft Vertrauen zwischen den handelnden Akteuren aufbaut. Wenngleich anzumerken ist, dass es aufgrund der typischen Struktur der Private-Equity-Gesellschaften in dem Zusammenwirken zwischen diesen Akteuren und den Handelnden in den Portfoliounternehmen schwieriger sein dürfte, ein Vertrauensverhältnis zu etablieren.

Die Ergebnisse der Empirie deuten im Ergebnis also auf eine Konstellation hin, die dem Gefangenen-Dilemma ähnelt. Die Problematik, die im Kapitel 3.1 ausführlich diskutiert wurde, konnte somit durch die Praxis bestätigt werden. So wurde in einer Fallstudie durch unterschiedliche Ansätze zwischen Beteiligungsgesellschaft auf der einen Seite und Teilen des Beirats und den sonstigen Stakeholdern des Unternehmens auf der anderen Seite in diesem Unternehmen die Unternehmenskultur nachhaltig beschädigt (vgl. Kap. 3.7.2.2). Der neue Eigentümer des Unternehmens agierte i. S. der Principal-Agency Theory und die anderen Akteure verharrten in den Verhaltensweisen, die vor der Beteiligung Konsens waren und eher durch die Stewardship Theory zu erklären sind.

Eine weitere Erkenntnis ist in dem Zusammenhang die Schwierigkeit, die gewonnenen Resultate aus den einzelnen Fallunternehmen verallgemeinern zu können, da die jeweilige Ausgangsituation in den Unternehmen und damit auch den Beiräten sehr verschieden waren. Zudem unterschieden sich die Prinzipien der hinzukommenden Beteiligungsgesellschaften auch, so dass Konstellationen in den Unternehmen schwer vergleichbar sind. Ziel der Untersuchung war allerdings auch nicht die Generierung von allgemeingültigen Aussagen, sondern das Aufzeigen von bislang noch nicht formulierten Phänomenen und damit die Darstellung neuer Hypothesen für zukünftige Forschungsvorhaben.

Gründerunternehmen und andere Familienunternehmen unterscheiden sich zwar in mehrfacher Hinsicht (vgl. Kap. 2.1.1). Es sind aber keine Merkmale in der Empirie aufgetreten, die den Wandel im Beirat bei der Beteiligung von Finanzinvestoren an Gründerunternehmen von den Veränderungen bei der Beteiligung an anderen Familienunternehmen unterscheiden. Somit erscheinen in diesem Kontext Gründerunternehmen und Familienunternehmen vergleichbar. Demgegenüber sieht die Untersuchung von Scholes et al. deutliche Unterschiede in den Veränderungen durch die Hereinnahme von Private Equity Kapital zwischen Gründerunternehmen und anderen Familienunternehmen (vgl. Scholes et al., 2009, S. 14). Im Ergebnis gehen Scholes et al. von größeren Wachstumspotentialen bei Gründerunternehmen durch den Eintritt des Finanzinvestors aus (vgl. Scholes et al., 2009, S. 17).

Kennzeichnend für die Situation in den Unternehmen ist das stufenweise Agieren der Beteiligungsgesellschaften. Analog zum Vergleich der Situationen (vor der Beteiligung und nach der Beteiligung), die auch nicht als dichotom zu bezeichnen sind, erfolgen die Veränderungen in den Unternehmen suksessive. Situationen, die sich mit Hilfe der Principal-Agency Theory erklären lassen, waren eher in Unternehmen anzutreffen, die bereits vorher über einen Beirat verfügten, während i. S. eines Kontinuums dies in den Unternehmen, in denen vorher kein Beirat existierte, nicht so stark ausgeprägt war. Somit sollte die Theorie die Veränderungen nicht als einen plötzlichen Wandel verstehen, sondern eher als einen kontinuierlichen Prozess begreifen, der über eine unbestimmte Zeit verläuft. Um eine Aussage über die Geschwindigkeit des Wandels zu treffen, gilt es den Grad der Veränderungen in einem bestimmten Zeitraum festzustellen.

Abschließend kann zusammengefasst werden, dass sich die beiden Theorieansätze Principal-Agency Theory und Stewardship Theory eignen, um bestimmte Situationen in den Unternehmen und deren Beiräten zu erklären. Es ist allerdings lediglich eine Tendenz erkennbar nach der der Beirat vor der Beteiligung i. S. der Stewardship Theory und nach der Beteiligung gemäß der Principal-Agency Theory handelt. Somit ist es ratsam zur Beurteilung der Situationen in den Beiräten mit einem Kontinuum zu arbeiten (vgl. Abb. 41) mit Hilfe dessen sowohl der Beirat vor als auch nach der Beteiligung beschrieben werden kann und zudem die Veränderung, die durch die Beteiligung eintritt, quantifizierbar ist. Basierend auf den Erkenntnissen in diesem Unterkapital wird das folgende Kapitel genutzt, um weiteren Forschungsbedarf in diesem Kontext aufzuzeigen und Hinweise für zukünftige Forschungsvorhaben zu geben.

4.1.2 Weiterer Forschungsbedarf

Bezugnehmend auf das Kap. 3.7.4 der vorliegenden Untersuchung, das die Grenzen der Aussagekraft der durchgeführten sechs Case Studies darstellt und diskutiert, sollen im folgenden Kapitel Hinweise für zukünftigen weitergehenden Forschungsbedarf gegeben werden. Das Ziel der gewählten empirischen Vorgehensweise lag in der Exploration in das neue Forschungsfeld, die jedoch einige Limitationen und somit Begrenzungen der Aussagekraft aufweist. Im Folgenden soll auf diese Defizite der Untersuchung eingegangen und Hinweise für die Durchführung zukünftiger Forschungsvorhaben gegeben werden.

Wie bereits in Kap. 3.7.4 aufgeführt, erfüllt die Untersuchung nicht die Anforderungen nach statistischer Genauigkeit in der Auswahl der Fallstudien (Sample) und damit nach statistischer Signifikanz hinsichtlich der gewonnenen Ergebnisse (i. S. einer quantitativ standardisierten Datenerhebung). Dies zumal die Repräsentativität der ausgewählten Unternehmen für die Grundgesamtheit, die nicht klar zu definieren ist, nicht gegeben ist und die gewonnenen Erkenntnisse in besonderem Maße einzelfallbezogen auf die jeweilige Unternehmenssituation sind. Das Kriterium der Repräsentativität, d. h. das aufgrund der Verteilung der Merkmale in der Stichprobe auf die Verteilung der Merkmale in der Grundgesamtheit geschlossen werden kann (vgl. Schnell et al., 2005, S. 304 f.), ist somit nicht gegeben. Ziel der Untersuchung ist vielmehr die explorative Näherung an die Untersuchungsthematik. Die Fallunternehmen wurden bis auf eine Ausnahme aufgrund der Qualifizierung als Gründerunternehmen ausgewählt und zeichnen sich darüber hinaus durch eine sehr große Heterogenität, sowohl was die

Branchenzugehörigkeit, den Standort, die Größe, die Marktposition als auch die Rentabilität angeht, aus. Somit können Verzerrungen, die auf diesen oder ähnlichen Faktoren basieren, nicht ausgeschlossen werden. Im Rahmen zukünftiger, insbesondere quantitativer, Forschungsvorhaben wäre es für die Vergleichbarkeit ratsam, homogenere Unternehmen auszuwählen.

Kritisch ist im Rahmen der Case Studies auch zu sehen, dass sich zum Zeitpunkt der Untersuchung die Beteiligungen der Finanzinvestoren in unterschiedlichen Phasen befanden. So ist es suboptimal, dass zur Vermeidung potenzieller Verzerrungen nicht alle Befragungen zu einem bestimmten, einheitlichen, Zeitpunkt in der Beteiligungssituation stattgefunden haben. Während in einem Fall der Finanzinvestor sehr kurz in dem Fallunternehmen E engagiert war (vgl. Kap. 3.7.2.5), hatte die Private-Equity-Gesellschaft im Unternehmen A ihren Exit bereits vollzogen (vgl. Kap. 3.7.2.1). Eine Verbesserung wäre, die Untersuchung der Fallunternehmen zu einer bestimmten, einheitlichen, Zeit nach dem Eintritt des Finanzinvestors durchzuführen. Dies würde außerdem bedeuten, dass Unternehmen zu wählen wären, in die zu einem etwa gleichen Zeitpunkt ein Finanzinvestor investiert hat, da ansonsten Verzerrungen aufgrund der Veränderungen des konjunkturellen Umfeldes entstehen könnten.

Im Zusammenhang mit der zeitlichen Komponente hätten u. U. mehrere Befragungen über einen längeren Zeitraum Veränderungen in den Unternehmen deutlicher aufzeigen können als zeitpunktbezogene Interviews.

Im Hinblick auf künftige Forschungsvorhaben erscheint ferner die Betrachtung einer größeren Fallzahl, die i. S. einer quantitativen Forschung durchzuführen ist, zweckmäßig, um validere und repräsentativere Aussagen zu erzielen. So wäre eine Generalisierbarkeit der gewonnenen Erkenntnisse möglich. Quantiative Methoden haben das Ziel, Strukturen und Zusammenhänge aufzudecken, indem soziale Gegebenheiten messbar und damit vergleichbar werden. Über diese Vorgehensweise können beobachtete Phänomene erklärt werden (vgl. Raithel, 2006, S. 11 f.). Somit erscheint es in diesem Kontext sinnvoll, dass zukünftige Forschungsvorhaben qualitative und quantitative Elemente miteinander kombinieren. Damit einhergehend ist auch die Forderung von Bortz/Döring zu verstehen, die von keinem direkten Konkurrenzverhältnis der beiden Forschungsansätze ausgehen, sondern aufgrund unterschiedlicher Vor- und Nachteile eine Kombination der beiden Ansätze innerhalb eines Forschungsprojektes präferieren (vgl. Bortz/Döring, 2006, S. 297).

Im Rahmen der konkreten Untersuchung auf qualitativer Ebene erscheint es geboten, mehrere Interviewpartner zu den jeweiligen Unternehmen zu befragen. Dies führt zu einer zunehmend ganzheitlicheren Sichtweise auf die Situation im Unternehmen. Außerdem können somit subjektive Eindrücke relativiert und eine objektivere Darstellung gewonnen werden.

Nachdem die Methodenkritik und der daraus erwachsende Forschungsbedarf dargestellt wurde, wird im Folgenden auf die inhaltlichen Gesichtspunkte und deren Weiterentwicklungspotenziale eingegangen.

Weiterer Forschungsbedarf besteht in der Fragestellung: Wie unterscheiden sich die Veränderungen im Beirat von Familienunternehmen in Gründer- und Nicht-Gründerunternehmen durch die Hereinnahme eines Finanzinvestors? Es wäre demnach im Rahmen künftiger Forschungsvorhaben zu prüfen, inwieweit die vorliegenden Ergebnisse auf Nicht-Gründerunternehmen übertragbar sind. Die fast vollständige Fokussierung der Untersuchung auf Gründerunternehmen birgt die Gefahr, dass mögliche Besonderheiten von Nicht-Gründerunternehmen ignoriert werden. Aufbauend auf einer Untersuchung der beiden Gruppen, erscheint es empfehlenswert, Nicht-Familienunternehmen als weitere, dritte Untersuchungsobjekte einzubeziehen. Eine Übereinstimmung der Veränderung in den Nicht-Familienunternehmen mit den Veränderungen in den anderen beiden Gruppen führt zu der Erkenntnis, dass die Veränderungen auf Ebene des Aufsichtsorgans unabhängig von der Unternehmensart durch die Private-Equity-Investoren erzeugt worden sind. Allerdings müsste in einer derartigen Untersuchung die Limitation auf den Beirat aufgehoben werden und allgemeiner Aufsichtsorgane betrachtet werden, da Beiräte primär im Umfeld von Familienunternehmen anzutreffen sind.

Eine zentrale Frage für die vorliegende Untersuchung war, inwieweit die gewählten Theorien als Erklärung für die Praxis dienen können. In diesem Kontext besteht weiterer Forschungsbedarf, der nachfolgend aufgezeigt werden soll.

Da die Ausprägungen der Reinformen der gewählten Theorien unterschiedlich stark in den Fallstudien anzutreffen waren, besteht weiterer Forschungsbedarf zur Klärung der Frage, welche Ausprägungen der Theorien zur Erläuterung der Situation herangezogen werden können und welche lediglich einen eingeschränkten Mehrwert für die Untersuchungssituation liefern. Die Untersuchung zeigt, dass als Erklärungsansatz für die Situation in einem Fallunternehmen empirisch in keiner Case Studie die Reinform einer Theorie anzutreffen war. Vielmehr konnte die Situation i. S. eines Kontinuums zwischen den beiden Theoriepolen gemäß Abb. 41 interpretiert werden. Weiterer Forschungsbedarf besteht demzufolge in der Erstellung dieses Kontinuums zwischen den beiden zur Erklärung herangezogenen Theorieansätzen sowie in der Entwicklung und Validierung eines Messinstrumentes, das den Grad der Erklärbarkeit der Situation in einem Unternehmen mit den beiden Theorien feststellen kann. Im Rahmen weiterer Forschung sollte überprüft werden, ob die hier gewählten Kriterien zur Bestimmung der Positionen auf dem Kontinuum hinreichend sind oder weitere Merkmale einen nutzenstiftenden Mehrwert liefern könnten.

Es sollte außerdem untersucht werden, inwieweit die Handlungen der beiden Akteure auf Wechselwirkungen beruhen. Reaktionen einer Partei können durch Handlungen des anderen Akteurs ausgelöst worden sein. I. S. des Gefangenen-Dilemmas können sich somit strategische Handlungen ergeben, die durch den Kontext entstanden sind und unabhängig von dem Zusammenspiel von Aktion und Reaktion keinen Bestand hätten. Idealerweise müsste es gelingen, die Wechselwirkungen auszuschalten, was aber im konkreten Untersuchungsumfeld nicht möglich ist. Somit müsste untersucht werden, welche der Handlungsweisen auf der Aktion des Kontrahenten basieren, um eine entsprechende Einwertung vornehmen zu können.

Nachdem die Ergebnisse aus theoretischer Sicht zusammengefasst und kritisch gewürdigt wurden sowie der zukünftige Forschungsbedarf auf theoretischer Ebene aufgezeigt wurde, soll sich das folgende Unterkapitel 4.2 den Lehren für die Praxis und Verbesserungspotenzialen in dem Zusammenwirken der beiden Akteure widmen.

4.2 Lehren für die Praxis

4.2.1 Handlungsempfehlungen für die beteiligten Akteure

Basierend auf den Ergebnissen der empirischen Studie, die in den Kapiteln 3.7.3 und 4.1 vorgestellt und diskutiert wurden, werden im Folgenden die identifizierten Problemfelder aufgezeigt und darauf aufbauend Hinweise für eine konstruktive Zusammenarbeit der beiden Akteure abgeleitet. Diese sollen in Handlungsempfehlungen für die Beteiligten münden. Die unterschiedlichen kulturellen Hintergründe der Akteure, verbunden mit der Gefahr des Aufeinanderprallens der verschiedenen Kulturen und Menschenbilder, sind als Gründe für Konflikte denkbar und sollen im Rahmen der Analyse gewürdigt werden. Zunächst wird hierbei der gesamte Unternehmenskontext betrachtet, bevor im zweiten Teil dieses Kapitels der Beirat im Speziellen fokussiert wird.

Im Rahmen der Analyse der Zusammenarbeit und darauf aufbauend der Ableitung von Verbesserungspotenzialen für den konkreten praktischen Umgang der beiden Transaktionspartner soll zunächst auf die äußeren Umstände hingewiesen werden, die bei Familienunternehmen zu der Bereitschaft führen, sich dem Markt für Beteiligungskapital zu öffnen. Zumeist befinden sich die Unternehmen in einer Notsituation. Diese ist gegeben, wenn sich das Unternehmen in einer finanziellen Krise befindet, in der andere Finanzierungsquellen, wie die Fremdkapitalbereitstellung durch Kreditinstitute, nicht zur Verfügung stehen oder aber eine Konstellation eingetreten ist, in der die Unternehmensnachfolge nur extern gelöst werden kann. Da diese Rahmenbedingungen für die betroffenen Familienunternehmen per se schwierig sind und die bisherigen Gesellschafter häufig Kompromisse mit den neuen Gesellschaftern im Rahmen der Beteiligung eingehen müssen, ist die Gefahr der Unzufriedenheit sehr hoch. Demgegenüber könnten Familienunternehmer ihre Vorstellungen einfacher durchzusetzen, wenn sie sich in einer komfortableren Situation, in der ihnen viele Möglichkeiten offen stehen, für die Beteiligung eines Finanzinvestors entscheiden würden. In einem Verkauf aus einer Position der Stärke müssten die Verkäufer geringere Kompromisse eingehen und könnten ihre Vorstellungen besser umsetzen (vgl. Schmitz-Valckenberg, 2003, S. 19 ff. und vgl. Klein, 2010, S. 335).

Im Hinblick auf die Umgangsformen der Kontrahenten während der Verhandlungen (Art der Kommunikation) und der Zusammenarbeit der Akteure sollen die folgenden Hinweise bzw. Verbesserungspotenziale aufgezeigt werden.

In der Phase, in der sich die Familie zumindest mit einem teilweisen Verkauf ihres Unternehmens beschäftigt, sind auch die Finanzinvestoren gefordert. Während derartige Transaktionen für Private-Equity-Gesellschaften als Routine gelten und diese sowohl in der Pre-Investment- als auch in der Investment-Phase (vgl. Wertschöpfungsprozess gemäß Abb. 11) professionell agieren, ist die Suche nach einem Eigenkapitalgeber für die meisten Familienunternehmer eine einmalige Situation, die zudem auch sehr stark emotional besetzt ist (vgl. LeMar, 2001, S. 289). Somit erscheint es ratsam, dass sich die Finanzinvestoren den Sorgen der Gegenseite annehmen und diese in ihrer strukturierten Vorgehensweise berücksichtigen. Im Zuge der Verkaufsverhandlungen (vgl. Pre-Investment-Phase gemäß Abb. 11) herrscht zudem eine Situation vor, in der es für Familienunternehmer ratsam ist, sich externer Unterstützung zu bedienen. Unternehmensfremde Personen können mit einer größeren Objektivität die Verhandlungen begleiten und gleichzeitig eine Moderationsfunktion wahrnehmen. Dabei sind gute Berater typischerweise erfahren in derartigen Prozessen und gleichen somit die fehlende Professionalität der Verkäufer aus, so dass sie zumeist deren emotionale Sichtweise objektivieren (vgl. Hohnhaus, 2004, S. 101 ff.). Allerdings ist hierbei anzuführen, dass Berater im Rahmen der Verhandlungen auch eigene Interessen verfolgen können, die nicht immer konform mit den Interessen des Verkäufers sind (vgl. Hohnhaus, 2004, S. 132 ff. und vgl. Weihe, 2003, S. 92 ff.). So sollte eine Incentivierung des Beraters nicht in besonderem Maße mit der Durchführung der Transaktion verknüpft sein. Ein in Relation zur gesamten Vergütung des Beraters überproportional hohes Erfolgshonorar kann dazu führen, dass der Berater dem Ziel eines erfolgreichen Transaktionsabschlusses die Interessen seines Mandanten unterordnet (vgl. Hohnhaus, 2004, S. 137). Auch in diesem Kontext ist eine Principal-Agency Konstellation denkbar. Somit ist es sinnvoll, einen Berater auszuwählen, der i. S. eines Stewards die Interessen seines Principals vertritt und dem vertrauenswürdiges Verhalten unterstellt werden kann. Bei der Auswahl des Beraters sollten Familienunternehmer sich auf langjährige vertrauensvolle Beziehungen verlassen und Personen auswählen, die keine eigenen Interessen an dem Unternehmen haben. Somit erscheinen Steuerberater oder Rechtsanwälte des eigenen Unternehmens keine geeigneten Personen für diese Aufgabe. Sofern sich im Umfeld des Verkäufers keine geeigneten Berater finden, sollten Familienunternehmer Empfehlungen bei anderen ehemaligen Familienunternehmern einholen, die bereits eine vergleichbare Transaktion in der Vergangenheit durchgeführt haben. Einen detaillierten Überblick über das Auswahlverfahren der Beratungsleistung für den Unternehmensverkauf liefert etwa Beier (vgl. Beier, 2009, S. 108 ff.).

Die Gesellschafter des Familienunternehmens sollten zudem bereits im Vorfeld der Verhandlungen festlegen, inwieweit sie als Mitgesellschafter und/oder Mitarbeiter im Unternehmen verbleiben wollen. Es sollte aber jedem Gesellschafter klar sein, dass, insbesondere wenn ein Finanzinvestor die Mehrheit am Unternehmen erwirbt, dieser auch zwangsläufig die Kontrolle über die Gesellschaft übernimmt und die CG in seinem Sinne ausgestaltet. So führt der Befragte im Fallunternehmen B in diesem Kontext an: „Aber letztlich wurden die Ziele und das Budget immer so verabschiedet wie der Investor es wollte (...). Diese Interessensunterschiede wurden natürlich häufig diskutiert. Am Ende hat sich immer der Finanzinvestor durchgesetzt.“

Bei der Konzipierung des Kaufvertrages sollten die Verkäufer ebenfalls kritisch prüfen, inwiefern sie Earn-out Regelungen zur Zahlung des Kaufpreises akzeptieren wollen. Viele Finanzinvestoren präferieren die Kompensation eines Großteils des Kaufpreises über Earn-out Mechanismen. Insbesondere wenn die Altgesellschafter die Aktivitäten im Unternehmen nicht mehr maßgeblich beeinflussen können, sind die Verknüpfungen des Kaufpreises an die zukünftige Entwicklung des Unternehmens kritisch zu sehen. Die Prinzipien einer typischen Earn-out Regelung stellt Kapitel 2.3.2.3 vor.

Sehr entscheidend für die gesamte Zusammenarbeit zwischen den beiden Akteuren und das gegenseitige Verständnis sind die unterschiedlichen zeitlichen Horizonte. Familienunternehmen handeln zumeist sehr langfristig. Es wird in Generationen gedacht und eine langjährige Kontinuität ist ein zentraler Wert im Unternehmen. Demgegenüber ist der Ansatz der Finanzinvestoren typischerweise wesentlich kurzfristiger; obwohl ex ante keine zeitliche Befristung der Beteiligung vorgegeben wird, besteht bei Private-Equity-Gesellschaften i.d.R. eine befristete Beteiligungsabsicht von fünf bis sieben Jahren (vgl. Kap. 2.2.3). Die maximale Laufzeit eines Private-Equity-Investments beträgt Studien zufolge dabei zehn bis zwölf Jahre (vgl. Berger/Udell, 1998, S. 633).

Diese unterschiedliche zeitliche Dimension führt zu einer anderen Steuerung des Unternehmens durch die Finanzinvestoren als dies bei Gesellschaftern von Familienunternehmen der Fall ist. Allerdings sind am Markt auch einzelne Finanzinvestoren anzutreffen, die mit einer längerfristigen Orientierung investieren. Häufig nutzen diese langfristig agierenden Beteiligungsgesellschaften andere Finanzierungsquellen als die klassische Fondsstruktur (vgl. Kap. 2.2.3). Anzuführen sind hier z. B. die börsenfinanzierten Mittelstandsholdings Gesco AG oder Indus AG. Diese Unternehmen verfolgen in ihren meisten Investitionsobjekten längerfristige Ziele als typische Finanzinvestoren. Sofern es für den Familienunternehmer wichtig ist, dass sein Unternehmen nicht in wenigen Jahren schon wieder „auf dem Markt“ ist und entweder an einen anderen Finanzinvestor oder einen strategischen Bieter weiterveräußert wird, sollte er dies bei der Auswahl der Private-Equity-Gesellschaft berücksichtigen.

Generell ist es ratsam, den späteren Ausstieg des Finanzinvestors aus dem Unternehmen in jedem Fall schon in den Überlegungen bei der Hereinnahme desselben zu berücksichtigen, da der Exit und seine Folgen als Bestandteil der Beteiligung zu sehen sind (vgl. Kap. 2.2.3). Für den Fall, dass die Familiengesellschafter nicht alle Anteile an den Finanzinvestor abgeben, sollte überlegt werden, inwieweit die Familie ihre Anteile im Rahmen des Weiterverkaufs mitveräußert oder ob sie plant, diese zu halten. Im Extremfall kann dies sogar dazu führen, dass die Familie das Unternehmen später zurückerwirbt (vgl. Kap. 4.2.2). In jedem Fall ist es zu empfehlen, sich ein Vorkaufsrecht einräumen zu lassen, selbst wenn aktuell kein Rückkauf angestrebt wird. Die verschiedenen Möglichkeiten des Ausstiegs des Finanzinvestors sollten dabei offen und bereits beim Eintritt in die Beteiligung diskutiert werden. Dabei sollten zwingend die Vorgehensweisen, die nicht gewollt sind, bereits in der Pre-Investment-Phase und dann bei dem Anteilsverkauf an die Beteiligungsgesellschaft vertraglich geregelt werden. Für eine umfassende Darstellung der Inhalte des Unternehmenskaufvertrages sei auf Wirtz verwiesen (vgl. Wirtz, 2003, S. 262 ff.).

In diesem Zusammenhang ist allerdings anzuführen, dass alle Regelungen, die die Private-Equity-Gesellschaft in der Wahrnehmung ihrer Verfügungsrechte in irgendeiner Form beschneidet, zumeist zu einer Minderung des Kaufpreises führen und im Extremfall eine Transaktion nicht zustande kommen lassen. Für Gesellschafter von Familienunternehmen ist in diesem Kontext allerdings häufig wichtiger, was langfristig mit ihrem Unternehmen und den Mitarbeitern geschieht als den Kaufpreis zu optimieren. Dies geht einher mit einer lokalen Verwurzelung der Mitglieder der Unternehmerfamilie und dem Wunsch, die Traditionen der Familie zu bewahren. Schließlich münden diese Aspekte in einer sozialen Verantwortung der Familienunternehmer für ihre Mitarbeiter, deren Familien und der Region. Zusammenfassend lassen sich die unterschiedlichen Sichtweisen der beiden Akteure beschreiben als Stakeholderorientierung seitens der Familienunternehmen und einer Konzentration auf die Shareholder bei den Finanzinvestoren (vgl. Kap. 2.1.3 und vgl. Kap. 2.2.4).

Aufgrund der Fokussierung der beiden Akteure und der damit verbundenen differierenden Handlungsweisen erscheint es wichtig, dass sich beide Akteure in die Gegenseite hineinversetzen können. Viele Finanzinvestoren können die Denkweise und die Motivation der Familienunternehmer nicht ausreichend nachvollziehen und reduzieren die Wünsche der Verkäufer auf die finanzielle Komponente. Es erscheint ratsam, dass bei den Beteiligungsgesellschaften ein Umdenken stattfindet und dass diese versuchen, die Gedankenwelt der Familienunternehmen zu verstehen. Dabei ist es unerlässlich, die Werte der Familie und des Unternehmens in der Zeit nach dem Eintritt des Finanzinvestors zu berücksichtigen, da ansonsten die Gefahr besteht, das Unternehmen dauerhaft zu beschädigen. Die stattgefundene Beschädigung im Unternehmen B beschreibt der Interviewte mit dem Statement:

„Es war ein lokales Familienunternehmen, das unheimlich vernetzt mit der Gemeinde, dem Landkreis und auch der örtlichen, mittelständischen Kundschaft war. Das wurde wesentlich durch den Alteigentümer getragen. Und da wurde das Unternehmen in dieser Hinsicht beschädigt. Da wurde zu wenig Rücksicht genommen."

In diesem Zusammenspiel sind allerdings nicht nur die Finanzinvestoren gefordert, Verständnis für die bisherigen Eigentümer des Unternehmens aufzubringen. Auch die Verkäufer haben die Aufgabe zu versuchen, die Herangehensweise der neuen Gesellschafter nachzuvollziehen. Denn Familienunternehmer können, im Gegensatz zu den Aussagen der traditionellen neoklassischen Finanztheorie, langfristig orientiert handeln und können in der Einschätzung ihres Unternehmenswertes neben dem monetären Wert auch nicht-finanzielle, emotionale Werte wie etwa Sicherheit, emotionales Wohlbefinden, Gesundheit oder den familiären Zusammenhalt, die über das reine ökonomische Denken hinausgehen berücksichtigen (vgl. Astrachan/Jaskiewicz, 2008, S. 140). Dabei fanden Astrachan/Jaskiewicz in ihrer Untersuchung heraus, dass diese sog. emotionalen Renditen einen positiven Einfluss auf den gesamten Unternehmenswert liefern, während emotionale Kosten sogar zu einem sinkenden Unternehmenswert führen können (vgl. Astrachan/Jaskiewicz, 2008, S. 142 ff. und vgl. Demsetz/Lehn, 1985, S. 1155 ff.). So können entgegen dem in der neoklassischen Finanzierungstheorie unterstellten markt-effizientem Verhalten Familienunternehmen auch geringere oder eine zeitlang sogar negative Renditen verkraften. In diesem Kontext sind für Eigentümer von Familienunternehmen als Unternehmensziele häufig originäre Einzelinteressen von Familienmitglieder wichtig, wie z. B.: „providing employment to family members is one of the goals of the business" (Westhead/Howorth, 2006, S. 312). Auf die Konstellation eines Unternehmensverkaufs bezogen, berücksichtigen Verkäufer von Familienunternehmen bei einem Verkauf nicht nur finanzielle Merkmale, sondern auch emotionale Komponenten, die mit dem Besitz des Unternehmens einhergehen (vgl. Zellweger/Astrachan, 2008, S. 358). Im Gegensatz dazu sind die Finanzinvestoren auf die kurzfristige, rein monetäre, Entwicklung des Unternehmens und damit einhergehend auf die schnelle Realisation von Gewinnen angewiesen. Ziel sollte deshalb sein, Verständnis und damit einhergehend Akzeptanz der Handlungsweisen der Gegenseite aufzubauen.

Typischerweise streben Finanzinvestoren zudem an, eine Internationalisierung des Unternehmens entweder auszuweiten oder aber neu zu begründen. Die Fallstudien der Unternehmen A, B und D können als Beleg hierzu herangezogen werden (vgl. Kap. 3.7.2.1, vgl. Kap. 3.7.2.2 und vgl. Kap. 3.7.2.4). Die internationale Expansion beinhaltet vielfältige Implikationen für das gesamte Unternehmen, die u. a. aufgrund der teilweise damit einhergehenden Investitionen zu einem steigenden unternehmerischen Risiko führen. Letztlich steigt somit auch die Gefahr für das mögliche Scheitern des Unternehmens. Insbesondere, wenn die Familiengesellschafter im Gesellschafterkreis des Unternehmens verbleiben, sollten sie frühzeitig klären, ob eine Internationalisierung in ihrem Sinne ist. Die durch die Internationalisierung hervorgerufenen Veränderungen korrespondieren mit anderen weitreichenden Implikationen in kultureller Hinsicht, die im Unternehmen stattfinden. Allerdings haben die sechs Fallstudien gezeigt, dass in diesem Kontext deutliche Varianzen zwischen den verschiedenen Beteiligungsgesellschaften zu beobachten sind, so dass Familienunternehmer sich im Vorfeld eingehend mit dem möglichen neuen Partner beschäftigen sollten. Dies kann im Rahmen von Veranstaltungen sein, in denen Familienunternehmer von ihren Erfahrungen mit speziellen Finanzinvestoren berichten. Da diese Zusammenkünfte zumeist von den betreffenden Beteiligungsgesellschaften organisiert werden, besteht auch hier die Gefahr, dass eine Filterfunktion durch die Private-Equity-Gesellschaften durchgeführt wird, indem sie nur Referenzunternehmer einladen, die mit der Zusammenarbeit zufrieden sind. Somit erscheint es wichtig, sich im Vorfeld durch eigene Recherche, z. B. in Gesprächen mit ehemaligen Gesellschaftern anderer Portfoliounternehmen, zu informieren. Eine Hilfe können hierbei auch M&A-Berater sein, die zumeist einen guten Überblick über den Markt haben und nach Erläuterung der Suchkriterien zumeist einige Finanzinvestoren für die konkrete Situation benennen und auf der anderen Seite von Gesprächen mit anderen Beteiligungsgesellschaften abraten können. Insbesondere wenn die Familienmitglieder im Management verbleiben wollen, ist es wichtig zu überprüfen, ob eine angenehme operative Zusammenarbeit mit dem Finanzinvestor möglich erscheint. Vor diesem Hintergrund sei darauf verwiesen, dass es zwischen den Beteiligungsgesellschaft Unterschiede gibt in Bezug auf die Bereitschaft, den ehemaligen Alleineigentümern in die Führung des Unternehmens mit einzubinden (vgl. Khamin et al., 2009, S. 25). Zentral ist in diesem Kontext die persönliche Sympathie. Jeder Familienunternehmer sollte sich fragen, insbesondere wenn er dem Unternehmen verbunden bleibt, inwiefern er mit den handelnden Personen der Beteiligungsgesellschaft gut zusammenarbeiten kann. Ist die Entscheidung für die Zusammenarbeit mit einem Finanzinvestor gefallen und sind die vertraglichen Details geregelt, sollte Interessensharmonie zwischen den Beteiligten vorherrschen. Hier gilt es, die Stärken der Partner optimal zu nutzen. Vielfach verwahren sich Gesellschafter von Familienunternehmen, insbesondere wenn sie noch in der Geschäftsführung des Unternehmens aktiv sind, gegen die Einbringung von Wissen und Kontakten von Seiten der Beteiligungsgesellschaft (vgl. Schalast/Barten, 2008, S. 18). I. S. der Weiterentwicklung des Unternehmens kann es allerdings zweckmäßig sein, auch auf die Erfahrungen des Finanzinvestors zurückzugreifen. In Themen, wie z. B. Finanzierung, kann die Private-Equity-Gesellschaft zum einen Know how und zum anderen wertvolle Kontakte aus ihrem Netzwerk einbringen (vgl. Leopold et al., 2001, S. 171). Die Finanzinvestoren sollten sich in diesem Kontext einbringen, aber die Art und Weise wie dies erfolgt, muss sensibel auf die Befindlichkeiten der anderen Akteure abgestimmt sein. Zudem gilt es festzuhalten, dass nicht jeder Vorschlag der Private-Equity-Gesellschaft sinnstiftend ist und deswegen umgesetzt werden sollte. Es kann auch zweckmäßig sein, einen Vorschlag nach interner konstruktiver Prüfung zu verwerfen und die bisherige Vorgehensweise beizubehalten. Dies gilt sowohl für Veränderungen im Gesamtunternehmen als auch für den Beirat, dem sich der folgende zweite Teil des vorliegenden Kapitels widmet.

Zunächst lässt sich konstatieren, dass Private-Equity-Gesellschaften den Beirat nutzen, um ihre Interessen in den Portfoliounternehmen wahrzunehmen. So war der Umfang der Aufgaben des Beirats in den untersuchten Familienunternehmen vor der Beteiligung wesentlich geringer als nach der Hereinnahme der Finanzinvestoren; dies zeigt die empirische Untersuchung. Insbesondere die Bedeutung von Kontrolle nimmt im Zuge des Eintritts des Finanzinvestors auch im Beirat zu. So ist zu beobachten, dass die Kontrollaufgaben des Gremiums wachsen und die beratenden Tätigkeiten sinken. Es wurde festgestellt, dass sich der Beirat von einem Beratungsgremium hin zu einem Kontrollorgan wandelt (vgl. Kap. 2.1.3.2 und vgl. Kap. 3.7.3). Für diese Vorgehensweise sollten Mitglieder von Familienunternehmen und Beiratsmitglieder, die sowohl vor als auch nach der Beteiligung im Gremium aktiv sind, Verständnis aufbringen. Die Änderungen im Beirat sind häufig aufgrund der Struktur der Private-Equity-Gesellschaften notwendig. So ist Vertrauen keine Säule des Geschäftsmodells von Finanzinvestoren und kann sich demnach auch nicht in der Struktur eines Beirats wiederfinden. Die Notwendigkeit der Ausübung von Kontrolle durch den Beirat ist aus Sicht der Finanzinvestoren nachvollziehbar, da unterschiedliche Informationsstände zwischen Unternehmenseigner und Geschäftsführung herrschen (vgl. Kap. 2.2.4.1). Der Beirat soll in diesem Kontext als Kontrollinstrument dienen, um die Informationsdefizite der Private-Equity-Gesellschaft zu reduzieren. Aufgrund dieser Kontrollemechanismen können Handlungen der operativ tätigen Personen vermieden werden, die nicht i. S. des Finanzinvestors sind. Kontrolle und Einfluß im Unternehmen beabsichtigen die Beteiligungsgesellschaften durch die von ihnen entsandten Mitglieder des Beirats wahrzunehmen (vgl. Kap. 2.2.4.1.2). Empirisch konnte dies in allen untersuchten Fallunternehmen nachgewiesen werden (vgl. Kap. 3.7.2). Beiratsmitglieder eines Familienunternehmens sollten sich im Zuge eines Eigentümerwechsels über diese Veränderungen bewusst sein und in dem Fall, dass sie die geänderten Aufgabenstellung nicht ausführen wollen oder können aus dem Gremium ausscheiden.

Finanzinvestoren verfolgen mit der Besetzung des Beirats häufig verschiedene strategische Ziele. Die Internationalisierung des Portfoliounternehmens wird auch durch die Auswahl der Beiratsmitglieder vorangetrieben. So weisen die von den Finanzinvestoren ausgewählten Mitglieder des Aufsichtsgremiums typischerweise einen höheren internationalen Erfahrungshintergrund auf als jene Beiräte, die durch die ehemaligen Eigentümer ausgewählt wurden (vgl. Kap. 3.7.3). In den untersuchten Unternehmen wurde allerdings in keinem Beirat die Sitzungssprache geändert. Ein Wechsel der Sprache wäre ein deutliches Signal für eine Internationalisierung gewesen. Dieses eindeutige Bekenntnis zur Internationalisierung wurde in keinem Beirat gegeben. Somit müssen Familienunternehmer zwar nicht befürchten, dass in dem Beirat ihres Unternehmens zukünftig Englisch gesprochen wird, aber eine Internationalisierung des Gremiums sollten sie einkalkulieren. Hier sollte sich jedes Beiratsmitglied kritisch prüfen, inwiefern es für die neue Ausrichtung und die neuen Aufgaben geeignet ist und ob diese neuen Aufgabenstellungen dem eigenen Verständnis von Beiratsarbeit entsprechen. Abgesehen von der Internationalisierung verändern sich die fachlichen Anforderungen an die Mitglieder des Organs nur geringfügig und es kann keine Tendenz zu einer Steigerung der Anforderungen beobachtet werden (vgl. Kap. 3.7.3).

Der beschriebene Wandel der Aufgabenstellungen geht zumeist einher mit einer Veränderung von einem konsensorientierten Gremium zu einem Organ, in dem Konflikte direkt und zum Teil auch aggressiv ausgetragen werden. Das Aufeinanderprallen dieser beiden Orientierungen kann als „Culture Clash" bezeichnet werden (vgl. Kap 3.1 und vgl. Kap. 3.7.2.1 bis Kap. 3.7.2.3). Somit sollten sowohl Beiratsmitglieder, die im Zuge der Veränderung der Gesellschafterstruktur neu hinzukommen, als insbesondere auch verbleibende Beiräte, sich fragen, ob sie diese Form der Auseinandersetzung schätzen oder zumindest tolerieren können. Speziell Familienunternehmer, die im Rahmen der Veränderungen der Eigentümerstruktur von der Geschäftsleitung ins Aufsichtsgremium wechseln, sollten für sich klären, ob sie diese Art der Auseinandersetzung über „ihr Unternehmen" mit tragen können und wollen. Sofern sie dies nicht uneingeschränkt akzeptieren können, sollten sie kein Mandat in einem von Finanzinvestoren dominierten Gremium annehmen.

Darüber hinaus kann eine klare Tendenz zur Steigerung der Effizenz im Beirat im Zuge der Beteiligung beobachtet werden. Die Zahl der Mitglieder ist durchgängig auf Betreiben der Finanzinvestoren reduziert worden. So wurden in den drei Fallunternehmen, die schon vor der Beteiligung einen Beirat hatten, in zwei Unternehmen die Mitgliederzahl reduziert und nur in dem dritten Unternehmen diese konstant belassen (vgl. Kap. 3.7.2.1 bis Kap. 3.7.2.3) Die bisherigen Eigentümer müssen wissen, wenn sie sich für die Hereinnahme eines Finanzinvestors entscheiden, dass bisherige Beiratsmitglieder ausgetauscht oder ersatzlos gestrichen werden können.

Der Beirat nach der Beteiligung zeichnet sich durch ein hohes Maß an Interaktion aus. Das Gremium fordert mehr Informationen ein und entwickelt die Sitzungen weg von reinen Informationsveranstaltungen (vgl. Kap. 2.1.3.2, vgl. Kap. 2.2.4.1.2, vgl. Kap. 3.7.2.1 und vgl. Kap. 3.7.2.3). So sind die Beiräte auch gefordert, ihre Kontakte einzubringen, denn häufig wählen Beteiligungsgesellschaften die von ihnen entsendeten Beiräte anhand der Kontakte, die diese dem Unternehmen zur Verfügung stellen können, aus (vgl. Kap. 3.7.2.2). Die Mitglieder des Gremiums sind somit mehr gefordert, sich aktiv einzubringen und sich stärker mit dem Unternehmen auseinanderzusetzen. Die Bereitschaft hierzu sollte bei jedem Mitglied des Gremiums uneingeschränkt vorhanden sein, da ansonsten die aktive Mitgestaltung der Arbeit im Gremium nicht erfolgen kann. So ist zu beobachten, dass sich die Beiräte in Private Equity finanzierten Unternehmen eingehend mit dem operativen Tagesgeschäft der jeweiligen Gesellschaft beschäftigen. Eine Sonderrolle nimmt in diesem Kontext der „Operativ Partner" ein, der in einem untersuchten Unternehmen installiert wurde. Dieses Konstrukt ersetzt den herkömmlichen Beirat und fungiert als direktes und sehr enges Kontrollorgan. Da in dieser Konstellation kein zusätzlicher Beirat anzutreffen ist, sind die Veränderungen v. a. für die Geschäftsleitung spürbar, mit welcher der „Operativ Partner" täglich interagiert (vgl. Kap. 3.7.2.3).

Sehr deutlich geht mit der zunehmenden Orientierung des Unternehmens im Rahmen des Gesellschafterwechsels auf Gesichtspunkte der Rendite (vgl. Kap. 2.2.3) auch eine gleichgerichtete Fokussierung des Beirats einher. Deutlich wird dies auch durch die Höhe der Vergütung der Beiräte, die i. S. einer Kostenreduktion eher sinkt. Entgegen der in den Portfoliounternehmen von Beteiligungsgesellschaften üblichen Einführung von variablen Vergütungsmodellen, wurde in keinem Beirat eine derartige Entlohnungsform eingeführt (vgl. Kap. 3.7.2 und vgl. Kap. 3.7.3). Eine thematische Auseinandersetzung mit diesem Phänomen erfolgt im Kap. 4.1.1, in dem auch die theoretische Grundlage für die Annahme, dass variable Entlohnungsmodelle in den Beiräten eingeführt werden, dargestellt wird.

Insgesamt lässt sich konstatieren, dass Finanzinvestoren dazu neigen, Beiräte einzuführen und diese in ihrem Sinne auszurichten. Bei bereits bestehenden Beiräten erfolgt diese Ausrichtung schrittweise (vgl. Kap. 3.7.2.1 und Kap. 3.7.2.2). Dies ist positiv zu bewerten, da plötzliche Veränderungen im Beirat das Unternehmen beschädigen können. So sollten Finanzinvestoren auch die bisherigen Strukturen im Unternehmen und damit auch im Beirat akzeptieren. Aus diesem Grunde sollten Prinzipien und Vorgehensweisen durch die Finanzinvestoren beibehalten werden, wenngleich diese grundsätzlich nicht mit den Ansätzen der Finanzinvestoren konform sind. Insbesondere die Verbundenheit und Verantwortung des Unternehmens sowie des Beirats gegenüber den Mitarbeitern und der Region sollten Finanzinvestoren akzeptieren, da sich die Nichtberücksichtigung dieser Gruppen nachteilig auf die wirtschaftliche Situation des Unternehmens auswirken kann (vgl. Kap. 3.7.2.2). Private-Equity-Gesellschaften sollten sich immer fragen, welche Änderungen im Beirat unumgänglich sind, damit sie ihre Ziele im Unternehmen umsetzen können und welche Handlungsstrukturen beibehalten werden können, wenngleich sie nicht komplett mit ihren Vorstellungen konform sind. Auf der anderen Seite hängt das Ausmaß der Veränderungen in besonderem Maße von der Beteiligungsgesellschaft (vgl. Kap. 2.2.2), die in das Unternehmen investiert hat, ab und der Situation, in der sich das Unternehmen aktuell befindet (vgl. Kap. 2.2.3). Zumindest die Auswahl der Beteiligungsgesellschaft kann durch die bisherigen Eigentümer u. a. auch unter dem Gesichtspunkt der Kompatibilität mit der Unternehmenskultur und damit den typischen Handlungsstrukturen des Beirats erfolgen. Finanzinvestoren können sich außerdem durch die Zusammenarbeit mit den Portfoliounternehmen Kenntnisse aneignen, die über die eigene Investmenttätigkeit hinausgeht und zu einer Kultur führt, die Wissen sammelt und flexibel nutzbar macht (vgl. De Clercq/Sapienza, 2005, S. 530). Auf jeden Fall empfiehlt es sich, frühzeitig im Beirat über die Form und den Zeitpunkt des Ausstiegs des Finanzinvestors zu diskutieren.

Insbesondere Beiratsmitglieder, die von den Alteigentümer (und den noch Miteigentümern) entsendet sind, sollten in diesem Kontext die Interessen aller Gesellschafter des Unternehmens berücksichtigen und versuchen, potenziellen Schaden von dem Unternehmen und seinen Mitarbeitern abzuwenden. Insgesamt lässt sich beobachten, dass Private-Equity-Gesellschaften nach ihrem Einstieg sowohl die Entscheidungen im gesamten Unternehmen als auch die Entscheidungen in dem zugehörigen Beirat dominieren (vgl. Kap. 3.7.3). Somit sind die meisten der in diesem Kapitel angefügten Aspekte an die Familienunternehmen und die durch die Altgesellschafter entsendeten Mitglieder des Aufsichtsgremiums gerichtet. Dies ist der Tatsache geschuldet, dass diese beiden Gruppen sich im Vorfeld der Beteiligung mit den Konsequenzen auseinander setzen müssen, während die Finanzinvestoren nach der Beteiligung agieren und ihre Vorstellungen im Unternehmen umsetzen können. Die aufgezeigten Themenschwerpunkte, die v. a. die Alteigentümer und die von ihnen entsendeten Beiratsmitglieder betreffen und weniger die Finanzinvestoren werden zum Abschluß des Kapitels in **Handlungsempfehlungen** für die jeweiligen Gruppen der Beteiligten zusammengefasst:

Familienunternehmer:

- Der Verkäufer muss in den meisten Veräußerungen an einen Finanzinvestor akzeptieren, dass ein Teil des Kaufpreises i. S. eines Earn-out Mechanismusses erst im Zeitablauf gezahlt wird.
- Alles was den Veräußeren wichtig ist, muß im Rahmen des Kaufvertrages mit der Beteiligungsgesellschaft vereinbart werden (z. B. Beibehaltung des Unternehmensnamens oder Erhaltung des Standortes und der Arbeitsplätze).
- Der Verkäufer sollte wissen, dass der neue Eigentümer vielfältige Veränderungen im Unternehmen durchführt. Dies sind neben strategischen Ansatzpunkten (häufig Internationalisierung) und operativen Maßnahmen (z. B. Ausbau des Reportingsystems) auch ein Wandel der Unternehmenskultur (z. B. Ersetzen eines Unternehmensklimas, das durch Vertrauen gekennzeichnet ist durch vielfältige Kontrollmechanismen).
- Der Familienunternehmer muss wissen, dass sein Unternehmen i. d. R. nach einer Haltedauer von fünf bis zehn Jahren weiterveräußert wird bzw. werden könnte (auf einige Ausnahmen wird in Kapitel 4.2.2 eingegangen).
- Sofern der Verkäufer das Unternehmen nicht komplett verkauft, muss er schon beim Verkauf an die Beteiligungsgesellschaft überlegen, wie er mit seinen Anteilen bei dem Exit der Private-Equity-Gesellschaft verfahren möchte (Mitveräußern, Behalten oder die Anteile des Finanzinvestors zurück erwerben).
- Der Verkäufer sollte sorgfältig überlegen, ob er bereit ist, ein Beiratsmandat im Unternehmen anzunehmen und der Entwicklung (ob positiv oder negativ) des Unternehmens „nur noch" beratend und kontrollierend verbunden zu sein.

Beiratsmitglieder (insbesondere bereits vorher im Gremium tätig):

- Insbesondere langjährige Beiratsmitglieder sollten überlegen, ob sie den Einschnitt der durch den Gesellschafterwechsel entsteht, nicht nutzen möchten, um aus dem Gremium auszuscheiden, da durch die Hereinnahme des Finanzinvestors zahlreiche Implikationen auf die Unternehmenskultur (s. Handlungsempfehlungen Familienunternehmer) und damit auch auf die Situation im Beirat zu erwarten sind.
- Mitglieder des Gremiums sollten sich fragen, ob der Wandel von einer eher beratender Tätigkeit zu tendenziell kontrollierenden Aufgaben in ihrem Sinne ist.
- Beiräte sollten wissen, dass die informelle Zusammenarbeit sowohl innerhalb des Gremiums als auch mit anderen Gruppen des Unternehmens zugunsten eines eher formellen Zusammenwirkens abnimmt.
- Mitglieder des Beirats, die zumeist bislang ein sehr konsensorientiertes Umfeld in dem Beirat erlebt haben, sollten sich darauf einstellen, dass die Konflikte zunehmen und diese zum Teil auch aggressiv ausgetragen werden.
- Abschließend sollte jedes Mitglied eines Beirats wissen, dass die Finanzinvestoren zum Teil massiv Druck auf den Beirat ausüben, um ihre Interessen im Unternehmen durchzusetzen.

Finanzinvestoren:

- Die Mitarbeiter der Beteiligungsgesellschaften sollten die Gepflogenheiten des Unternehmens und der dort handelnden Personen achten.
- Private-Equity-Investoren sollten sich mit der Person des Unternehmers, der Familiengeschichte und der Historie des Unternehmens auseinandersetzen, um das Unternehmen und den Verkäufer besser zu verstehen.
- Beteiligungsgesellschaften sollten versuchen, die Unternehmenskultur zu verstehen, zu achten und vermeiden, diese zu beschädigen.
- Finanzinvestoren sollten ihr Know how einbringen, insbesondere in Themen der Finanzierung und der Internationalisierung, dies aber mit dem nötigen Fingerspitzengefühl.
- Desweiteren sollten alle Änderungen schrittweise erfolgen, um nicht zu große Irritationen im Unternehmen und dessen Umfeld zu erzeugen.

Nachdem in diesem Unterkapitel erste Handlungsempfehlungen, insbesondere in Form der abschließenden Checkliste gegeben wurden, werden im Folgenden alternative Formen der Zusammenarbeit aufgezeigt.

4.2.2 Alternative Kooperationsmodelle zwischen Familienunternehmen und Beteiligungsunternehmen

Nachdem im Kapitel 4.2.1 bestehende Problemfelder in der Zusammenarbeit von Private-Equity-Gesellschaften und Familienunternehmen aufgezeigt und auch die Implikationen für den Beirat thematisiert wurden, werden im Folgenden alternative Modelle der Zusammenarbeit als Lösungsansätze für die aufgezeigten Themenkreise diskutiert. Zunächst wird dabei auf die Kooperation im gesamten Unternehmen abgestellt, bevor abschließend der Beirat in den Blickpunkt rückt.

Ein zentraler Aspekt, in welchem sich die beiden Akteure Finanzinvestoren und Familienunternehmen zumeist diametral unterscheiden, ist die zeitliche Orientierung. Während Familienunternehmen – wie bereits beschrieben – in Generationen denken, sind Beteiligungsgesellschaften aufgrund ihrer Fondstruktur kurzfristig orientiert (vgl. Kap. 2.1.3 und vgl. Kap. 2.2.3). Ein Ausweg aus diesem zeitlichen Dilemma sind sog. **„Evergreen Fonds"** als alternatives Kooperationsmodell zwischen Familienunternehmen und Beteiligungsgesellschaften. Diese Fonds haben keine feste Laufzeit und damit keinen fixen Rückzahlungstermin des eingebrachten Kapitals, sondern bleiben kontinuierlich investiert (vgl. O.V., 2010, S. 470). Demzufolge ist die Beteiligungsgesellschaft im Gegensatz zu den in dieser Untersuchung thematisierten klassischen Private-Equity-Investments nicht durch das Ende der Laufzeit eines Fonds zum Exit gezwungen, sondern bleibt zeitlich flexibel. Finanziert werden diese Fonds häufig über die Börse durch die Ausgabe von Aktien, so dass Investoren mit vergleichsweise geringen Beträgen börsentäglich investieren und desinvestieren können. Der Anteilspreis an der Börse richtet sich nach Angebot und Nachfrage, die sich als Wertindikation an dem Net Asset Value (NAV) der Portfoliounternehmen orientiert. Dieser Substanzwert beschränkt sich auf die Betrachtung aller materiellen und immateriellen Vermögenswerte eines Unternehmens abzüglich der jeweiligen Verbindlichkeiten (vgl. Draxler, 2010, S. 67).

Die Beteiligungsgesellschaften, deren Fonds als Evergreens handeln, sind zumeist langfristig orientiert. Teilweise ist der Exit in ihrem Geschäftsmodell überhaupt nicht vorgesehen. Vielmehr soll der Ertrag über die laufenden Ausschüttungen der Portfoliogesellschaften erfolgen. Andere Gesellschaften in diesem Umfeld tätigen zwar Desinvestments, allerdings eher opportunistisch, d. h. wenn ein Käufer für das Unternehmen einen, aus Sicht des Finanzinvestors, sehr guten Preis bietet, ist die Beteiligungsgesellschaft abgabewillig. Andererseits besteht zu keinem Zeitpunkt die Notwendigkeit, ein Unternehmen verkaufen zu müssen. Eine ausführlichere Darstellung der zumeist börsennotierten Evergreens Fonds leistet Sahlman (vgl. Sahlman, 1990, S. 487 ff.). Diese Struktur erscheint insbesondere für Familienunternehmer, die dauerhaft Anteile an ihrem Unternehmen behalten wollen, reizvoll, da sich in einer derartigen

Konstellation eine langfristige Zusammenarbeit zwischen Familie, Beteiligungsgesellschaft und Unternehmen etablieren lässt.

Im Kontext alternativer Kooperationsmodelle zwischen den beiden Beteiligten kann weiterhin angeführt werden, dass die Kapitalherkunft ebenfalls als eine Indikation für den zeitlichen Horizont sowie für das Maß an Vertrauen, das zwischen den Beteiligten herrscht, dienen kann. Die meisten herkömmlichen Private-Equity-Gesellschaften investieren als Intermediäre das Kapital weitestgehend anonym zwischen Investor und Portfoliogesellschaft. Somit kann nur schwerlich Vertrauen und gegenseitiges Verständnis zwischen den originären Investoren und den handelnden Personen des Portfoliounternehmens entstehen. Die Bildung von Vertrauen zu dem neuen Mitgesellschafter kann für Familienunternehmer wichtig sein, denn sie geben einen Teil der Familiengeschichte und -identität in fremde Hände. Ein Ausweg aus dieser Situation können **„Unternehmer Fonds“** bieten. Idealerweise sollten Familienunternehmer (oder ehemalige Familienunternehmer), die neben ihrer eigentlichen Tätigkeit unternehmerisch investieren möchten, entweder alleine oder aber zusammengeschlossen mit mehreren Gleichgesinnten i. S. eines Investors agieren. Es ist zu erwarten, dass Familienunternehmer eher bereit sind mit Unternehmern, die bereits nachgewiesenermaßen unternehmerisch tätig waren, über ihr Unternehmen und den nötigen Kapitalbedarf zu sprechen als mit angestellten Managern von herkömmlichen Finanzinvestoren. Außerdem würden sie in der Investment-Phase auch tendenziell eher von erfahrenen Unternehmern als von Mitarbeitern der Private-Equity-Gesellschaften Ratschläge annehmen. Auf der anderen Seite ist anzunehmen, dass Investoren, die selbst einen unternehmerischen Hintergrund haben, die Situation im Unternehmen besser einschätzen und deswegen das Unternehmen nachhaltig erfolgreicher begleiten können als klassische Finanzinvestoren. Somit wäre in diesem Kooperationsmodell auf beiden Seiten ein hohes Vertrauensniveau anzutreffen. Familienunternehmer, die sich von Anteilen ihres Unternehmens trennen möchten, würden die Erwerber dabei als adäquate und verlässliche Partner wahrnehmen, die auch als wertvolle Ratgeber zur Verfügung stehen und die Situation im Unternehmen realistisch einschätzen könnten. Demgegenüber würden sich Familienunternehmer, die sich als Investoren engagieren, in die Situation der Verkäufer hineinversetzen können und zudem v. a. die mit dem Verkauf von Anteilen an einem Familienunternehmen einhergehenden emotionalen Aspekte besser einschätzen und berücksichtigen können. In der Folgezeit würden sie die Befindlichkeiten, die sich in der täglichen Zusammenarbeit ergeben, auch eher nachvollziehen können und gemeinsam mit den Verkäufern nach sinnvollen Lösungen suchen. Somit hätten beide Seiten von einer derartigen Konstellation Vorteile und könnten eine langfristige Zusammenarbeit mit gegenseitigem Verständnis und Vertrauen etablieren.

Insbesondere auf regionaler Ebene sind nach diesem Modell vielversprechende Kooperationen möglich. Häufig verbindet Unternehmer auf regionaler Ebene über Branchen hinweg die gemeinsame lokale Verwurzelung und eine ähnlich ausgerichtete unternehmerische Herangehensweise. Es lassen sich bereits erste Beispiele anführen, bei denen sich Familienunternehmer erfolgreich an anderen Familienunternehmen beteiligt haben. So hat sich ein Unternehmer aus dem Bereich Konsumgüter an einem Maschinenbauunternehmen beteiligt (vgl. o.V., 2003, S. 13) oder eine Unternehmerfamilie, deren Stammschäft die Nahrungsmittelbranche war im Bereich Zeitarbeit engagiert (vgl. Biehl, 2007, S. 30). In den Blickpunkt der Öffentlichkeit sind so z. B. die Familien Freudenberg und Voith gerückt, die gemeinsam den branchenübergreifenden Finanzinvestor Findos Investor gegründet haben. Findos möchte sich an mittelständischen Unternehmen beteiligen, die einen Jahresumsatz von maximal 250 Mio. € generieren (vgl. Dierig, 2007, S. 11). Auch im benachbarten Ausland sind bereits derartige Fonds gegründet worden. So haben die Gründerfamilien der InBev Brauerei eine Beteiligungsgesellschaft gegründet, die z. B. in IT-Unternehmen investiert (vgl. Auberger, 2009, S. 24). Dabei dürften für beide Private-Equity-Gesellschaften insbesondere Familienunternehmen als Zielobjekte für Investitionen in Frage kommen. Dies zumal durch den Hintergrund der beiden genannten Finanzinvestoren, diese Beteiligungsgesellschaften von Seiten vieler Familienunternehmen einen Vertrauensvorschuß erhalten dürften gegenüber den klassischen Finanzinvestoren.

Innerhalb einer Branche können derartige Beteiligungen jedoch auch zu Komplikationen führen, da die Verkäuferseite einer Beteiligung des Inhabers eines Konkurrenzunternehmens mit Argwohn gegenübersteht und eine Trennung zwischen der privaten Investition und den Aktivitäten des verbundenen Unternehmens schwierig erscheint. Unternehmer derselben Branche haben zwar u. U. die gleiche Herangehensweise und zudem noch ein Verständnis für den Markt, allerdings sind sie sich häufig auch in tiefer Abneigung und einem starken Konkurenzdenken verbunden. Somit erscheinen aus vielfältiger Sicht Investitionsvorhaben innerhalb einer Branche schwierig realisierbar zu sein.

Ein weiteres Modell der Zusammenarbeit zwischen Finanzinvestoren und der Unternehmerfamilie ist die **vorherige Vereinbarung des Rückkaufs mit fixen Modalitäten durch die Familie**. Bei diesem sog. „Share buy back" wird bereits ex ante bei Abschluß des Kaufvertrages in der Pre-Investment-Phase vereinbart, zu welchem Preis zu einem bestimmten Zeitpunkt oder mehreren Zeitpunkten die Familie das Unternehmen zurückerwerben kann. Die Familie wird das Unternehmen zumeist nur zurückkaufen, wenn der Wert über dem Rückkaufpreis liegt. Somit hat die Familie ein originäres Interesse an der positiven Entwicklung des Unternehmens. Der Finanzinvestor ist bestrebt, den Wert des Unternehmens zu steigern, denn wenn die Familie das Unternehmen zurückerwirbt, kann der Investor eine attraktive Rendite erzielen. Der Kaufpreis, zu dem die Familie das Unternehmen erwerben darf, orientiert sich an dem damaligen Verkaufspreis zuzüglich einer marktüblichen Rendite. Der Finanzinvestor kann im Rahmen einer solchen Transaktion eine interessante Rendite realisieren ohne der Gefahr des Scheiterns eines Exits zu unterliegen. Allerdings muss in diesem Kontext angeführt werden, dass für die Familie die Problematik der Kapitalbeschaffung zum Zeitpunkt des Zurückerwerbs besteht. Neben dem Kaufpreis muss auch die Rendite des Finanzinvestors aufgebracht werden (vgl. v. Daniels, 2004, S. 52 f.).

Ein Beispiel für eine Transaktion bei der die Familie ihr Unternehmen zurückerwarb ist ein Möbelhersteller aus Westfalen. Aufgrund der Notwendigkeit der Bereinigung des Gesellschafterkreises, engagierte sich zunächst eine befreundete Familie, die im Bereich Medien tätig ist, im Unternehmen und erwarb Anteile an der Gesellschaft. Nachdem diese sich allerdings wieder auf ihr Kerngeschäft konzentrieren wollte, investierte ein Finanzinvestor in das Unternehmen. Acht Jahre nach dem Einstieg der Beteiligungsgesellschaft erwarb die Familie die Anteile der Private-Equity-Gesellschaft zurück und besitzt seitdem das Unternehmen wieder komplett (vgl. Kirsch, 2008, S. 33).

Nachdem in diesem Kapitel drei Möglichkeiten der alternativen Zusammenarbeit zwischen Finanzinvestoren und Familienunternehmen dargestellt wurden, soll an dieser Stelle auf weitere Formen der Zusammenarbeit wie z. B. Begebung von Mezzanine Kapital (vgl. Hinz/Dörscher, 2003, S. 606 ff.) verwiesen werden, bevor im Folgenden das Aufsichtsorgan Beirat in den Fokus rückt.

Bei der Besetzung des Beirats erscheint es ratsam, einen Konsens zwischen den Mitgliedern der Unternehmerfamilie (sofern sie Anteile am Unternehmen behalten) und dem Finanzinvestor zu finden. Die übliche Praxis, dass jede Partei selbständig Vertreter in das Gremium entsendet (vgl. Brettel et al., 2008b, S. 98), kann zu einer Bildung von Blöcken führen, die jeweils auf die Interessen ihrer Entsender ausgerichtet sind. Als weniger konfliktträchtig wäre die gemeinsame Auswahl aller Mitglieder des Beirats anzuführen und auch der Einbezug der Personen, die später mit dem Beirat zusammenarbeiten sollen (vgl. Kuck, 2006, S. 159). Somit wären einzelne Beiräte nicht nur bestimmten Interessen verpflichtet, sondern den Interessen aller Anteilseigner. Es könnten sämtliche Gesellschafter dem Beirat als Gesamtgremium vertrauen und davon ausgehen, dass ihre Interessen in den Entscheidungen des Gremiums berücksichtigt werden. Einschränkend muss allerdings angeführt werden, dass die Auswahl und Einigung auf die Mitglieder des Gremiums mit Schwierigkeiten verbunden sein können.

Sollte diese Berufungspraxis nicht möglich sein, so sollte zumindest der Vorsitzende gemeinschaftlich bestimmt werden und nicht aufgrund der Anteilshöhe der jeweiligen Eigner festgelegt werden. In der Praxis ist häufig zu beobachten, dass im Beirat letztlich der Finanzinvestor als zumeist Mehrheitsgesellschafter der bestimmende Akteur ist (vgl. Kap. 3.7.3). Dem kann durch eine paritätische Besetzung des Aufsichtsorgans begegnet werden, die darin mündet, dass bei Stimmgleichheit der gemeinsam bestimmte Vorsitzende entscheidet. Insbesondere in der Konstellation, die durch die Einsetzung eines „Operativ Partner" erzeugt wird (vgl. Kap. 3.7.2.3), ist es wichtig, dass beide Seiten die Person des „Operativ Partners" akzeptieren und von seiner Integrität sowie Fachkompetenz überzeugt sind.

Abschließend kann konstatiert werden, dass es eine allgemeingütige Vorgehensweise sowohl für die Beteiligung des Finanzinvestors am Familienunternehmen und damit auch für die Zusammenarbeit im Beirat nicht gibt, sondern die eigentliche Situation und die Begleitumstände jede Beteiligung einzigartig erscheinen lassen. Somit müssen die Formen der Zusammenarbeit jeweils individuell abgestimmt und angepasst werden. Die hier aufgeführten alternativen Wege können den beteiligten Akteuren Denkanstöße und Ideen für ihre jeweils spezifische Situation liefern. Ebenso wie das vorliegende Kapitel kann die gesamte Untersuchung nur Indikationen für die konkrete Situation geben, die auf den untersuchten Fallunternehmen basieren. Der Mangel an Gültigkeit für die allgemeine Situation wird im Rahmen der kritischen Würdigung im folgenden Unterkapitel angeführt.

4.2.3 Kritische Würdigung

Die vorliegende Ausarbeitung bietet einen Einblick in das vielversprechende Untersuchungsfeld des Zusammenwirkens von Familienunternehmen und Private-Equity-Gesellschaften. Dabei fokussiert die Untersuchung im Besonderen auf das Organ des Beirats und kann erste Erkenntnisse in Bezug auf die Veränderungen, die in diesem Gremium durch den Eintritt eines Finanzinvestors stattfinden, liefern. Dabei konnten erstmalig die Theoriekonzepte der Principal-Agency Theory und der Stewardship Theory mit der empirischen Untersuchung im Kontext von Familienunternehmen und Private-Equity-Gesellschaften in Bezug gesetzt werden und daraus Lehren sowohl für die Praxis als auch für die Wissenschaft gewonnen werden.

Neben den im Kapitel 3.7.4 dargestellten Limitationen der gewählten Vorgehensweise und dem im Kapitel 4.1.2 aufgezeigten weiteren Forschungsbedarf soll an dieser Stelle auf den Wandel der äußeren Rahmenbedingungen hingewiesen werden, der im Zeitlauf parallel zur Erstellung dieser Ausarbeitung eintrat. Die Idee zu dieser Untersuchung wurde in den Jahren 2005/2006 geboren, zu einer Zeit in der Private-Equity-Investitionen in Deutschland rapide in ihrer Anzahl und ihrer Größe zunahmen. Es schien nur noch eine Frage der Zeit zu sein, bis der erste DAX 30 Konzern von einem Finanzinvestor übernommen würde. So wurde in den Medien vielfach über eine Übernahme verschiedener DAX 30 Unternehmen spekuliert; genannt wurden v. a. die Continental AG und die Linde AG (vgl. Hedtstück, 2007, S. 58). Zudem rückten dabei vermehrt auch mittelständische Familieunternehmen, die häufig respektable Positionen in ihren relevanten Märkten innehatten, in den Fokus der Beteiligungsgesellschaften. Im Herbst 2008 veränderten sich jedoch die Rahmenbedingungen schlagartig und drastisch. Die weltweite Kreditkrise traf die Finanzinvestoren in besonderem Maße. Die übliche Ausgestaltung der Transaktionen mit einem sehr hohen Kreditanteil und demzufolge hohen Finanzierungsbedarf war am Markt nicht mehr durchsetzbar und so konnten zahlreiche angedachte Transaktionen nicht mehr oder nicht mehr in dem geplanten Umfang durchgeführt werden.

Bei den Familienunternehmen, die als Zielunternehmen grundsätzlich in Frage kamen, waren die Auswirkungen der aktuellen Kredit- bzw. Liquiditätskrise ebenfalls zu spüren. Die Möglichkeit, Fremdkapital über Kreditinstitute zu generieren, erschwerte sich aufgrund der zunehmenden Sicherheitsanforderungen und der gestiegenen Refinanzierungskosten im Bankensektor deutlich, so dass zahlreiche Unternehmen in existenzbedrohliche Situationen gerieten. Ein Teil dieser Unternehmen konnte sich nicht aus eigener Kraft aus diesem Dilemma befreien und musste Insolvenz anmelden oder die Gesellschafter mussten zumindest Anteile am Unternehmen verkaufen. Als Käufer kamen neben strategischen Erwerbern auch Finanzinvestoren in Frage, insbesondere solche, die sich auf Restrukturierungssituationen spezialisiert haben.

Ein Großteil der Familienunternehmen überwindet die aktuelle Krise mit zum Teil deutlichen Einbußen in Umsatz und Gewinn, aber ohne die eigene Selbständigkeit aufzugeben. Die Hereinnahme eines externen Eigenkapitalgebers kommt für die meisten dieser Unternehmen, selbst wenn es in diese Richtung gehende Überlegungen und Erfordernisse (z. B. ungeklärte Nachfolge) gab bzw. gibt, nicht in Frage. Ein Hauptgrund hierfür sind die niedrigen Preise, die im Zuge der wirtschaftlichen Krise am Markt für Unternehmensübernahmen gezahlt werden. Somit werden die zum Teil dringend notwendigen Finanzierungsmaßnahmen bis in die Zeit nach der Krise verschoben. Dies geht jedoch einher mit dem Risiko, dass sich die wirtschaftliche Lage weiter verschlechtert oder die Nachfolge sehr kurzfristig gelöst werden muss (z. B. aufgrund gesundheitlicher Probleme des Unternehmers). Hinzu kommt, dass die Lösung der Nachfolge bei vielen Unternehmen überfällig ist und jährlich unzählige Familienunternehmen neu mit dieser Problematik konfrontiert werden. So stehen zwischen 2010 und 2014 über 110.000 Familienunternehmen in Deutschland zur Übernahme an (vgl. IfM, 2010). Diese Zahl deutet auf eine Vielzahl von interessanten potentiellen Übernahmezielen für Finanzinvestoren in absehbarer Zeit hin. Zukünftig dürfte demnach die Bedeutung von Beteiligungsgesellschaften für Familienunternehmen ebenso steigen wie vice versa die Bedeutung von Familienunternehmen für Finanzinvestoren. Somit erscheint es für beide Seiten geboten, sich mit dem jeweiligen Gegenüber intensiv zu beschäftigen und über mögliche Formen der Zusammenarbeit und die damit einhergehenden Implikationen für die eigenen Handlungsweisen in diesem Kontext nachzudenken. Die vorliegende Ausarbeitung soll hierzu erste Impulse liefern und die beiden Akteure in ihrer Kooperation begleiten.

Anhang I

Abbildung 42: Unterschiede zwischen der Principal-Agency Theory und der Stewardship Theory

Kriterium	**Principal-Agency Theory**	**Stewardship Theory**
Verhaltensannahme	Ökonomisch rational, selbstsüchtig handelnd	Selbstverwirklichung, kollektiv handelnd
Motivation	Extrinsisch und monetär ausgerichtet	Intrinsische Motivation und nicht primär monetär orientiert
Identifikation	Gering auf Werte gegründet	Stark auf Werte gegründet
Macht	Basiert auf formalen Hierarchien (Zwang, materielle Belohnungen)	Basiert auf persönlichen Beziehungen (Fachwissen, Charisma)
Informationsasymmetrien	werden als Problem gesehen	werden als Chance verstanden
Managementphilosophie	Kontrolle	Self-Leadership Konzept
Risikoorientierung	Risikominimierung durch Kontrolle	Bewusste Akzeptanz des Risikos durch Gewährung von Vertrauen
Zeitrahmen	kurzfristig	langfristig
Ziel	Profitorientierung i. S. des Shareholder-Value-Ansatzes	Entwicklung des Unternehmens zum Wohle aller Stakeholder
Kulturelle Dimension	Individualistische Kultur geprägt von egoistischem Verhalten	Kollektivistische Kultur, in der die Gemeinschaft die zentrale Rolle einnimmt

Quelle: Eigene Darstellung in Anlehnung an Davis et al., 1997, S. 37.

Anhang II

Interviewleitfaden

Zentrale Fragestellung: Was verändert sich im Aufsichtsgremium durch die Beteiligung einer Private-Equity-Gesellschaft?

- **Einleitung:**

1) Wie sah die Gesellschafterstruktur vor der Beteiligung aus?
2) Wie hat sich die Gesellschafterstruktur mit der Beteiligung verändert?
3) Warum haben sich die Altgesellschafter zur Hereinnahme eines Finanzinvestors entschlossen?
4) Welche Personen haben vor der Beteiligung zur Geschäftsführung gehört?
5) Welches waren die jeweiligen Funktionen innerhalb der Geschäftsführung?
6) Wer der genannten Personen ist Familienmitglied?
7) Gab es im Zuge der Beteiligung eine Änderung in der Geschäftsführung?
8) Wenn ja, wie lange nach der Beteiligung hat diese Änderung stattgefunden?
9) Wer hat die Geschäftsführung verlassen?
10) Wer ist neu hinzukommen?
11) Welche Aufgabe nimmt/nehmen das/die neue(n) Mitglied(er) wahr?
12) Gab es externe Erfordernisse, die Veränderungen in der Geschäftsführung erforderlich gemacht haben?

- **Zusammensetzung des Aufsichtsgremiums:**

13) Gab es vor der Beteiligung ein Aufsichtsgremium?
14) Wenn ja, wie viele Mitglieder hatte das Aufsichtsgremium vor der Beteiligung?
15) Hat sich die Mitgliederzahl nach der Beteiligung verändert? Wenn ja, wie?
16) Wenn 13) mit Nein beantwortet wurde, wie lange nach der Beteiligung wurde das Aufsichtsgremium geschaffen?

17)Wenn 13) mit Nein beantwortet wurde, wie viele Mitglieder hat das neu geschaffene Aufsichtsgremium?

18)Was waren die fachlichen Hintergründe (Ausbildung) der vor der Beteiligung im Aufsichtsgremium etablierten Personen?

19)Sind Personen nach der Beteiligung aus dem Gremium ausgeschieden? Wenn ja, welche Personen sind nach der Beteiligung ausgeschieden?

20)Wie sieht der fachliche Hintergrund (Ausbildung) derjenigen Personen aus, durch die sie ersetzt wurden?

21)Gab es vor der Beteiligung familiäre Beziehungen zwischen den Mitgliedern des Aufsichtsgremiums und den Mitgliedern der Geschäftsleitung?

22)Wie hoch war das durchschnittliche Alter der Mitglieder des Aufsichtsgremiums vor der Beteiligung?

23)Wie hoch war das durchschnittliche Alter der Mitglieder des Aufsichtsgremiums nach der Beteiligung?

24)Gab es nach der Beteiligung familiäre Beziehungen zwischen den Mitgliedern des Aufsichtsgremiums und den Mitgliedern der Geschäftsleitung?

25)Auf einer Skala von 1 = „sehr international" bis 5 = „sehr lokal" wie würden Sie die Gesamtheit der Mitglieder des Aufsichtsgremiums vor der Beteiligung beurteilen (Kriterium: Erfahrung)?

26)Auf einer Skala von 1 = „sehr international" bis 5 = „sehr lokal" wie würden Sie die Gesamtheit der Mitglieder des Aufsichtsgremiums nach der Beteiligung beurteilen (Kriterium: Erfahrung)?

27)Wie lange war vor der Beteiligung die durchschnittliche Zugehörigkeit der einzelnen Mitglieder zu dem Kontrollgremium?

28)Wie lange gehörten die Mitglieder nach der Beteiligung durchschnittlich zu dem Gremium?

29)Wie lange war die Vertragslaufzeit der Mitglieder des Aufsichtsgremiums vor der Beteiligung? Und wie lange danach?

30)Gab es vor der Beteiligung eine Vertretung der Mitarbeiter im Gremium?

31) Welche Veränderungen gab es im Zusammenhang mit der Hereinnahme der Private-Equity-Gesellschaft in diesem Bereich?

- **Vergütung:**

32) Wie hoch waren die Gesamtvergütungen der Mitglieder des Aufsichtsgremiums jeweils in den drei Jahren vor und nach der Beteiligung?

33) Wie hat sich in diesem Zeitraum der variable Anteil der Vergütung an der Gesamtvergütung der Mitglieder des Aufsichtsgremiums entwickelt?

34) Differierte vor der Beteiligung die Vergütung zwischen den einzelnen Mitgliedern des Aufsichtsgremiums? Wenn ja, wie?

35) Differiert seit der Beteiligung die Vergütung zwischen den einzelnen Mitgliedern des Aufsichtsgremiums? Wenn ja, wie?

36) Wie war die Aufteilung zwischen der Grundvergütung und den Sitzungsgeldern vor der Beteiligung?

37) Wie ist diese Aufteilung nach der Beteiligung?

- **Arbeitsweise des Aufsichtsgremiums:**

38) Welche Interessensgruppen wurden vor der Beteiligung in der Aufsichtsarbeit besonders berücksichtigt?

39) Haben sich in der Berücksichtigung der Interessen seit der Beteiligung Verschiebungen ergeben?

40) Gab es vor der Beteiligung Regeln (auch informelle) der Zusammenarbeit im Aufsichtsgremium (Kooperationsregeln oder ähnliches)?

41) Wurden diese Regeln nach der Beteiligung beibehalten?

42) Wurden neue Regeln eingeführt?

43) Wie häufig fanden die Sitzungen des Aufsichtsgremiums vor der Beteiligung statt?

44) Wie häufig fanden die Sitzungen des Aufsichtsgremiums nach der Beteiligung statt?

45)In welcher Sprache fanden die Sitzungen vor der Beteiligung statt?

46)In welcher Sprache wurden die Sitzungen nach der Beteiligung abgehalten?

47)Hat sich Ihrer Meinung nach die Effizienz (positiv oder negativ) der Sitzungen seit dem Beitritt des Finanzinvestors verändert? (nachfragen, bzgl. Zeit, Ergebnis Quantität und Qualität)

48)Wie lange dauerten die Sitzungen durchschnittlich vor der Beteiligung?

49)Wie lange dauerten die Sitzungen seit dem Beitritt des Finanzinvestors durchschnittlich?

50)Wie wurden die Sitzungen vor der Beteiligung protokolliert? Durch wen?

51)Wie werden die Sitzungen nach der Beteiligung protokolliert? Durch wen?

52)Wie hat sich die Häufigkeit und Intensität der Konflikte (sowohl aufgabenbezogene als auch emotionale) innerhalb des Aufsichtsgremiums nach dem Beitritt der Beteiligungsgesellschaft im Vergleich zur den Konfliktsituationen vor der Beteiligung entwickelt?

Abbildung 43: Konflikte innerhalb des Aufsichtsgremiums

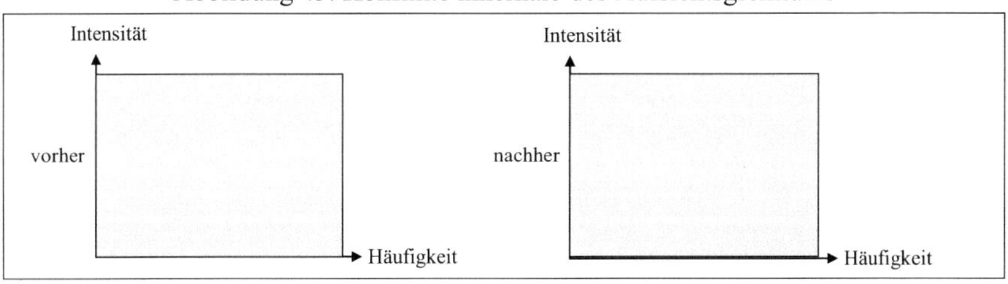

Quelle: Eigene Darstellung.

- **Entwicklung der Mitglieder des Aufsichtsgremiums:**

53)Wie waren vor der Beteiligung die Anforderungen in fachlicher Hinsicht an die Mitglieder des Aufsichtsgremiums?

54)Haben sich diese Anforderungen nach der Beteiligung verändert und wenn ja, wie?

55)Wurde den Mitgliedern des Aufsichtsgremiums vor der Beteiligung von dem Unternehmen Weiterbildungsmöglichkeiten angeboten? Und wenn ja, welche?

56) Wie wurden diese Möglichkeiten angenommen? Welche Weiterbildungen wurden präferiert?

57) Waren vor der Beteiligung gar bestimmte Weiterbildungen für die Beiräten verpflichtend?

58) Haben sich die Weiterbildungsmöglichkeiten, -wahrnehmungen und -pflichten durch die Beteiligung verändert?

- **Zusammenwirken des Aufsichtsgremiums mit den anderen Akteuren des Unternehmens:**

59) Auf einer Skala von 1 bis 5 (5 = „höchste Ausprägung“) wie deutlich war vor der Beteiligung die Grenze zwischen Leitung und Kontrolle im Unternehmen? Beziehen Sie Ihre Antwort bitte sowohl auf personelle Verflechtungen, Zuständigkeiten und Genehmigungspflichten.

60) Analog dazu, wie deutlich wurde nach der Beteiligung die Abgrenzung zwischen Leitung und Kontrolle im Unternehmen? Bitte benutzen Sie hier ebenfalls die Skala aus der vorherigen Frage.

61) Welches waren kennzeichnende Elemente der Kontrolle der Geschäftsleitung durch das Aufsichtsgremium vor der Beteiligung? Bsp.: Teilnahme an Sitzungen der Geschäftsleitung

62) Welches waren die Elemente der Kontrolle nach der Beteiligung?

63) Wie häufig (Skala von 1 = „nie“ bis 5 = „sehr häufig“) partizipierte das Aufsichtsgremium vor der Beteiligung an der Arbeit der Geschäftsleitung?

64) Wie nahm das Aufsichtsgremium vor der Beteiligung Einfluss auf die Entscheidungen der Geschäftsleitung? (Bsp.: konstruktive Vorschläge, Vorgaben oder direkte Entscheidungen)

65) Wie häufig (Skala von 1 = „nie“ bis 5 = „sehr häufig“) partizipierte das Aufsichtsgremium seit der Beteiligung an der Arbeit der Geschäftsleitung?

66) Wie nahm das Aufsichtsgremium nach der Beteiligung Einfluss auf die Entscheidungen der Geschäftsleitung?

67)Wie kritisch (Skala von 1 = „absolut unkritisch“ bis 5 = „äußerst kritisch“) stand vor der Beteiligung das Aufsichtsgremium den Informationen, die ihm die Geschäftsleitung zur Verfügung stellt, gegenüber?

68)Wie kritisch (Skala von 1 = „absolut unkritisch“ bis 5 = „äußerst kritisch“) steht seit der Beteiligung das Aufsichtsgremium den Informationen, die ihm der Geschäftsleitung zur Verfügung stellt, gegenüber?

69)Wie schätzen Sie die fachliche Qualität der Information, die vor der Beteiligung von der Geschäftsleitung gefordert wurde, ein? (Skala von 1 = „sehr hochwertig“ bis 5 = „absolut nicht hochwertig“)

70)Wie schätzen Sie die fachliche Qualität der Information, die seit der Beteiligung von der Geschäftsleitung gefordert wurde, ein? (Skala von 1 = „sehr hochwertig“ bis 5 = „absolut nicht hochwertig“)

71)Wie war vor der Beteiligung die Teilnahme des Aufsichtsgremiums an den Sitzungen der Geschäftsleitung geregelt?

72)Wie war nach der Beteiligung die Teilnahme des Aufsichtsgremiums an den Sitzungen der Geschäftsleitung geregelt?

73)Wie häufig haben die Mitglieder des Aufsichtsgremiums darüber hinaus vor der Beteiligung aktiv eingefordert, an den Sitzungen der Geschäftsleitung teilnehmen zu dürfen?

74)Wie häufig fordern die Mitglieder des Aufsichtsgremiums darüber hinaus seit der Beteiligung aktiv ein, an den Sitzungen der Geschäftsleitung teilnehmen zu dürfen?

75)Wie kritisch (Skala von 1 = „absolut unkritisch“ bis 5 = „äußerst kritisch“) hinterfragte das Aufsichtsgremium den Jahresabschluss vor der Hereinnahme der Private-Equity-Gesellschaft?

76)Wie kritisch nach der Beteiligung (Skala von 1 = „absolut unkritisch“ bis 5 = „äußerst kritisch“)?

77)Wie hat sich durch die Beteiligung die Häufigkeit und die Intensität der Kommunikation zwischen dem Aufsichtsgremium und a) der GL, b) der internen Revision und c) der externen Revision verändert?

78) Wie häufig und intensiv gab es vor und nach der Beteiligung Konflikte mit anderen Organen der Gesellschaft?

Abbildung 44: Konflikte mit anderen Organen des Unternehmens

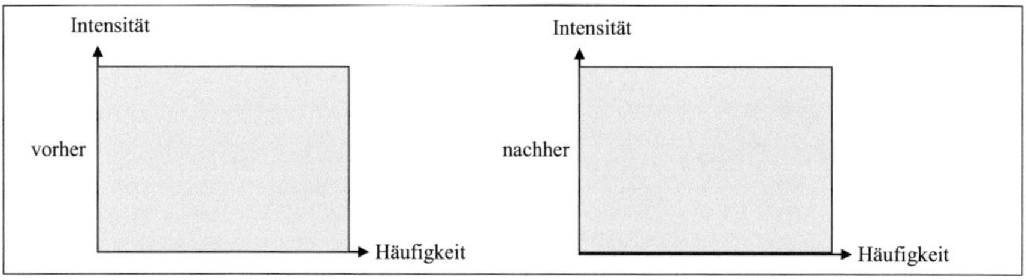

Quelle: Eigene Darstellung.

- **Übergreifende Abschlussfragen:**

79) Wie war die wirtschaftliche Situation des Unternehmens in Relation zu vergleichbaren Unternehmen vor der Beteiligung (Skala von 1 = „sehr gut" bis 5 = „sehr schlecht")?

80) Wie ist die wirtschaftliche Situation des Unternehmens in Relation zu vergleichbaren Unternehmen nach der Beteiligung (Skala von 1 = „sehr gut" bis 5 = „sehr schlecht")?

81) Wie ist die wirtschaftliche Situation heute?

82) Summa summarum, was ist Ihnen als Veränderungen im Rahmen der Beteiligung in Bezug zu Aufsichts-, Kontroll- und Prüfungstätigkeiten des Aufsichtsgremiums besonders aufgefallen?

Anhang III

Abbildung 45: Zentrale Ergebnisse aus den Case Studies und ihre Erklärbarkeit durch die vorgestellten Theoriekonzepte

Merkmal	**Veränderung durch die Beteiligung**	**Theoriekonformität**
Anzahl der Mitglieder im Beirat	Tendenzielle Reduktion der Mitgliederzahl	Ja (theoriekonform mit der Principal-Agency Theory)
Teilnehmerkreis der Beiratssitzung	Ausweitung i. S. eines „Board of Directors"	Ja (theoriekonform mit der Principal-Agency Theory)
Internationalisierung des Beirats	Internationalisierung nimmt tendenziell zu, wenngleich die Sitzungssprache weiterhin in allen Fällen deutsch blieb	Schwach positive Konformität mit der Principal-Agency Theory
Vergütung der Beiräte	Reduktion der Vergütung und keine Einführung von variabelen Vergütungsbestandteilen	Nicht gegeben mit der Principal-Agency Theory
Entscheidungssituation	Entscheidungssituation (i. S. der Machtposition) eindeutig durch den Finanzinvestor dominiert.	Starke positive Konformität mit der Principal-Agency Theory
Sitzungsdauer	Tendenziell deutlich ausgeweitet	Ja (theoriekonform mit der Principal-Agency Theory)
Effizienz der Sitzungen	Tendenzielle Zunahme	Schwach positive Konformität mit der Principal-Agency Theory
Konflikte innerhalb des Aufsichtsgremiums	Tendenziell gleich bleibend	Nicht gegeben mit der Principal-Agency Theory
Konflikte mit anderen Organen des Unternehmens	Eindeutige Zunahme	Ja (theoriekonform mit der Principal-Agency Theory)
Fachliche Anforderungen	Uneinheitlich	Keine eindeutige Theoriekonformität ableitbar
Trennung von Leitung und Kontrolle	Eindeutige Zunahmen	Ja (theoriekonform mit der Principal-Agency Theory)
Unternehmenskultur	Tendenziell nicht berücksichtigt	Ja (theoriekonform mit der Principal-Agency Theory)

Quelle: Eigene Darstellung.

Literaturverzeichnis

Abrahamson, E.; Park, C. (1994): *Concealment of Negative Organizational Outcomes: An Agency Theory Perspective*, in: Academy of Management Journal, vol. XXXVII, no. 5, S. 1302 – 1334.

Achleitner, A.K.; Erhart, N.; Zimmermann, V. (2006): *Beteiligungsfinanzierung nach der Marktkonsolidierung – Anhaltende Defizite in der Frühphase: Eine Analyse der Anbieterstrukturen, Finanzierungsmuster und Marktlücken im deutschen Beteiligungsmarkt*, Frankfurt a. M..

Aigner, P.; Albrecht, S.; Beyschlag, G.; Friedrich, T.; Kalepky, M.; Zagst, R. (2008): *What Drives Private Equity? Analyses of Success Factors of Private Equity Funds*, in: The Journal of Private Equity, vol. XI, no. 4, S. 63 – 85.

Aktiengesetz (1966): *Aktiengesetz vom 06.09.1965 (BGBl. I S. 1089) zuletzt geändert durch das Gesetz vom 31.09.2009.*

Albach, H. (1997): *Gutenberg und die Zukunft der Betriebswirtschaftslehre*, in: Zeitschrift für Betriebswirtschaft, vol. LXVII, no. 12, S. 1257 – 1283.

Albach, H. (2000): *Nachfolgeregelung im Mittelstand – ein Praxistest*, in: Betriebsberater, vol. LV, no. 16, S. 781 – 786.

Alchian, A.A.; Demsetz, H. (1972): *Production, Information Costs, and Economic Organization*, in: American Economic Review, vol. LXII, no. 5, S. 777 – 795.

Allanson, S. (1985): *Interne Beratung – Strukturen, Formen, Arbeitsweisen*, Gais.

Allgemeines Deutsches Handelsgesetzbuch (1870): *Allgemeines Deutsches Handelsgesetzbuch vom 16./22.04.1861, 1. Novelle am 11.06.1870.*

Amit, R.; Brandner, J.; Zott, C. (1998): *Why do Venture Capital Firms Exists? Theory and Canadian Evidence*, in: Journal of Business Venturing, vol. XIII, no. 10, S. 441 – 466.

Amit, R.; Glosten, L.; Muller, E. (1990): *Does Venture Capital Foster the Most Promising Entrepreneurial Firms*, in: California Management Review, vol. XXXII, no. 1, S. 102 – 111.

Amit, R.; Glosten, L.; Muller, E. (1990b): *Entrepreneurial Ability, Venture Investments, and Risk Sharing*, in: Management Science, vol. XXXVI, no. 10, S. 1232 – 1245.

Anderson, A.R.; Jack, S.L.; Drakopoulou, D.S. (2005): *The Role of Family Members in Entrepreneurial Networks: Beyond the Boundaries of the Family Firm*, in: Family Business Review, vol. XVIII, no. 2, S. 135 – 154.

Anson, M. (2007): *Performance Measurement in Private Equity. Another Look*, in: The Private Equity Journal, vol. X, no. 3, S. 7 – 21.

Argyris, C. (1973): *Organization Man. Rational and Self-Actualizing*, in: Public Administration Review, vol. XXXIII, no. 4, S. 354 – 357.

Aronoff, C.; Ward, J.L. (1996): *Family Business Governance: Maximizing Family and Business Potential*, Marietta.

Aronoff, C.; Ward, J.L. (2001): *Family Business Ownership: How To Be an Effective Shareholder*, Marietta.

Arregle, J.L.; Hitt, M.; Sirmon, D.; Very, P. (2007): *The Development of Organizational Social Capital: Attributes of Family Firms*, in: Journal of Management Studies, vol. XLVI, no. 1, S. 73 – 95.

Arrow, K.J. (1969): *The Organization of Economic Activity: Issues Pertinent To The Choice of Market Versus Non-Market Allocation*, in: The Analysis and Evaluation of Public Expenditures: The PBB-System, Joint Economic Committee, 91st Congress, 1st Session, Bd. 1, Washington.

Arrow, K.J. (1985): *The Economics of Agency*, in: Pratt, J.W.; Zeckhauser, R. (Hrsg.): Principals and Agents: The Structure of Business, Boston, S. 37 – 51.

Arthurs, J.D.; Busenitz, L.W. (2003): *The Boundaries and Limitations of Agency Theory and Stewardship in the Venture Capitalist/Entrepreneur Relationship*, in: Entrepreneurship-Theory and Practice, vol. XXVIII, no. 2, S. 145 – 162.

Astrachan, J.H.; Jaskiewicz, P. (2008): *Emotional Returns and Emotional Costs in Privately Held Family Businesses: Advancing Traditional Business Valuation*, in: Family Business Review, vol. XXI, no. 2, S. 139 – 149.

Astrachan, J.H.; Klein, S.B.; Smyrnios, K.X. (2001): *The F-PEC Scale of Family Influence: A Proposal for Solving the Family Business Definition Problem*, in: Corbetta, G.; Montemerlo, D. (Hrsg.): The Role of Family in Family Business – Research Forum Proceeding, in: 12th Annual World Conference, Rom, S. 9 – 24.

Astrachan, J.H.; Klein, S.B.; Smyrnios, K.X. (2002): *The F-PEC Scale of Family Influence: A Proposal for Solving the Family Definition Problem*, in: Family Business Review, vol. XV, no. 1, S. 45 – 58.

Auberger, O. (2009): *Services Informatiques; Valtech*, in: Les Journal des finances, vol. I, no. 6361, S. 24.

Aufderheide, D.; Backhaus, K. (1995): *Institutionenökonomische Fundierung des Marketing*, in: Kaas, K.P. (Hrsg.): Kontrakte, Geschäftsbeziehungen, Netzwerke – Marketing und Neue Institutionenökonomik, Zeitschrift für betriebswirtschaftliche Forschung, Sonderheft 35, Düsseldorf, S. 43 – 60.

Backes-Gellner, U.; Kay, R.; Schröer, S.; Wolff, K. (2002): *Mitarbeiterbeteiligung in kleineren und mittleren Unternehmen. Verbreitung, Effekte, Voraussetzungen*, Wiesbaden.

Bader, H. (1996): *Private Equity als Anlagekategorie. Theorie, Praxis und Portfoliomanagement für institutionelle Investoren*, Berlin.

Baker, W. (2000): *Achieving Success Through Social Capital*, San Francisco.

Baums, T. (1993): *Ergebnisabhängige Preisvereinbarungen in Unternehmenskaufverträgen („Earn-Outs")*, Osnabrück.

Becker, F. (2004): *Die Beiratsorganisation als Instrument der Unternehmensführung*, in: Böllhoff, C.; Böllhoff, M.; Böllhoff, W.; Ebert, M. (Hrsg.): Management von industriellen Familienunternehmen – Von der Gründung bis zum Generationsübergang, Stuttgart, S. 107 – 117.

Becker, H.S.; Geer, B.; Hughes, E.C.; Strauss, A.L. (1961): *Boys in White, Student Culture in Medical School*, Chicago.

Behrens, P. (1998): *Corporate Governance*, in: Basedow, J.; Hopt, K.; Kötz, H. (Hrsg.): Festschrift für Ulrich Drobnig zum 70. Geburtstag, Tübingen, S. 490 – 512.

Beier, A. (2009): *Die Nachfrage nach M&A Dienstleistungen*, Lohmar.

Berens, W.; Mertes, M.; Strauch, J. (2005): *Unternehmensakquisitionen*, in: Berens, W.; Brauner, H.U.; Strauch, J. (Hrsg.): Due Diligence bei Unternehmensakquisitionen, Stuttgart, S. 25 – 74.

Berger, A.N.; Udell, G.F. (1998): *The Economics of Small Business Finance: The Roles of Private Equity and Debt Markets in the Financial Growth Cycle*, in: Journal of Banking & Finance, vol. XXII, no. 6, S. 613 – 673.

Berghe, L.V.D.; Levrau, A. (2004): *Evaluating Boards of Directors: What Constitutes a Good Corporate Board?*, in: Corporate Governance. An International Review, vol. XII, no. 4, S. 461 – 478.

Berle, A.A.; Means, G.C. (1932): *The Modern Corporation and Private Property*, New York.

Bertrand, M.; Schoar, A. (2006): *The Role of Family in Family Firms*, in: Journal of Economic Perspectives, vol. XX, no. 1, S. 73 – 96.

Betriebsverfassungsgesetz (1952): *Betriebsverfassungsgesetz vom 11.11.1952 (BGBl. I S. 681) zuletzt geändert durch das BetrVG 2001.*

Bettenhausen, K.; Murnighan, J.K. (1986): *The Emergence of Norms in Competitive Decision-Making Groups*, in: Administrative Science Quarterly, vol. XXXVII, no. 3, S. 350 – 372.

Biehl, B. (2007): *Unternehmer und Investor*, in: Lebensmittel Zeitung vom 09.11.2007, S. 30.

Birley, S. (2001): *Owner-Manager Attitudes to Family and Business Issues: A 16 Country Study*, in: Entrepreneurship Theory and Practice, vol. XXVI, no. 2, S. 63 – 76.

Black, B.S. (1997): *Institutional Investors and Corporate Governance: The Case for Institutional Voice*, in: Chew, D.H. (Hrsg.): Studies in International Corporate Finance and Governance Systems, New York, S. 160 – 173.

Blickle, M. (1987): *Information Systems and the Design of Optimal Contracts*, in: Bamberg, G.; Spremann, K. (Hrsg.): Agency Theory, Information, and Incentives, Berlin, S. 93 – 103.

Böcking, H.J.; Dutzi, A.; Müßig, A. (2004): *Ökonomische Funktion des Prüfungsausschusses im deutschen Corporate Governance-System*, in: Betriebswirtschaftliche Forschung und Praxis, vol. LXVI, no. 5, S. 417 – 440.

Bortz, J.; Döring, N. (2006): *Forschungsmethoden und Evaluation für Human- und Sozialwissenschaftler*, Heidelberg.

Bottazzi, L.; da Rin, M. (2002): *Europe's New Stock Markets*, Working Paper 218, Bocconi.

Bouillet-Cardonnier, G. (1992): *Legal Aspects of Start-Up Evaluation and Adjustment Methods*, in: Journal of Business Venturing, vol. VII, no. 1, S. 91 – 101.

Braun, M.; Sharma, A. (2007): *Should the CEO Also Be Chair of the Board? An Empirical Examination of Family-Controlled Public Firms*, in: Family Business Review, vol. XX, no. 2, S. 111 – 126.

Bredek, T. (2002): *Private Equity im Firmenkundengeschäft regionaler Kreditinstitute. Eine geschäftspolitische Analyse*, Basel.

Breid, V. (1995): *Aussagefähigkeit agencytheoretischer Ansätze im Hinblick auf die Verhaltenssteuerung von Entscheidungsträgern*, in: Zeitschrift für betriebswirtschaftliche Forschung, vol. IIIL, no. 9, S. 821 – 854.

Brettel, M.; Engelen, A.; Heinemann, F.; Vadhanasindhu, P. (2008): *Antecedents of Market Orientation: A Cross-Cultural Comparison*, in: Journal of International Marketing, vol. XVI, no. 3, S. 84 – 119.

Brettel, M.; Kauffmann, C.; Kühn, C.; Sobczak, C. (2008b): *Private Equity Investoren*, Stuttgart.

Brinkrolf, A. (2002): *Managementunterstützung durch Venture-Capital-Gesellschaften*, München.

Brockhaus, R. (1994): *Entrepreneurship and Family Business Research: Comparison, Critique, and Lessons*, in: Entrepreneurship Theory and Practice, vol XIX, no. 1, S. 25 – 38.

Brose, T. (2006): *Der Beirat im Familienunternehmen*, Bremen.

Brunninge, O.; Nordqvist, M.; Wiklund, J. (2007): *Corporate Governance and Strategic Change in SMEs: The Effects of Ownership, Board Composition and Top Management Teams*, in: Small Business Economics, vol. XXIX, no. 3, S. 295 – 308.

Bühner, R; Weinberger, H.J.; (1991): *Cash-Flow und Shareholder Value*, in: Betriebswirtschaftliche Forschung und Praxis, vol. XLII, no. 3, S. 187 – 208.

Bundesverband Deutscher Kapitalbeteiligungsgesellschaften (2010): *BVK Statistik. Das Jahr 2009 in Zahlen*, Berlin.

Busse, F.J. (2003): *Grundlagen der betrieblichen Finanzwirtschaft*, München.

Bygrave, W. (1987): *Syndicated Investments by Venture Capital Firms: A Networking Perspective*, in: Journal of Business Venturing, vol. II, no. 30, S. 139 – 154.

Carlock, R.S.; Ward, J.L. (2001): *Strategic Planning for the Family Business – Parallel Planning to Unify the Family and Business*, New York.

Carney, M. (2005): *Corporate Governance and Competitive Advantage in Family Controlled Firms*, in: Entrepreneurship Theory and Practice, vol. XXIX, no. 3, S. 249 – 265.

Charkham, J.P. (1994): *Keeping Good Company. A Study of Corporate Governance in Five Countries*, Oxford.

Charmaz, K. (2000): *Grounded Theory: Objectivist and Constructivist Methods*, in: Denzin, N.K.; Lincoln, Y.S. (Hrsg.): Handbook of Qualitive Research, Sage, S. 509 – 535.

Chmielewicz, K. (1994): *Forschungskonzeption der Wirtschaftswissenschaft*, Stuttgart.

Chrisman, J.J.; Chua, J.H.; Litz, R. (2004): *Comparing the Agency Costs of Family and Non-Family Firms: Conceptual Issues and Exploratory Evidence*, in: Entrepreneurship Theory and Practice, vol. XXVIII, no. 4, S. 335 – 354.

Chrisman, J.J.; Chua, J.H.; Steier, L. (2005): *Sources and Consequences of Distinctive Familiness: An Introduction*, in: Entrepreneurship Theory and Practice, vol. XXIX, no. 3, S. 237 – 247.

Chua, J.H.; Chrisman, J.; Sharma, P. (1999): *Defining the Family Business by Behavior*, in: Entrepreneurship Theory and Practice, vol. XXIII, no. 4, S. 19 – 39.

Chua, J.H.; Chrisman, J.J.; Bergiel, E.B. (2009): *An Agency Theoretic Analysis of the Professionalized Family Firm*, in: Entrepreneurship Theory and Practice, vol. XXXIII, no. 2, S. 355– 372.

Chua, J.H.; Steier, L.; Chrisman, J. (2006): *How Family Firms Solve Intra-Family Agency Problems Using Interlooking Directorates. An Extension*, in: Entrepreneurship Theory and Practice, vol. XXX, no. 6, S. 777 – 783.

Chwolka, A. (1999): *Der Aufsichtsrat als Überwachungsorgan – eine überflüssige Institution?*, in: Albach, H.; Eymann, E.; Luhmer, A.; Steven, M. (Hrsg.): Die Theorie der Unternehmung in Forschung und Praxis, Berlin, S. 627 – 647.

Clasen, J.P. (1992): *Turnaround Management für mittelständische Unternehmen*, Wiesbaden.

Coase, R.H. (1937): *The Nature of the Firm*, in: Economica, vol. IV, no. 4, S. 386 – 405.

Coleman, S.; Carsky, M. (1999): *Sources of Capital for Small Family-Owned Business: Evidence from the National Survey of Small Business Finances*, in: Family Business Review, vol. XII, no. 1, S. 73 – 85.

Conger, J.A.; Lawler, E.E.; Finegold, D. (2001): *Corporate Boards-Strategies for Adding, Value at the Top*, San Francisco.

Copeland, T.E.; Koller, T.; Murrin, J. (2000): *Valuation: Measuring and Management the Value of Companies*, New York.

Corbetta, G.; Salvato, C. (2004): *Self-Serving or Self-Actualizing? Models of Man and Agency Costs in Different Types of Family Firms: A Commentary on "Comparing the Agency Costs of Family and Non-Family Firms: Conceptual Issues and Exploratory Evidence"*, in: Entrepreneurship Theory and Practice, vol. XXVIII, no. 4, S. 355 – 362.

Cumming, D. (2006): *Adverse Selection and Capital Structure: Evidence from Venture Capital*, in: Entrepreneurship Theory and Practice, vol. XXX, no. 2, S. 155 – 183.

Daily, C.M.; Dalton, D.R.; Cannella, A.A. Jr. (2003): *Corporate Governance: Decades of Dialogue and Data*, in: Academy of Management Review, vol. XXIIX, no. 3, S. 371 – 382.

Daily, C.M.; Dalton, D.R.; Rajagopalan, N. (2003b): *Governance Through Ownership: Centuries of Practice, Decades of Research*, in: Academy of Management Journal, vol. XLVI, no. 2, S. 151 – 158.

Dalton, C.; Dalton, D. (2005): *Board of Directors: Utilizing Empirical Evidence in Developing Practical Prescriptions*, in: British Journal of Management, vol. XVI, S. S91 – S97.

Dalton, D.; Daily, C.M.; Johnson, J.; Allstrand, A. (1999): *Number of Directors and Financial Performance: A Meta-Analysis*, in: Academy of Management, vol. XLII, no. 6, S. 674 – 686.

Danz, B. (2001): *Venture Capital. "Smart Money" für Entrepreneure*, in: Blum, U.; Leibrand, F. (Hrsg.): Entrepreneurship und Unternehmertum. Denkstrukturen für eine neue Zeit, Wiesbaden, S. 321 – 361.

Davis, J.H.; Donaldson, L. (1994): *The Theory of Stewardship*, Working Paper, The University of Notre Dame, Paris.

Davis, J.H.; Schoorman, D.F.; Donaldson, L. (1997): *Toward a Stewardship Theory of Management*, in: Academy of Management Review, vol. XXII, no. 1, S. 20 – 47.

De Clercq, D.; Sapienza, H.J. (2005): *When do Venture Capital Firms Learn from their Portfolio Companies*, in: Entrepreneurship Theory and Practice, vol. XXIX, no. 4, S. 517 – 535.

Demougin, D.; Fluet, C. (2001): *Monitoring Versus Incentives*, in: European Economic Review, vol. VC, no. 9, S. 1741 – 1764.

Demsetz, H.; Lehn, K. (1985): *The Structure of Corporate Ownership: Causes and Consequences*, in: Journal of Political Economy, vol. XCIII, no. 6, S. 1155 – 1177.

Denzin, N.K. (1970): *The Research Act*, Chicago.

Dieckhaus, O.T. (1993): *Beteiligungs-Controlling auf der Basis des Beteiligungslebenszyklus*, in: Zeitschrift für Planung, vol. IV, no. 2, S. 163 – 190.

Dierig, C. (2007): *Mittelstand schließt Allianz*, in: DIE WELT vom 15.10.2007, S. 11.

Diller, C. (2008): *Private Equity: Rendite, Risiko und Markteinflussfaktoren*, Bad Soden.

Dimov, D.; De Clercq, D. (2006): *Venture Capital Investment Strategy and Portfolio Failure Rate: A Longitudinal Study*, in: Entrepreneurship Theory and Practice, vol. XXX, no. 2, S. 207 – 223.

Donaldson, L.; Davis, J.H. (1991): *Stewardship Theory or Agency Theory: CEO Governance and Shareholder Returns*, in: Australian Journal of Management, vol. XVI, no. 1, S. 49 – 64.

Donaldson, L.; Hilmer, F.G. (1998): *Management Redeemed: The Case Against Fads that Harm Management*, in: Organizational Dynamics, vol. XXVI, no. 4, S. 7 – 20.

Donckels, R.; Frohlich, E. (1991): *Are Family Business Really Different? European Experiences from STRATOS*, in: Family Business Review, vol. IV, no. 2, S. 149 – 160.

Draxler, J. (2010): *Private Equity Exit: Strategie und Vertragsgestaltung*, Wien.

Dyer, W.G. Jr. (2006): *Examining the „Family Effect“ on Firm Performance*, in: Family Business Review, vol. XIX, no. 4, S. 253 – 273.

Eberhardt, S. (1998): *Wertorientierte Unternehmensführung. Der modifizierte Stakeholder-Value-Ansatz*, Wiesbaden.

Eilenberger, G.; Haghani, S. (2008): *Unternehmensfinanzierung zwischen Strategie und Rendite*, Berlin.

Eisenhardt, K.M. (1989): *Agency Theory: An Assessement and Review*, in: Academy of Management Review, vol. XIV, no. 1, S. 57 – 74.

Eisenhardt, K.M. (1989b): *Building Theories from Case Study Research*, in: Academy of Management Review, vol. XIV, no. 4, S. 532 – 550.

Eisenhardt, K.M.; Graebner, M.E. (2007): *Theory Building from Cases: Opportunities and Challenges*, in: Academy of Management Journal, vol. M, no. 1, S. 25 – 32.

Eisenmann-Mittenzwei, A. (2006): *Familienunternehmen und Corporate Governance – Themen eines Diskurses*, Hamburg.

Eitelwein, O.; Bender, M.; Gerstberger, O.; Messing, J.; Ritter, R. (2008): *Private Equity Controlling. Beteiligungsmanagement und -controlling in Private Equity Gesellschaften,* WHU Forschungspapier Nr. 116, Vallendar.

Elitzur, R.; Halpern, P.; Kieschnick, R.; Rotenberg, W. (1998): *Managerial Incentives and the Structure of Management Buyouts*, in: Journal of Economic Behavior & Organization, vol. XXXVI, no. 3, S. 347 – 367.

Erlei, M.; Leschke, M.; Sauerland, D. (1999): *Neue Institutionenökonomik*, Stuttgart.

Everling, W. (1991): *Die Finanzierung des Unternehmens: Kapitalbeschaffung – Liquiditätsvorsorge – Finanzplanung*, Berlin.

Faccio, M.; Lang, L.H.P. (2002): *The Ultimative Ownership of Western European Corporations*, in: Journal of Financial Economics, vol. LXV, no. 3, S. 365 – 395.

Fama, E.; Jensen, M. (1983): *Separation of Ownership and Control*, in: Journal of Law and Economics, vol. III, no. 2, S. 301 – 325.

Feinendegen, S.; Schmidt, D.; Wahrenburg, M. (2003): *Die Vertragsbeziehung zwischen Investoren und europäischen Venture Capital-Fonds: eine empirische Untersuchung und Klassifizierung unterschiedlicher Vertragsmuster*, in: Zeitschrift für Betriebswirtschaft, vol. MXXIII, no. 11, S. 1167 – 1195.

Fenn, G.W.; Liang, N.; Prowse, S. (1995): *The Economics of the Private Equity Market. The Board of Governors of the Federal Reserve System*, Working Paper 168, Washington.

Fenn, G.W.; Liang, N.; Prowse, S. (1997): *The Private Equity Market: An Overview*, in: Financial Markets, Institutions and Instruments, vol. VI, no. 4, S. 1 – 105.

Ferrary, M. (2009): *Syndikation of Venture Capital Investment: The Art of Resource Pooling*, in: Entrepreneurship Theory and Practice, vol. XXXIV, no. 4, S. 1 – 23.

Flick, U. (2008): *Triangulation*, Wiesbaden.

Flören, R.H. (2002): *Crown Princes in the Clay. An Empirical Study on the Tackling of Succession Challenges in Dutch Family Firms*, Nyenrode.

Forbes, D.; Milliken, F. (1999): *Cognition and Corporate Governance: Understanding Boards of Directors as Strategic Decision Making Groups*, in Academy of Management Review, vol. XXIV, no. 3, S. 489 – 505.

Freeman, R.E. (1983): *Strategic Management: A Stakeholder Approach*, in: Lamb, R. (Hrsg.): Advances in Strategic Management, Greenwich, S. 31 – 60.

Freeman, R.E.; Reed, D.L. (1983): *Stockholders and Stakeholders: A new Perspective on Corporate Governance*, in: California Management Review, vol. XXV no. 3, S. 88 – 106.

Frey, B.; Oberholzer-Gee, F. (1997): *The Cost of Price Incentives: An Empirical Analysis of Motivation Crowding-Out*, in: American Economic Review, vol. LXXXVII, no. 4, S. 746 – 755.

Fried, V.H.; Hisrich, R.D. (1994): *Toward a Model of Venture Capital Investment Decision Making,* in: Financial Management, vol. XXIII, no. 3, S. 28 – 37.

Friedman, M. (1953): *The Methodology of Positive Economics*, in: Friedman, M. (Hrsg.): Essays in Positive Economics, Chicago, S. 3 – 43.

Funke, K.H. (1992): *Beteiligungsgesellschaften als Finanzpartner*, in: Deutsches Steuerrecht, vol. XXXII, no. 30, S. 1106 – 1112.

Gabrielson, J.; Huse, M. (2002): *The Venture Capitalist and the Board of Directors in SME: Roles and Process*, in: Venture Capital, vol. IV, no. 2, S. 125 – 146.

Gabrielson, J.; Winlund, H. (2000): *Boards of Directors in Small and Medium Sized Industrial Firms: Examining the Effects of the Board's Working Style on Board Task Performance*, in: Entrepreneurship & Regional Development, vol. XII, no. 2, S. 311 – 330.

Gantzel, K.J. (1962): *Wesen und Begriff der mittelständischen Unternehmung*, Köln.

Gaugler, E.; Heimburger, W. (1984): *Firmenbeiräte mittelständischer Unternehmen. Eine Analyse ihrer Funktion und Arbeitsweisen. Ergebnisse einer empirischen Untersuchung*, München.

Geidner, A. (2008): *Der Wandel der Unternehmensführung in Buyouts. Eine Untersuchung Private-Equity-finanzierter Desinvestitionen*, München.

Georgieff, A.; Biagosch, M. (2005): *Finanzierungsinstrumente von Finanzinvestoren*, in: Berens, W.; Brauner, U.; Frodermann, J. (Hrsg.): Unternehmensentwicklung mit Finanzinvestoren. Eigenkapitalstärkung, Wertsteigerung, Unternehmensverkauf, Stuttgart, S. 171 – 210.

Gerum, E. (2007): *Das deutsche Corporate Governance-System*, Stuttgart.

Ghoshal, S.; Moran, P. (1996): *Bad for Practice: A Critique of the Transaction Cost Theory*, in: Academy of Management Review, vol. XXI, no. 1, S. 13 – 47.

Gläser, J.; Laudel, G. (2004): *Experteninterviews und qualitative Inhaltsanalyse*, Wiesbaden.

Göbel, E. (2002): *Neue Institutionenökonomik*, Stuttgart.

Göhler, A. (1993): *Der Erfolg großer Familieunternehmen im fortgeschrittenen Lebenszyklus: dargestellt am Beispiel der deutschen Brauwirtschaft*, Hallstadt.

Gomez-Mejia, L.R.; Nunez-Nickel, M.; Gutierrez, I. (2001). *The Role of Family Ties in Agency Contracts*, in: Academy of Management Journal, vol. XLVI, no. 1, S. 81 – 95.

Gomez-Mejia, L.R.; Larraza-Kintana, M.; Makri, M. (2003): *The Determinants of Executive Compensation in Family-Controlled Public Corporations*, in: Academy of Management Journal, vol. XLVI, no. 2, S. 226 – 237.

Gompers, P. (1995): *Optimal Investment, Monitoring, and the Staging of Venture Capital*, in: Journal of Finance, vol. L, no. 5, S. 1461 – 1489.

Gompers, P.; Lerner, J. (1996): *The Use of Covenants: An Empirical Analysis of Venture Capital Partnership Agreements*, in: Journal of Law and Economics, vol. XXXIX, no. 30, S. 463 – 498.

Gompers, P.; Lerner, J. (2000): *Money Chasing Deals? The Impact of Fund Inflows on Private Equity Valuation*, in: Journal of Financial Economics, vol. LV, no. 2, S. 281 – 325.

Gompers, P.; Lerner, J. (2004): *The Venture Capital Cycle*, Cambridge.

Goossens, L.; Manigart, S.; Meuleman, M. (2008): *The Change in Ownership After a Buyout: Impact on Performance*, in: The Journal of Private Equity, vol. XII, no. 1, S. 31 – 41.

Gorman, W.; Sahlman, W.A. (1989): *What Do Venture Capitalists Do?*, in: Journal of Business Venturing, vol. IX, no. 4, S. 231 – 248.

Graalmann, B.; Hirschmann, S. (2004): *Basel II und die Folgen für kleinere und mittlere Unternehmen*, in: Banking and Information Technology, vol. V, no. 3, S. 55 – 65.

Graf, S.; Gruber, A.; Grünbichler, A. (2001): *Der Private Equity Markt in Europa*, in: Grünblicher, A.; Graf, S.; Gruber, A. (Hrsg.): Private Equity und Hedge Funds. Alternative Anlagekategorien im Überblick, Zürich, S. 21 – 44.

Granovetter, M. (1985): *Economic Action and Social Structures: The Problem of Embeddedness*, in: American Journal of Sociology, vol. XCII, no. 3, S. 481 – 510.

Grosman, S.; Hart, O. (1986): *The Costs The Costs and Benefits of Ownership: A Theory of Vertical and Lateral Integration*, in: Journal of Political Economy, vol. XCIV, no. 4, S. 691 – 719.

Grothe, M.H. (2007): *Private Equity im Mittelstand – Mythos und Realität*, Working Paper No. 183, November 2007, Frankfurt a. M..

Grothe, P. (2006): *Unternehmensüberwachung durch den Aufsichtsrat*, Frankfurt a. M..

Haacke, B. (2007): *Heimliche Herrscher*, in: Wirtschaftswoche, vol. LXXXII, no. 27, S. 60 – 70.

Habig, H.; Berninghaus, J. (1998): *Die Nachfolge im Familienunternehmen ganzheitlich regeln*, Berlin.

Hack, A. (2009): *Sind Familieunternehmen anders? Eine kritische Bestandsaufnahme des aktuellen Forschungsstandes*, in: Zeitschrift für Betriebswirtschaft, Special Issue, vol. LXVII, no. 2, S. 1 – 30.

Hagenmüller, M. (2004): *Investors Relations von Private Equity Partnerships*, Sternenfels.

Hart, O. (1995): *Corporate Governance: Some Theory and Implications*, in: Economic Journal, vol. CV, no. 4, S. 678 – 689.

Hartmann-Wendels, T. (2001): *Finanzierung*, in: Jost, P.J. (Hrsg.): Die Prinzipal-Agenten-Theorie in der Betriebswirtschaftslehre, Stuttgart, S. 117 – 146.

Harvey, M.; Evans, R. (1995): *Forgotten Sources of Capital for the Family Owned Business*, in: Family Business Review, vol. IIX, no. 3, S. 159 – 176.

Hassan, A.; Leece, D. (2008): *The Influence of Venture Capitalists' Source of Finance on their Post-Investment Behavior in Investee Companies*, in: The Journal of Private Equity, vol. XI, no. 3, S. 69 – 84.

Hedtstück, M. (2007): *Wachten auf den Mega-Deal. Private Equity nimmt den DAX ins Visier*, in: Finance, vol. VIII, no. 4, S. 58 – 65.

Hellmann, T.; Puri, M. (2002): *Venture Capital and the Professionalization of Start-up Firms: Empirical Evidence*, in: Journal of Finance, vol. IIL, no. 1, S. 169 – 198.

Helm, R. (2003): *Vergütungsstrukturen des Aufsichtsrats mittelständischer, nicht börsennotierter Aktiengesellschaften*, in: Der Betrieb, vol. LVI, no. 51/52, S. 2718 – 2723.

Hengstmann, D. (1935): *Die Familiengesellschaft*, Berlin.

Hennerkes, B.H. (1998): *Familienunternehmen sichern und optimieren*, Frankfurt a. M..

Hermanns, J. (2004): *Private Equity*, in: Buth, A.K.; Hermanns, J. (Hrsg.): Restrukturierung, Sanierung, Insolvenz; 1. Teil Krisenerkennung und Möglichkeiten der Sanierung/Restrukturierung aus Bankensicht, München, S. 431 – 435.

Heuvel, J.V.D. (2006): *Governance and Boards in Small and Medium-Sized Family Businesses*, Hasselt.

Hilb, M. (2005): *Integrierte Corporate Governance*, Berlin.

Hilb, M.; Höppner, M.; Leenen, S.; Mühlebach, C. (2009): *Wirksame Führung und Aufsicht von Familienunternehmen*, Bern.

Hinterhuber, H.H. (1995): *Strategische Unternehmensführung. Band I: Strategisches Denken*, Berlin.

Hinterhuber, H.H.; Minrath, R. (1991): *Der Beirat einer mittelständischen Familienunternehmung – Ein Beitrag aus unternehmerischer Sicht*, in: Der Betriebs-Berater, vol. XLVI, no. 18, S. 1201 – 1210.

Hinz, H.; Dörscher, M. (2003): *Mezzanine Capital – Ein flexibles Finanzierungsinstrument für KMU*, in: Finanzbetrieb, vol. IV, no. 10, S. 606 – 610.

Hohnhaus, W. (2004): *Erfolg der M&A – Beratung bei Unternehmenstransaktionen*, Wiesbaden.

Holmstrom, B.R.; Milgrom, P. (1991): *Multitask Principal-Agent Analysis, Incentive Contracts, Asset Ownership, and Job Design*, in: Journal of Law, Economics and Organization, vol. VII, no. 1, S. 24 – 52.

Holt, D.T.; Rutherford, M.W.; Kuratko, D.F. (2010): *Advancing the Field of Family Business Research: Further Testing the Measurement Properties of the F-PEC,* in: Family Business Review, vol. XXIII, no. 1, S. 76 – 88.

Holzer, P.; Makowski, A. (1997): *Corporate Governance*, in: Der Betrieb, vol. L, no. 14, S. 688 – 692.

Hommel, U.; Riemer-Hommel, P. (1998): *Die Evolution der nationalen Unternehmensüberwachungssysteme*, Quint-Essenzen, Nr. 53, Trier.

Hopt, K.J. (1998): *The German Two-Tier Board: Experience, Theories and Reforms*, in: Hopt, K.J. (Hrsg.): Comparative Corporate Governance – The State of the Art and Emerging Research, Oxford, S. 227 – 258.

Hopt, K.J. (2003): *Die rechtlichen Rahmenbedingungen der Corporate Governance*, in: Hommelhoff, P.; Hopt, K.J.; v. Werder, A. (Hrsg.): Handbuch Corporate Governance: Leitung und Überwachung börsennotierter Unternehmen in der Rechts- und Wirtschaftspraxis, Köln, S. 29 – 50.

Hörisch, F. (2009): *Unternehmensmitbestimmung im nationalen und internationalen Vergleich*, Berlin.

Howorth, C.; Westhead, P. (2002): *Management Buyouts of Privately Held Family Firms: Implications for Subsequent Firm Performance*, http://www.babson.edu/entrep/fer/Babson2002/VIII/VIII_P1/P1/html/viii-p1.htm, Abruf: 30.03.2010.

Hung, H. (1998): *A Typology of the Theories of the Roles of Governing Boards*, in: Corporate Governance – An International Review, vol. VI, no. 2, S. 101 – 111.

Huse, M. (2005): *Accountability and Creating Accountability: A Framework for Exploring Behavioural Perspective of Corporate Governance*, in: British Journal of Management, vol. XVI, no. 1, S. S65 – S79.

Huse, M. (2007): *Boards, Governance and Value Creation*, Cambridge.

IFM (2007): *Die volkswirtschaftliche Bedeutung der Familienunternehmen*, Bonn.

IFM (2010): *Schätzungen der Unternehmensübertragungen in Deutschland im Zeitraum 2010 bis 2014*, http://ifm-bonn.de, Abruf: 01.05.2010.

Jakoby, S. (2000): *Erfolgsfaktoren von Management Buyouts in Deutschland*, Lohmar.

James, H. (1999): *What Can the Family Contribute to Business? Examining Contractual Relationships*, in: Family Business Review, vol. XII, no. 1, S. 61 – 71.

Jarrell, G.A.; Brickley, J.A.; Netter, J.M. (1988): *The Market for Corporate Control: The Empirical Evidence Since 1980*, in: Journal of Economic Perspectives, vol. II, no. 1, S. 49 – 68.

Jaskiewicz, T. (2006): *Performance-Studie börsennotierter Familieunternehmen in Deutschland, Frankreich und Spanien*, Lohmar.

Jaskiewicz, T.; Klein, S.B. (2007): *The Impact of Goal Alignment on Board Composition and Board Size in Family Businesses*, in: Journal of Business Research, vol. LX, S. 1080 – 1087.

Jensen, M.C. (1989): *Active Investors, LBOs and the Privatization of Bankruptcy*, in: Journal of Applied Corporate Finance, vol. II, no. 1. S. 35 – 44.

Jensen, M.C. (1997): *The Modern Industrial Revolution, Exit, and the Failure of Internal Control Systems*, in: Chew, D.H. (Hrsg.): Studies in International Corporate Finance and Governance Systems, New York, S. 18 – 37.

Jensen, M.C.; Meckling, W.H. (1976): *Theory of the Firm: Managerial Behaviour, Agency Costs and Ownership Structure*, in: Journal of Financial Economics, vol. III, no. 3, S. 305 – 360.

Jesch, T.A. (2004): *Private-Equity-Beteiligungen: wirtschaftliche, rechtliche und steuerliche Rahmenbedingen aus Investorensicht*, Wiesbaden.

Jesch, T.A.; Kreuter, B. (2002): *Private Equity Fonds – Investitionsmöglichkeiten für Versicherungsunternehmen und Pensionsfonds aus wirtschaftlicher und rechtlicher Sicht*, in: Finanz-Betrieb, vol. IV, no. 6, S. 407 – 413.

Jessen, J. (2001): *Venture Capital in Deutschland und den USA*, Frankfurt a. M..

Johannisson, B.; Huse, M. (2000): *Recruiting Outside Board Members in the Small Family Business: An Ideological Challenge*, in: Entrepreneurship & Regional Development, vol. XII, no. 4, S. 353 – 378.

Johnson, E.W. (1990): *An Insider's Call for Outside Direction*, in: Havard Business Review, vol. LXVIII, no. 1, S. 46 – 56.

Jungblut, E. (2003): *Due Diligence*, München.

Kaplan, S.N. (1996): *Corporate Governance und Unternehmenserfolg: Ein Vergleich zwischen Deutschland, Japan und den USA*, in: Feddersen, D.; Hommelhoff, P.; Schneider, U.H. (Hrsg.): Corporate Governance, Köln, S. 301 – 315.

Kaplan, S.N.; Strömberg, P. (2001): *Venture Capitalists As Principals: Contracting, Screening, and Monitoring*, in: American Economic Review, vol. XCI, no. 2, S. 426 – 430.

Karra, N.; Tracey, P.; Phillips, N. (2006): *Altruism and Agency in the Family Firm: Exploring the Role of Family, Kinship, and Ethnicity*, in: Entrepreneurship Theory and Practice, vol. XXX, no. 6, S. 861 – 877.

Kaserer, C.; Achleitner, A.K.; Schiereck, D.; v. Einem, C. (2007): *Private Equity in Deutschland,* München.

Kaserer, C.; Diller, C. (2005): *Private Equity Funds: Return Characteristics, Return Driver and Consequences for Investors,* in: Journal of Financial Transformation, vol. XV, no. 12, S. 107 – 117.

Kayser, G.; Wallau, F. (2003): *Der industrielle Mittelstand – ein Erfolgsmodell*, Berlin.

Keuschnigg, C.; Nielsen, S.B. (2003): *Taxes and Venture Capital Support*, in: European Finance Review, vol. VII, no. 3, S. 515 – 539.

Khamin, D.; Baum, J.R.; Turel, O.; Mahto, R.V. (2009): *Are Some Venture Capitalist More Likely Than Others to Replace Founder-CEOs?*, in: The Journal of Private Equity, vol. XXII, no. 2, S. 19 – 29.

Kilian, H. (1991): *Strukturreformen des Venture Management*, Ammersbek.

Kirchgässner, G. (1991): *Homo Oeconomicus*, Tübingen.

Kirchkamp, O.; Nagel, R. (2001): *Repeated Game Strategies in Local and Group Prisoners' Dilemmas Experiments: First Results*, in: Homo Ökonomicus, vol. XVIII, no. 2, S. 319 – 336.

Kirsch, I. (2008): *Familiensache. Generationswechsel mittels Finanzinvestor*, in: Süddeutsche Zeitung vom 09.10.2008, Beilage, S. 33.

Klaus, H. (1988): *Die Rolle des Beirats bei der Führung von Mittelbetrieben*, Frankfurt a. M..

Klein, S.B. (2000): *Family Businesses in Germany: Significance and Structure*, in: Family Business Review, vol. XIII, no. 3, S. 157 – 182.

Klein, S.B. (2005): *Beiräte in Familienunternehmen – Zwischen Beratung und Kontrolle*, in: Zeitschrift für KMU und Entrepreneurship, vol. LIII, no. 3, S. 185 – 207.

Klein, S.B. (2009): *Komplexitätstheorem der Corporate Governance in Familienunternehmen*, in: Zeitschrift für Betriebswirtschaft, Special Issue, vol. LXVII, no. 2, S. 63 – 82.

Klein, S.B. (2010): *Familienunternehmen*, Lohmar.

Klein, S.B; Astrachan, J.H.; Smyrnios, K.X. (2005): *The F-PEC Scale of Family Influence: Construction, Validation, and Further Implication for Theory*, in: Entrepreneurship Theory and Practice, vol. XXIX, no. 3, S. 321 – 339.

Kleine, A. (1996): *Auswirkungen unterschiedlicher Aktionsmengen in Principal-Agent Modellen*, in: Zeitschrift für Betriebswirtschaftliche Forschung, vol. XLVIII, no. 5, S. 475 – 491.

Koblenzer, T. (2002): *Management Buy-Out (MBO) und Management Buy-In (MBI) als Instrumente der Unternehmensnachfolge*, in: Zeitschrift für Erbrecht und Vermögensnachfolge, vol. IX, no. 9, S. 350 – 355.

Koeberle-Schmid, A. (2008): *Family Business Governance*, Wiesbaden.

Koeberle-Schmid, A.; Brockhoff, K.; Witt, P. (2009): *Performanceimplikationen von Aufsichtsgremien in deutschen Familienunternehmen*, in: Zeitschrift für Betriebswirtschaft, Special Issue, vol. LXVII, no. 2, S. 83 – 111.

Koiranen, M. (2003): *Understanding the Contesting Ideologies of Family Business: Challenge for Leadership and Professional Services*, in: Family Business Review, vol. XVI, no. 4, S. 241 – 250.

Kormann, H. (2008): *Beiräte in der Verantwortung. Aufsicht und Rat in Familienunternehmen*, Heidelberg.

Koschube, J.; v. Rosenstiel, L. (2000): *Motivation von Führungskräften durch leistungsorientierte Bezahlung*, in: Zeitschrift Führung + Organisation, vol. LXIX, no. 2, S. 70 – 76.

Köstler, R.; Müller, M.; Zachert, U. (2006): *Aufsichtsratspraxis – Handbuch für die Arbeitnehmervertreter im Aufsichtsrat*, Frankfurt a. M..

Kraft, V. (2001): *Empirische Ergebnisse zu Private Equity-Investitionen in Turnaround-Unternehmen*, in: Grünblicher, A.; Graf, S.; Gruber, A. (Hrsg.): Private Equity und Hedge Funds. Alternative Anlagekategorien im Überblick, Zürich, S. 125 – 164.

Kraft, V. (2001b): *Private Equity für Turnaround-Investitionen. Erfolgsfaktoren in der Managementpraxis*, Frankfurt a. M..

Kranebitter, G. (2002): *Due diligence: Risikoanalyse im Zuge von Unternehmenstransaktionen*, München.

Kuck, D. (2006): *Aufsichtsräte und Beiräte in Deutschland*, Wiesbaden.

Kuhn, T.S. (1993): *Die Struktur wissenschaftlicher Revolutionen*, Frankfurt a. M..

Küpper, H.U.; Weber, J.; Zünd, A. (1990): *Zum Verständnis und Selbstverständnis des Controlling,* in: Zeitschrift für Betriebswirtschaft, vol. LX, no. 3, S. 281 – 293.

Kut, C.; Pramborg, B.; Smolarski, J. (2006): *Risk Management in European Private Equity Funds Survey Evidence*, in: The Journal of Private Equity, vol. IX, no. 3, S. 42 – 54.

Landström, H. (1993): *Wertsteigerungen durch Zusammenarbeit zwischen Risikokapitalgesellschaften und Kleinunternehmen*, in: Mugler, J.; Pleitner, H. (Hrsg.): Partnerschaft für Klein- und Mittelunternehmen, Berlin, S. 25 – 39.

Lane, S.; Astrachan, J.; Keyt, A.; McMillan, K. (2006): *Guidelines for Family Business Boards of Directors*, in: Family Business Review, vol. XIX, no. 2, S. 147 – 167.

Lazear, E.P. (2000): *The Power of Incentives*, in: American Economic Review, vol. XC, no. 2, S. 410 – 414.

Le Breton-Miller, I.; Miller, D. (2006): *Why Do Some Family Businesses Out-Compete? Governance, Long-Term Orientations, and Sustainable Capability*, in: Entrepreneurship Theory and Practice, vol. XXX, no. 6, S. 731 – 746.

Le Breton-Miller, I.; Miller, D. (2009): *Agency versus Stewardship in Public Family Firms: A Social Embeddedness Reconciliation*, in: Entrepreneurship Theory and Practice, vol. XXXIII, no. 6, S. 1169 – 1191.

Lechner, F. (2007): *Private Equity in der Nachfolgeplanung mittelständischer Unternehmen*, Berlin.

LeMar, B. (2001): *Generations- und Führungswechsel in Familienunternehmen*, Berlin.

Lenz, A. (2004): *Wertorientierte Risikofrüherkennung und ihre Überwachung durch den Aufsichtsrat*, Frankfurt a. M..

Leonhard-Barton, D. (1990): *A Dual Methodology for Case Studies: Synergistic Use of a Longitudinal Single Site with Replicated Multiple Sites*, in: Organization Science, vol. I, no. 1, S. 1 – 19.

Leopold, G.; Frommann, H.; Kühr, T. (2001): *Private Equity – Venture Capital*, München.

Lerner, J. (1994): *The Syndication of Venture Capital Investments*, in: Financial Management, vol. XXIII, no. 3, S. 16 – 27.

Lerner, J. (1994b): *Venture Capitalist and the Decision to Go Public*, in: Journal of Financial Economics, vol. XXXV, no. 3, S. 293 – 316.

Lester, R.; Cannella, A. (2006): *Interorganizational Familiness: How Family Firms Use Interlocking Directorates to Build Community-Level Social Capital*, in: Entrepreneurship Theory and Practice, vol. XXX, no. 6, S. 755 – 775.

Littunen, H.; Hyrsky, K. (2000): *The Early Entrepreneurial Stage in Finnish Family and Nonfamily Firms*, in: Family Business Review, vol. XIII, no. 1, S. 41 – 54.

Long, T.; Dulewcz, V.; Gay, K. (2005): *The Role of the Non-Executive Director: Findings of an Empirical Investigation into Differences Between Listed and Unlisted UK Boards*, in: Corporate Governance: An International Review, vol. XIII, no. 5, S. 667 – 679.

Lubatkin, M.H. (2005): *A Theory of the Firm Only a Microeconomist Could Love*, in: Journal of Management Inquiry, vol. XIV, no. 2, S. 213 – 216.

Luhmann, N. (1989): *Vertrauen – Ein Mechanismus zur Reduktion sozialer Komplexität*, Stuttgart.

Lutter, M.; Krieger, G. (2002): *Rechte und Pflichten des Aufsichtsrates*, Köln.

Manz, C.C. (1986): *Self-Leadership: Toward an Expanded Theory of Self-Influence Processes in Organizations*, in: Academy of Management Review, vol. XI, no. 3, S. 585 – 600.

Matz, C. (2002): *Wettbewerbsentwicklung im deutschen Private-Equity-Markt: Strategieoptionen für Beteiligungskapital-Gesellschaften*, Wiesbaden.

May, P. (1998): *Der Beirat im Familienunternehmen – Wie gut kann er werden? Wie kann er gut werden?*, in: Hennerkes, B.-H. (Hrsg.): Unternehmenshandbuch Familiengesellschaften: Sicherung von Unternehmen, Vermögen und Familie, Köln, S. 359 –374.

Mayer, M.D. (2003): *Venture Finance. Zur Finanzierung innovativer Unternehmen*, Braunschweig.

Mayring, P. (2002): *Einführung in die Qualitative Sozialforschung*, Weinheim.

McDonald, M.L.; Westphal, J.D. (2003): *Getting by With the Advice of Their Friends: CEO's Advice Networks and Firms' Strategic Responses to Poor Performance*, in: Administrative Science Quarterly, vol. IIL, no. 1, S. 1 – 32.

McGregor, D. (1960): *The Human Side of Enterprise*, New York.

McGregor, D. (1986): *Der Mensch im Unternehmen, Hamburg,* Übersetzung der amerikanischen Originalausgabe: The Human Side of Enterprise, New York (1960).

Meuli, H.M. (1996): *Earn-Out-Methode als Instrument der Preisgestaltung bei Unternehmensverkäufen*, Zürich.

Milgrom, P.; Roberts, J. (1992): *Economics, Organization and Management*, Englewood Cliffs.

Miller, D.; Le Beton-Miller, I.; Lester, R.H.; Cannella, A.A. (2007): *Are Family Firms Really Superior Performers*, in: Journal of Corporate Finance, vol. XIII, no. 5, S. 829 – 858.

Minow, N.; Bingham, K. (1995): *The Ideal Board*, in: Monks, R.A.G.; Minow, N. (Hrsg.): Corporate-Governance, Cambridge, S. 496 – 501.

Mintzberg, H. (1979): *An Emerging Strategy of "Direct" Research*, in: Administrative Science Quaterly, vol. XXIV, no. 4, S. 580 – 589.

Mittelsten-Scheid, J. (1985): *Gedanken zum Familienunternehmen*, Stuttgart.

Monsen, R.P.; Downs, A. (1965): *A Theory of Large Managerial Firms*, in: Journal of Political Economy, vol. CXXIII, no. 3, S. 221 – 236.

Morck, R.; Yeung, B. (2003): *Agency Problems in Large Family Groups*, in: Entrepreneurship Theory and Practice, vol. XXVII, no. 4, S. 367 – 382.

Mueller, R. (1988): *Differential Directorship: Special Sensitivities and Roles for Serving the Family Business Board*, in: Family Business Review, vol. I, no. 3, S. 239 – 247.

Müller, C. (1995): *Agency-Theorie und Informationsgehalt*, in: Die Betriebswirtschaft, vol, LV, no. 1, S. 61 – 76.

Müller-Känel, O. (2009): *Mezzanine Finance: Neue Perspektiven in der Unternehmensfinanzierung*, Bern.

Mustakallio, M.; Autio, E.; Zahra, S. (2002): *Relational and Contractual Governance in Family Firms: Effects on Strategic Decision Making*, in: Family Business Review, vol. XV, no. 3, S. 205 – 222.

Muth, M.M.; Donaldson, L. (1998): *Stewardship Theory and Board Structure: A Contingency Approach*, in: Corporate-Governance, vol. VI, no. 1, S. 5 – 28.

Myers, S.C.; Majluf, N.S. (1984): *Corporate Financing and Investment Decisions When Firms Have Information That Investors Do Not Have*, in: Journal of Financial Economics, vol. XIII, no. 2, S. 187 – 221.

Nahapiet, J.; Ghoshal, S. (1998): *Social Capital, Intellectual Capital, and the Organizational Advantage*, in: Academy of Management Review, vol. XXIII, no. 2, S. 242 – 266.

Nassauer, F. (2000): *Corporate Governance und die Internationalisierung von Unternehmen*, Frankfurt a. M..

Neck, C.P.; Houghton, J.D. (2006): *Two Decades of Self-Leadership Theory and Research: Past Developments, Present Trends, and Future Possibilities*, in: Journal of Managerial Psychology, vol. XXI, no. 4, S. 270 – 295.

Neck, C.P.; Manz, C.C. (1992): *Thought Self-Leadership: The Impact of Self-Talk and Mental Imagery on Performance*, in: Journal of Organizational Behaviour, vol. XII, no. 7, S. 681 – 699.

Neubauer, F.; Lank, A.G. (1998): *The Family Business: Its Governance and Sustainability*, London.

Nicholson, G.; Kiel, G. (2004): *A Framework for Diagnosing Board Effectivenes*, in: Corporate Governance: An International Review, vol. XII, no. 4, S. 442 – 460.

Nicholson, G.; Kiel, G. (2007): *Can Directors Impact Performance? A Case-Based Test of Three Theories of Corporate Governance*, in: Corporate Governance: An International Review, vol. XV, no. 4, S. 585 – 608.

Nippa, M. (2002): *Alternative Konzepte für eine effiziente Corporate Governance – Von Trugbildern, Machtansprüchen und vernachlässigten Ideen*, in: Nippa, M.; Petzold, K.; Kürsten, W. (Hrsg.): Corporate Governance. Herausforderungen und Lösungsansätze, Heidelberg, S. 3 – 40.

O.V. (2003): *Wella-Erbe glaubt an Autania-Zukunft. Kontrollwechsel mit bescheidener Prämie – Rothenberger bleibt Vorstand*, in: Börsen-Zeitung vom 20.09.2003, S. 13.

O.V. (2010): *Glossar*, in: Anderer, T. (Hrsg.): FYB Financial Yearbook Germany 2010, Private Equity and Corporate Finance, Augsburg, S. 465 – 478.

Ong, C.H.; Lee, S.H. (2000): *Board Functions and Firm Performance: A Review and Directions for Future Research*, in: Journal of Comparative International Management, vol. III, no. 1, S. 1 – 19.

Ong, C.H.; Wan, T.W.D. (2001): *Board Structure, Board Process and Boars Performance: A Review & Research Agenda*, in: Journal of Comparative International Management, vol. IV, no. 1, S. 1 – 20.

Pankotsch, F. (2005): *Kapitalbeteiligungsgesellschaften und ihre Portfoliounternehmen. Gestaltungsmöglichkeiten und Erfolgsfaktoren in der Zusammenarbeit*, Wiesbaden.

Picot, A. (1991): *Ökonomische Theorien der Organisation – Ein Überblick über neuere Ansätze und deren betriebswirtschaftliches Anwendungspotential*, in: Rudolph, B.; Büsselmann, E. (Hrsg.): Betriebswirtschaftslehre und ökonomische Theorie, Stuttgart, S. 143 – 170.

Picot, A.; Dietl, H.; Franck, E. (1999): *Organisation. Eine ökonomische Perspektive*, Stuttgart.

Pieper, T.; Klein, S.B. (2007): *The Bulleye: A System Approach to Modelling Family Firms*, in: Family Business Review, vol. XX, no. 4, S. 301 – 319.

Pinfold, J.F. (2003): *Agency Theory and the MBO*, in: Journal of Interdisciplinary Economics, vol. XIV, no. 1, S. 13 – 33.

Porter, M.E. (1999): *Wettbewerbsstrategie*, Frankfurt a. M..

Poser, T.B. (2003): *The Impact of Corporate Venture Capital. Potentials of Competitive Advantages for the Investing Company*, Wiesbaden.

Poundstone, W. (1992): *Prisoners Dilemma*, New York.

Poutziouris, P.Z. (2001): *The View of Family Companies on Venture Capital: Empirical Evidence from the UK Small to Medium-Size Enterprising Economy*, in: Family Business Review, vol. XIV, no. 3, S. 277 – 289.

Poza, E.J.; Alfred, T.; Maheshwari, A. (1997): *Stakeholder Perceptions of Culture and Management Practices in Family and Family Firms – A Preliminary Report*, in: Family Business Review, vol. X, no. 2, S. 135 – 155.

Pratt, J.W.; Zeckhauser, R.J. (1985): *Principals and Agents*, in: Pratt, J.W.; Zeckhauser, R.J. (Hrsg.): Principals and Agents: The Structure of Business, Boston, S. 1 – 35.

Probst, G.J.B. (1987): *Ordnungsprozesse in sozialen Systemen aus ganzheitlicher Sicht*, Berlin.

Pruitt, D.G.; Kimmel, M.J. (1977): *Twenty Years of Experimental Gaming: Critique, Synthesis, and Suggestions for the Future*, in: Annual Review of Psychology, vol. XXIIX, no. 7, S. 363 – 392.

Quermann, D. (2004): *Führungsorganisation in Familienunternehmungen. Eine explorative Studie*, Köln.

Raithel, J. (2006): *Quantitative Forschung*, Wiesbaden.

Rappaport, A. (1981): *Selecting Strategies That Create Shareholder Value*, in: Harvard Business Review, vol. LIX, no. 3, S. 139 – 149.

Rappaport, A. (1986): *Creating Shareholder Value: The New Standard for Business Performance*, New York.

Reber, G. (1969): *Der Scanlon-Plan. Ein Beitrag zur Steigerung der betrieblichen Zusammenarbeit*, in: Marx, A. (Hrsg.): Personalführung, Bd. 1, Wiesbaden, S. 99 – 122.

Rechenauer, O.; John, E. (1994): *Der Firmenbeirat im Familienunternehmen*, in: Hinterhuber, H.H.; Rechenauer, O.; Stumpf, M. (Hrsg.): Die mittelständische Familienunternehmung, Frankfurt a. M., S. 48 – 69.

Reichert, J. (1998): *Unternehmensnachfolge aus anwaltlicher Sicht*, Mannheim.

Richter, R.; Furubotn, E. (1996): *Neue Institutionenökonomik, Eine Einführung und kritische Würdigung*, Tübingen.

Rieger, E.; Sandmeier, S.; Keese, D. (2003): *Firmenbeiräte mittelständischer Unternehmen. Ergebnis einer Befragung von 124 Beiratsunternehmen im Sommer 2001*, Mannheim.

Rinze, B. (1992): *Die Haftung von Beiratsmitgliedern einer personalisierten GmbH & Co. KG*, in: Neue Juristische Wochenschrift, vol. XLV, no. 44, S. 2790 – 2796.

Rippberger, T. (1998): *Ökonomik des Vertrauens*, Tübingen.

Roberts, J.; McNulty, T.; Stiles, P. (2005): *Beyond Agency Conceptions of the Work of Non-Executive Director: Creating Accountability in the Boardroom*, in: British Journal of Management, vol. XVI, no. 1, S. 5 – 26.

Rockholtz, C. (1998): *Marktwertorientiertes Akquisitionsmanagement: Due dilligence Konzeption zur Identifikation, Beurteilung und Realisation akquisitionsbedingter Synergiepotentiale*, Frankfurt a. M..

Rödder, T.; Hötzel, O.; Mueller-Thuns, T. (2003): *Unternehmenskauf. Unternehmensverkauf. Zivil- und steuerrechtliche Gestaltungspraxis*, München.

Rohleder, M. (1991): *Die Übertragbarkeit von Kompetenzen auf GmbH-Beiräte*, Köln.

Roiger, M.B. (2007): *Gestaltung von Anreizsystemen und Unternehmensethik*, Wiesbaden.

Ruter, R.X.; Thümmel, R.C. (2009): *Beiräte in mittelständischen Familienunternehmen*, Stuttgart.

Sachverständigenrat zur Begutachtung der gesamtwirtschaftlichen Entwicklung (2006): *Jahresgutachten 2005/2006 – „Die Chancen nutzen – Reformen mutig voranbringen"*, Wiesbaden.

Sadtler, D. (1993): *How Venture Capitalists Add Value*, in: Journal of General Management, vol. XIX, no. 1, S. 1 – 16.

Sahlman, W.A. (1988): *Aspects of Financial Contracting in Venture Capital*, in: Journal of Applied Corporate Finance, vol. I, no. 2, S. 23 – 36.

Sahlman, W.A. (1990): *The Structure and Governance of Venture Capital Organisations*, in: Journal of Financial Economics, vol. XXVII, no. 2, S. 473 – 521.

Scase, R.; Goffee, R. (1982): *The Entrepreneurial Middle Class*, London.

Schäfer, H. (2005): *Unternehmensinvestitionen – Grundzüge in Theorie und Management*, Heidelberg.

Schalast, C.; Barten, B. (2008): *Private Equity und Familienunternehmen. Eine Untersuchung unter besonderer Berücksichtigung deutscher Maschinen- und Anlagenbauunternehmen*, Working Paper 107, Frankfurt a. M..

Schanze, E. (1993): *Ökonomische Analyse des Rechts in den USA*, in: Assmann, H.D.; Kirchner, C.; Schanze, E. (Hrsg.): Ökonomische Analyse des Rechts, Tübingen, S. 1 – 16.

Schefczyk, M. (2000): *Erfolgsstrategien deutscher Venture-Capital-Gesellschaften*, Stuttgart.

Schmidt, R.H.; Tyrell, M. (1997): *Financial Systems, Corporate Finance and Corporate Governance*, in: European Financial Management, vol. III, no. 3, S. 333 – 361.

Schmitz-Valckenberg, C. (2003): *Verkaufsprozess mittelständischer Unternehmen*, Wiesbaden.

Schneider, U.H.; Strenger, C. (2000): *Die „Corporate Governance-Grundsätze" der Grundsatzkommission Corporate Governance*, in: Die Aktiengesellschaft, vol. VL, no. 1, S. 106 – 113.

Schneider-Lenné, E.R. (1995): *Das anglo-amerikanische Board-System*, in: Scheffler, E. (Hrsg.): Corporate Governance, Wiesbaden, S. 27 – 55.

Schnell, R.; Hill, P.B.; Esser, E. (2005): *Methoden der empirischen Sozialforschung*, München.

Scholes, L.; Wright, M.; Westhead, P.; Bruining, H.; Kloeckner, O. (2009): *Family-Firm Buyouts, Private Equity, and Strategic Change*, in: The Journal of Private Equity, vol. XII, no. 2, S. 7 – 18.

Schröder, C. (1992): *Strategien und Management von Beteiligungsgesellschaften: Ein Einblick in Organisationsstrukturen und Entscheidungsprozesse von institutionellen Eigenkapitalinvestoren*, Baden-Baden.

Schulze, W.; Lubatkin, M.; Dino, R.; Buchholtz, A. (2001): *Agency Relationships in Family Firms: Theory and Evidence*, in: Organization Science, vol. XII, no. 2, S. 99 – 116.

Schüßler, R. (1997): *Kooperation unter Egoisten*, München.

Schwartz, M.; Barnes, L. (2002): *Outside Boards and Family Business: Another Look*, in: Aronoff, C.; Astrachan, J.; Aronoff, C. (Hrsg.): Family Business Sourcebook: A Guide for Families Who Own Businesses and the Professionals Who Serve Them, Marietta, S. 267 – 278.

Schwarz, A. (2008): *Die „Heuschreckendebatte"-Debatte in der deutschen Wirtschaftspresse*, Stuttgart.

Schweizer, U. (1999): *Vertragstheorie*, Tübingen.

Sciascia, S.; Mazzola, P. (2008): *Family Involvement in Ownership and Management: Exploring Nonlinear Effects on Performance*, in: Family Business Review, vol. XXI, no. 4, S. 331 – 345.

Scott-Morgan, P. (1994): *Die heimlichen Spielregeln, Die Macht der ungeschriebenen Gesetze im Unternehmen*, Frankfurt a. M..

Shanker, M.C.; Astrachan J.H. (1996): *Myths and Realities. Family Businesses' Contribution to the US Economy – A Framework for Assessing Family Business Statistics*, in: Family Business Review. Vol. IX, no. 2, S. 107 – 123.

Shleifer, A.; Vishny, R.W. (1997): *A Survey of Corporate Governance*, in: Journal of Finance, vol. MII, no. 2, S. 737 – 783.

Sigle, A. (2000): *Für Familiengesellschaften auf dem Prüfstand: Die börsennotierte Aktiengesellschaft*, in: Hommelhoff, P.; Schmidt-Diemitz, R.; Sigle, A. (Hrsg.): Familiengesellschaften: Festschrift für Walter Sigle zum 70. Geburtstag, Köln, S. 301 – 326.

Sindezingue, C. (2007): *Finanzierung von Restrukturierungen in der Krise bei mittelständischen Unternehmen*, Norderstedt.

Singh, H.; Montgomery, C.A. (1987): *Corporate Acquisition Strategies and Economic Performance*, in: Strategic Management Journal, vol. IIX, no. 4, S. 377 – 386.

Smith, A. (1776): *An Inquiry into the Nature and Causes of the Wealth of Nations*, London.

Spary, P. (1981): *Unternehmer und Politik. Plädoyer für ein stärkeres Engagement der Unternehmer in der Politik*, Bonn.

Stehle, H. (1993): *Familienunternehmen – gestalten, erhalten, vererben*, Stuttgart.

Steier, L. (2001): *Family firms, Plural Forms of Governance and the Evolving Role of Trust*, in: Family Business Review, vol. XIV, no. 4, S. 353 – 367.

Steinbeck, W. (2004): *Corporate Governance: Die bedeutende Rolle des Beirats in Familienunternehmen*, in: Böllhoff, C.; Böllhoff, M.; Böllhoff, W.; Ebert, M. (Hrsg.): Management von industriellen Familienunternehmen – Von der Gründung bis zum Generationsübergang, Stuttgart, S. 99 – 106.

Stiglitz, J.E. (1975): *The Theory of Screening, Education, and the Distribution of Income*, in: American Economic Review, vol. LXV, no. 1, S. 280 – 300.

Strauss, A.; Corbin, J. (1996): *Grounded Theory – Grundlagen qualitativer Sozialforschung*, Weinheim.

Striebel, C. (2009): *Private Equity im deutschen Mittelstand. Erfolgs- und Risikofaktioren von Beteiligungen an KMU*, Sternenfels.

Suchanek, A. (1993): *Der Homo Oeconomicus als Heuristik*, Ingolstadt.

Süchting, J. (1995): *Finanzmanagement. Theorie und Politik der Unternehmensfinanzierung*, Wiesbaden.

Suddaby, R. (2006): *What Grounded Theory is Not*, in: Academy of Management Journal, vol. IL, no. 4, S. 633 – 642.

Sundaramurthy, C. (2008): *Sustaining Trust Within Family Businesses*, in: Family Business Review, vol. XXI, no. 1, S. 89 – 102.

Sundaramurthy, C.; Lewis, M. (2003): *Control and Collaboration: Paradoxes of Governance*, in: Academy of Management Review, vol. XXVIII, no. 3, S. 397 – 415.

Teichmann, C. (2001): *Corporate Governance in Europa*, in: Zeitschrift für Unternehmens- und Gesellschaftsrecht 2001, vol. XXX, no. 5, S. 645 – 679.

Theisen, M.R. (2000): *Grundsätze einer ordnungsgemäßen Information des Aufsichtsrats*, Stuttgart.

Thompson, S.; Wright, M.; Robbie, K. (1992): *Buy-outs, Disinvestment, and Leverage: Restructions, Transactions, and Corporate Governance*, in: Oxford Review of Economic Policy, vol. VIII, no. 3, S. 58 – 69.

Thoressen, C.A.; Mahoney, M.J. (1974): *Behavioural Selfcontrol*, New York.

Thum, O.; Timmreck, C.; Keul, T. (2008): *Private Equity*, München.

Tirole, J. (1986): *Hierarchies and Bureaucracies: On the Role of Collusion in Organization*, in: Journal of Law, Economics and Organization, vol. II, no. 2, S. 182 – 214.

Tosi, H.L.; Brownlee, A.L.; Silva, P.; Katz, J.P. (2003): *An Empirical Exploration of Decision-making Under Agency Controls and Stewardship Structure*, in: Journal of Management Studies, vol. XL, no. 8, S. 2053 – 2071.

Tyebjee, T.T.; Bruno, A.V. (1984): *A Model of Venture Capitalist Investment Activity*, in: Management Science, vol. XXX, no. 9, S. 1051 – 1066.

Upton, N.; Petty, W. (2000): *Venture Capital Investment and US Family Business*, in: Venture Capital, vol. II, no. 1, S. 27 – 39.

V. Daniels, H. (2004): *Private Equity Secondary Transactions*, Wiesbaden.

V. Hoyningen-Huene, J. (2004): *Integration nach Unternehmensakquisitionen*, Wiesbaden.

Varga von Kibed, G. (2001): *Konflikte zwischen Aktionären und Managern: Lösungsmöglichkeiten im Rahmen des deutschen und britischen Corporate-Governance Modells*, Wiesbaden.

Vater, D. (2003): *Die Qualität deutscher Private-Equity Unternehmen*, Wiesbaden.

Villalonga, B.; Amit, R. (2006): *How Do Family Ownership, Control and Management Affect Firm Value?*, in: Journal of Financial Economics, vol. LXXX, no. 2, S. 385 – 417.

Vogler, M. (1990): *Die Aufgabe des Beirats in Familienunternehmen unter Berücksichtigung rechtlicher Aspekte*, Bergisch Gladbach.

Voormann, V. (1990): *Die Stellung des Beirats im Gesellschaftsrecht*, Köln.

Walsh, J.P.; Seward, J.K. (1990): *On the Efficiency of Internal and External Corporate Control Mechanismus*, in: Journal of Management Review, vol. XV, no. 3, S. 421 – 458.

Ward, J.L. (1997): *Growing the Family Business. Special Challenges and Best Practices*, in: Family Business Review, vol. X, no. 4, S. 323 – 337.

Ward, J.L.; Handy, J.L. (1988): *A Survey of Board Practices*, in: Family Business Review, vol. I, no. 3, S. 289 – 308.

Weber, J. (2004): *Möglichkeiten und Grenzen der Operationalisierung des Konstruktes "Rationalitätssicherung"*, in: Scherm, E.; Pietsch, G. (Hrsg.): Controlling. Theorien und Konzeptionen, München, S. 467 – 486.

Weber, J.; Schäfer, U. (1999): *Sicherstellung der Rationalität der Führung als Aufgabe des Controllings?,* in: Die Betriebswirtschaft, vol. LIX, no. 15, S. 731 – 747.

Weber, J.; Schäfer, U. (2006): *Einführung in das Controlling,* Stuttgart.

Weihe, R. (2003): *Interessenskonflikte zwischen Unternehmensverkäufern und Management*, Wiesbaden.

Westhead, P.; Howorth, C. (2006): *Ownership and Management Issues Associated with Family Firm Performance and Company Objectives*, in: Family Business Review, vol. XIX, no. 4, S. 301 – 316.

Whisler, T.L. (1988): *The Role of the Board in the Threshold Firm*, in: Family Business Review, vol. I, no. 3, S. 309 – 321.

Wick, V. (2000): *Mittelständische Unternehmen und ihre Berater*, St. Gallen.

Wiedemann, A.; Kögel, R. (2008): *Beirat und Aufsichtsrat im Familienunternehmen*, München.

Wijbenga, F.H.; Postma, T.J.B.M.; Stratling, R. (2007): *The Influence of the Venture Capitalist's Governance Activities on the Entrepreneurial Firm's Control Systems and Performance*, in: Entrepreneurship Theory and Practice, vol. XXXI, no. 2, S. 257 – 277.

Wilfert, A.; Ziechmann, P. (2004): *Due-Diligence, Beurteilung wirtschaftlicher Risiken bei Investitions- und Finanzierungsentscheidungen; Ein Ansatz von Arthur D. Little*, in: Fink, D. (Hrsg.): Management Consulting Fieldbook: Die Ansätze der großen Unternehmensberater, München, S. 266 – 287.

Wilson, H.I.M. (1993): *An Interregional Analysis of Venture Capital and Technology Funding in the UK*, in: Technovation, vol. XXIII, no. 7, S. 425 – 438.

Wirtz, B.W. (2003): *Mergers and Acquisitions Management*, Wiesbaden.

Witt, P. (2000): *Corporate Governance im Wandel*, in: Zeitschrift Führung + Organisation, vol. LXIX, no. 3, S. 159 – 163.

Witt, P. (2001): *Konsistenz und Wandlungsfähigkeit von Corporate Governance-Systemen*, in: Zeitschrift für Betriebswirtschaftslehre, vol. LXXI, Ergänzungsheft 4/01 Theorie der Unternehmen, S. 73 – 98.

Witt, P. (2003): *Corporate Governance-Systeme im Wettbewerb*, Wiesbaden.

Wolf, J. (2003): *Organisation, Management, Unternehmensführung. Theorien und Kritik*, Wiesbaden.

Wruck, K.H. (1989): *Equity Ownership Concentration and Firm Value: Evidence from Private Equity Financings*, in: Journal of Financial Economics, vol. XXIII, no. 1, S. 3 – 28.

Xu, X.E. (2008): *What Drives Venture Capital Funds*, in: The Journal of Private Equity, vol XII, no. 1, S. 42 – 55.

Yin, R.K. (1989): *Case Study Research: Design and Methods*, Beverly Hills.

Zahra, S.; Pearce, J. (1989): *Boards of Directors and Corporate Finance performance. A Review and Integrative Model*, in: Journal of Management, vol. XV, no. 2, S. 291 – 334.

Zeitel, G. (1979): *Mittelstand und Mittelstandspolitik*, Bonn.

Zellweger, T.M.; Astrachan, J.H. (2008): *On the Emotional Value of Owing a Firm*, in: Family Business Review, vol. XXI, no. 3, S. 347 – 363.

Zellweger, T.M.; Nason, R.S. (2008): *A Stakeholder Perspective on Family Firm Performance*, in: Family Business Review, vol. XXI, no. 3, S. 203 – 216.

Family Business

Herausgegeben von Prof. Dr. Sabine B. Klein, Vallendar, Prof. Dr. Peter Jaskiewicz, Edmonton (Kanada), Prof. Dr. Peter May, Vallendar, und Prof. Dr. Arist von Schlippe, Witten/Herdecke

Band 1
Sabine B. Klein
Familienunternehmen – Theoretische und empirische Grundlagen – 3. Auflage
Lohmar – Köln 2010 • 392 S. • € 32,- (D) • ISBN 978-3-89936-900-7

Band 2
Christian Mertens
Herausforderungen für Familienunternehmen im Zeitverlauf – Eine empirische Analyse am Beispiel von Nachfolge und Internationalisierung
Lohmar – Köln 2009 • 520 S. • € 74,- (D) • ISBN 978-3-89936-814-7

Band 3
Stefan Kemp
The Primacy of Financial Objectives – How Family Businesses make a Difference
Lohmar – Köln 2009 • 232 S. • € 56,- (D) • ISBN 978-3-89936-869-7

Band 4
Markus Hehn
Auswirkungen der Beteiligung von Private Equity Gesellschaften auf die Governance von Familienunternehmen in Deutschland
Lohmar – Köln 2011 • 268 S. • € 57,- (D) • ISBN 978-3-8441-0020-4

JOSEF EUL VERLAG